BIBLIOTHÈQUE
DES MERVEILLES

PUBLIÉE SOUS LA DIRECTION

DE M. ÉDOUARD CHARTON

L'OEUF

CHEZ LES PLANTES ET LES ANIMAUX

12072. — PARIS. IMPRIMÉRIE GÉNÉRALE A. LAHURE
9, rue de Fleurus, 9

BIBLIOTHÈQUE DES MERVEILLES

L'OEUF

CHEZ LES PLANTES ET LES ANIMAUX

PAR

GUILLAUME CAPUS

Docteur ès sciences

OUVRAGE ILLUSTRÉ DE 143 GRAVURES SUR BOIS

PARIS

LIBRAIRIE HACHETTE ET Cie

79 BOULEVARD SAINT-GERMAIN, 79

1885

Droits de propriété et de traduction réservés

L'OE U F

I

L'ŒUF DES PLANTES CRYPTOGAMES

UNITÉ DU RÈGNE DES ORGANISÉS. — PLANTES THALLOPHYTES

Champignons. — Multiplication par des spores. — Reproduction par des œufs. — Levure de bière. — Spores des Moisissures. — Dissémination des spores du Pilobole. — Spores des Agaricinées. — La « rouille » ou Puccinie et ses spores. — Zoospores de la tannée fleurie, des Monoblepharidés. — Conidies. — Début de la sexualité. — Conjugaison chez les Moisissures. — Zygospores. — Fécondation et formation de l'œuf chez le *Cystopus*, les Saprolegniés, etc. — Multiplication par sclérotes. — Ergot du Seigle. — Kystes. — Spores tuniquées.
II. *Algues.* — Multiplication des Nostocacées. — Les Bactériacées et leurs spores. — Bactéries pathogènes. — Conjugaison des Spyrogires, des *Mesocarpus*, des Diatomées. — Zoospores de *l'Ulothrix*, des *Vaucheria.* — Conjugaison des microzoospores. — Fécondation des *Vaucheria*, de *l'Oedogonium*, des Varechs, des Floridées.
III. *Muscinées.* — Reproduction et multiplication. — Anthéridies, archégones, sporogone, protonéma.
IV. *Filicinées.* — Fécondation et formation de l'œuf chez les Fougères. — Prothalle.

Le nombre immense des êtres vivants organisés, qui peuplent actuellement notre globe ou qui, dans les temps géologiques antérieurs, habitaient notre planète adolescente, ne forment pas, comme on pourrait le croire à la vue d'une si grande diversité de forme et de structure, un ensemble de familles ou de groupes disparates et hétérogènes. De famille à famille on reconnaît plutôt un lien de parenté plus ou moins facile à saisir, lien qui rattache apparemment tous les représentants du règne organique à une origine commune, mais dont la réalité est fort difficile à démontrer expérimentalement. Rendre l'existence de ce lien évidente pour le passé du règne organique serait aussi malaisé que de prouver expérimentalement l'évolution des civilisations humaines à partir de l'origine de l'humanité. Dans l'état actuel de nos connaissances, nos idées sur la généalogie de la famille des êtres vivants découlent plutôt d'une saine et impartiale intuition de faits établis, dont le nombre s'est étonnamment multiplié depuis le commencement de ce siècle. Quelle admiration n'a-t-on pas éprouvée pour les découvertes des linguistes qui, appliquant la même méthode à l'étude des langues, ont su dégager leur parenté, et quelle tempête les idées de Lamarck et de Darwin n'ont-elles pas soulevée chez les mêmes admirateurs des linguistes! C'est qu'il est plus facile d'introduire une vérité nouvelle que de chasser une erreur vieille.

La filiation des êtres organisés admise, on voit que les deux troncs principaux de l'arbre généalogique (sans être généalogique, cet arbre peut être représentatif des sériations de parentés plus restreintes), plantes et animaux, ne sont pas superposés l'un à l'autre dans une direction linéaire, mais divergents à angle aigu d'une base commune. Au fur et à mesure qu'on descend dans l'échelle des plantes ou des animaux, on voit les unes et les autres se simplifier de plus en plus; les caractères distinctifs qui différencient si fortement les représentants élevés de ces deux règnes, que l'examen le plus superficiel nous renseigne immédiatement sur leur nature animale ou végétale, s'effacent et les limites disparaissent. Enfin, au sommet même de l'angle aigu, nous trouvons des êtres vivants, de forme et de structure fort simples, qui n'ont pas encore reçu le cachet propre à l'un des deux règnes, qui ne sont ni plante ni animal, mais des êtres vivants et se reproduisant avec des caractères communs aux représentants des deux règnes.

Mettons en regard un de ces êtres, vivant et se renouvelant, cellule microscopique presque imperceptible au plus fin de nos organes, et un cristal de même taille : alors se dresse devant nous le plus grand, le plus caché des problèmes, la vie. Né de parents comme lui, l'être vivant continue une activité qu'il a reçue et qu'il transmet à ses descendants ; il a hérité de l'initiative « personnelle » qu'il fait valoir à son avantage, il est actif. Issu du hasard d'une combinaison propice, l'autre attend du dehors les moindres détails de sa destinée ; sans force vitale, il est inerte, passif. Le progrès et l'immobilité, la vie et la mort ; un abîme entre les deux et, dans cet abîme, une force impulsive qui donna le premier choc vital se répercutant en ondes évolutives à travers le règne des Organisés.

De quelle façon cette force vitale, conservatrice du monde animé, se transmet-elle du créateur au créé ?

Suivons la marche que la nature elle-même nous a indiquée, allons du simple au complexe et examinons d'abord par quels moyens la vie se transmet chez les végétaux les plus simples : les plantes *Cryptogames thal·lophytes*. On appelle ainsi les plantes chez lesquelles, soit à cause de leur exiguïté ou de leur structure, les procédés employés pour la reproduction sont en général plus difficiles à saisir, d'où le nom de *Cryptogames*. Ces plantes, en outre, n'ont pas des organes tels que tige, feuilles et racines aussi nettement différenciés que les végétaux supérieurs ; ne pouvant distinguer ces trois ordres d'organes, on a donné à tout le corps de la plante le nom de *thalle*. Les Thallophytes comprennent deux grandes divisions : les Champignons et les Algues.

I. Champignons.

Les Champignons se distinguent aisément des Algues par un caractère commun à tous : l'absence de matière verte, ou *chlorophylle*. La chlorophylle se rencontre pour la première fois chez les Algues et caractérise ensuite, à peu d'exception près, tous les représentants des classes de végétaux plus élevés.

Cette matière verte est l'instrument de travail au moyen duquel la plante se fabrique elle-même sa nourriture avec l'aide des rayons solaires. Faisant défaut aux Champignons, ceux-ci sont forcés d'emprunter leurs aliments du dehors. Ils sont parasites. Revêtant une infinité de formes depuis la simple cellule de Levure de bière jusqu'aux énormes *Bovista* des forêts de l'Amérique du Sud, depuis les guirlandes fines et élégantes de certaines Moisissures jusqu'aux masses difformes des Truffes; brillant des couleurs les plus éclatantes comme la Fleur du tan, ou ternes et moroses, comme les Coprins; rarement utiles, presque toujours redoutables à l'homme ou à ses plantes amies, les Champignons sont ardemment en lutte pour la vie avec le reste du monde organisé.

Pour soutenir cette lutte offensive et défensive dans laquelle le grand nombre succombe, les Champignons se reproduisent avec une abondance qui ne trouve de pareille que chez leurs voisines, les Algues. Un morceau de pain moisi est envahi en peu de temps par des fructifications de Champignons qui donnent des milliers de corps reproducteurs. Mais cette exubérance de faculté reproductrice n'est pas uniforme dans ses effets, elle admet plutôt une grande diversité suivant les différente espèces et suivant le milieu plus ou moins propice à la propagation du parasite.

Tous les Champignons se propagent par des *spores*. Les spores sont en général des corpuscules microscopiques arrondis, ovoïdes, allongés, etc. (fig. 1), mais d'origine asexuée et qui forment, par exemple, cette poussière glauque qui recouvre le pain moisi ou bien qui, vive-

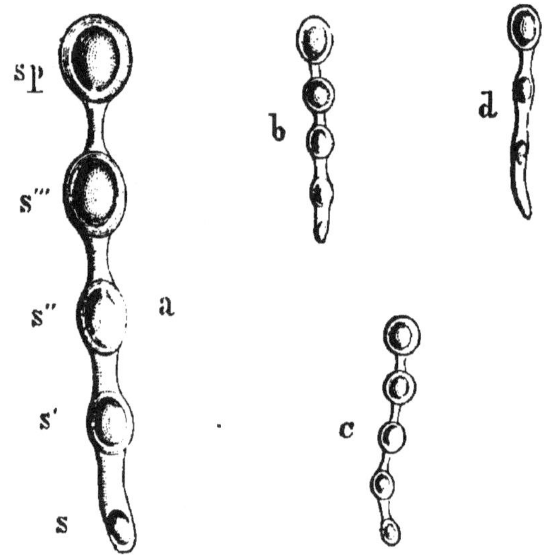

Fig. 1. — Formation des spores en chapelet à l'intérieur d'un filament de Champignon.

ment colorée en rouge brique, remplit les petites crevasses qu'on remarque souvent sur le bois mort.

Indépendamment de ce mode de propagation, beaucoup de Champignons se reproduisent au moyen d'œufs. Ces œufs sont un produit de la sexualité, tantôt fortement accusée, ailleurs si peu, qu'on croirait se trouver en présence d'une simple *conjugaison*.

Un des exemples les moins compliqués de la formation des spores nous est fourni par la Levure de bière (*Sacharomyces*). Ce Champignon, dont l'activité physiologique nous vaut des fermentations si utiles, est composé de une ou de plusieurs cellules arrondies ou ovoïdes, alignées en chapelet ramifié (fig. 2). Chaque cellule est entourée d'une mince membrane de cellulose et remplie d'un protoplasma granuleux. Qu'on place maintenant ces chapelets de Levure à la surface d'un liquide nutritif au contact de l'oxygène de l'air, et l'on verra quelques-uns des articles du chapelet grossir; leur contenu se divisera en deux ou en quatre petites masses isolées qui s'entoureront chacune d'une mince membrane et formeront autant de petites spores. Ces corpuscules reproducteurs, mis en liberté par la rupture de la membrane de la cellule mère, bourgeonneront à leur tour et reproduiront un chapelet de cellules accolées, pareilles à celle qui leur a donné naissance.

Fig. 2. — Chapelets de Levure de bière se multipliant par bourgeonnement.

Une des Moisissures les plus communes est le *Mucor Mucedo*. Le Champignon pousse son thalle, formé d'un enchevêtrement de tubes ramifiés très fins, à l'intérieur du milieu nutritif. Au moment de se propager, le thalle envoie vers l'extérieur et du côté du soleil un filament droit qui atteint jusqu'à 15 centimètres de longueur. Le sommet du filament se renfle en boule et se sépare de la base par une cloison après s'être préalablement gorgé de protoplasma. Au fur et à mesure que cette boule terminale grossit, la cloison se voûte en dedans de la boule, de sorte que finalement l'appareil affecte la forme d'un bilboquet. Examinez un morceau de pain fortement moisi et vous verrez déjà à l'œil nu, quantité de ces petites boules supportées par des fils extrêmement ténus. Chacun de ces bilboquets est un appareil à spores, un *sporange*. Bientôt le contenu granuleux et dense de la boule se fractionne en une infinité de petites masses qui s'arrondissent, puis s'étirent légèrement et finalement deviennent indépendantes les unes des autres. Transportons délicatement un de ces sporanges sur un porte-objectif de microscope.

Ajoutons une goutte d'eau; la fine membrane, qui jusqu'alors avait retenu captives les spores, se déchire et livre tous les corpuscules au hasard de leur existence : car, si, au lieu d'une eau pure nous mettions nos spores dans une eau additionnée d'aliments convenables, nous pourrions, sous le microscope, assister à la germination des spores et à la reproduction d'un nouveau thalle de *Mucor Mucedo*.

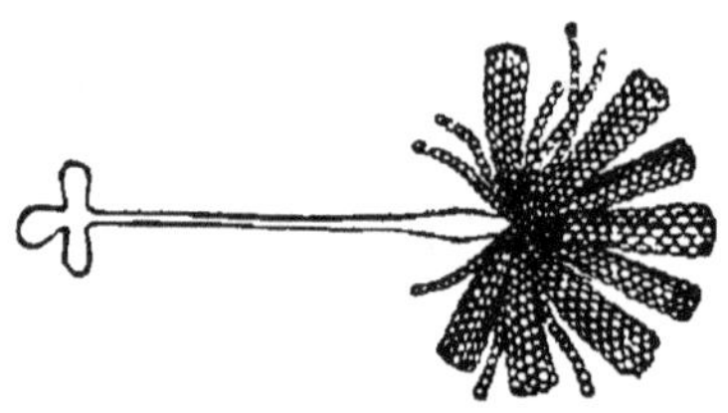

Fig. 3. — Touffes de spores disposées en chapelet d'une Moisissure.

Chez d'autres Moisissures (Mucorinées), la forme du sporange et de son support, le nombre des spores et le mode de déhiscence de la membrane du sporange sont différents et donnent les caractères génériques et spécifiques. Certaines formes sont d'une admirable élégance de port et d'architecture microscopique (fig. 3).

Les spores elles-mêmes sont revêtues d'une membrane de cellulose ordinairement lisse, mais qui, dans quelques rares espèces, se couvre d'un fin réseau d'épaississements.

Quelques Champignons de la famille des Moisissures (Mucorinées) nous offrent, au moment de la dissémination de leurs spores, un spectacle des plus curieux.

Ainsi le *Pilobolus cristallinus*, Moisissure fréquente sur les déjections des herbivores, développe sur son mycélium des sporanges globuleux dont la membrane extérieure, pareille à un chapeau, se colore en noir. La cloison qui sépare la cavité du sporange du pédicelle se soulève à l'intérieur du sporange et y forme une columelle. Au moment de la maturité, le sporange, par une tension excessive due à une forte absorption d'eau, se détache avec sa columelle du pédicelle et, très vivement, est projeté en l'air. La force de projection est parfois telle, que le sporange est lancé à plus d'un mètre de hauteur ou de distance. On peut s'en convaincre en plaçant au-dessus d'une culture de cette Moisissure une cloche haute de 80 à 90 centimètres. Les sporanges, lancés contre les parois, y restent attachés et forment autant de petits points noirs visibles à l'œil nu. On peut même, en appliquant l'oreille contre les parois de la cloche, entendre un fin crépitement dû à la violence du choc au moment où le sporange frappe l'obstacle.

C'est ainsi que le *Pilobolus cristallinus* assure, par la dissémination au loin de ses spores, l'avenir de sa progéniture, car lui-même a épuisé, durant son existence, la richesse de son milieu nutritif.

Cet exemple n'est pas unique dans la classe des Champignons. Le *Sphærobolus stellatus*, dont le nom « lanceur de boules » indique bien cette particularité biologique, certaines Pezizes usent également, à la maturité du sporange, de ce moyen violent de dissémination de leur progéniture asexuée.

Nous rencontrerons plus d'un exemple de ce genre dans la série des végétaux plus élevés. Nous constaterons que, loin d'être un jeu de la nature, cette dissémination violente, quoique produite de façons diverses, a toujours un but de première importance pour la conservation de l'espèce.

Les Champignons plus élevés, ceux auxquels on applique ordinairement le nom de Champignon proprement dit, tels que les Agarics, Bolets, Chantrelles, Coprins, Clavaires, etc., se reproduisent également par des spores. On ne leur a même pas encore découvert jusqu'à présent d'autre mode de reproduction, quoique chez eux la formation d'œufs soit rendue très probable. Prenons comme exemple le vulgaire Champignon de couche ou Agaric champêtre. A la face inférieure du chapeau se trouvent rangées des séries de lames minces disposées en rayon autour du pied, libres par leur bord inférieur et très serrées les unes contre les autres. Ces lames rayonnantes, plus ou moins violacées, constituent par leur ensemble l'*hyménium*, l'appareil reproducteur asexué. Coupons délicatement une de ces lames et portons-en une tranche très mince sous le microscope. Le milieu de la coupe est occupé par une série de cellules en files qui se recourbent vers le bord en éventail, arrondissent leurs cellules en approchant de la périphérie et se terminent, perpendiculairement

Fig. 4. — Paraphyses, basides et basidiospores d'une Agaricinée.

à l'axe de la coupe, par des cellules en forme de massue. Les unes, la plupart, restent libres et sont appelées *paraphyses*.

Les autres, plus développées, se couronnent d'une ou de deux paires de prolongements en forme de corne dont chacune porte à son extrémité une spore arrondie, ovoïde, avec un contenu granuleux (fig. 4). Au fur et à mesure que l'Agaric vieillit, ces spores mûres se détachent et tombent par terre où, très souvent, on les voit former comme une poussière d'une extrême finesse. On a donné à ces cellules sporifères le nom de *basides*.

La spore germera dans de bonnes conditions de milieu,

poussera des filaments à droite et à gauche, et produira un thalle souterrain : le « blanc de Champignon ». Bientôt, de ce thalle, surgiront de petits pédicelles renflés en double boule, vestiges du pied et du chapeau futur.

Les spores d'une même espèce de Champignon ne diffèrent en général que très peu les unes des autres. Cependant certaines espèces peuvent produire jusqu'à cinq sortes de spores différentes.

Tel est le Champignon, autrefois redoutable aux cultures du Blé, connu à la campagne sous le nom de « rouille », appelé Puccinie (*Puccinia graminis*) par les botanistes.

Qu'on se promène en été à travers un champ de blé, on peut voir fréquemment les feuilles de la céréale sillonnées de minces traînées d'un beau rouge orangé. Au toucher, le doigt enlève une fine poussière rouge : ce sont les spores d'un Champignon parasite dont le thalle ravage les tissus de la feuille. Au microscope, ces spores, qu'on a appelées *urédospores*, ont une forme ovoïde, une surface tuberculeuse, une membrane mince, un contenu rougeâtre et sont pourvues chacune, à l'équateur, de quatre ouvertures pour la germination. Durant tout l'été, le thalle produit des spores de cette espèce ; mais, vers l'automne, la poussière qui recouvre la feuille de blé a changé de couleur, elle est devenue brunâtre. Portée sous le microscope, nous la trouvons composée en majeure partie de spores tout à fait différentes des premières : formée de deux cellules superposées, la nouvelle spore, *téleutospore*, possède une membrane épaisse, brune, coriace, et un contenu incolore ; chacune de ses cellules est pourvue d'une ouverture germinative. L'urédospore germe pendant tout l'été, la téleutospore, engourdie pendant l'hiver, ne germe qu'au printemps suivant, et développe un filament assez court et simple. Ce filament produit, non pas un nouveau thalle de Puccinie, mais une troisième sorte de spores, les *sporidies*. De forme ovale, les sporidies sont disséminées sur les plantes environnantes grâce à leur légèreté. Chose curieuse, la sporidie ne se développera pas en thalle dans les feuilles

du Blé; elle n'attaquera que les feuilles de l'Épine-vinette et périra si elle ne rencontre pas sur son chemin cet arbuste, son deuxième hôte. Arrivée sans encombre sur sa nouvelle victime, la sporidie, fille de Puccinie, recommence une nouvelle généra-

Fig. 5. — Éruption d'un *écidium* à la face d'une feuille de Tussilage (vu de face).

tion. Le thalle qui en procède, après s'être insinué dans les tissus de l'Épine-vinette, produit sur les deux faces

de ses feuilles des sortes d'abcès dans lesquels prennent naissance deux nouvelles formes de spores. A la face supérieure de la feuille se formeront, dans de petites pochettes en forme de bouteille, des spores qui iront propager le parasite de proche en proche sur l'Épine-vinette même. A la face inférieure bientôt seront visibles des pustules rougeâtres (fig. 5) d'où s'échappent sous forme de poussière rouge jaune

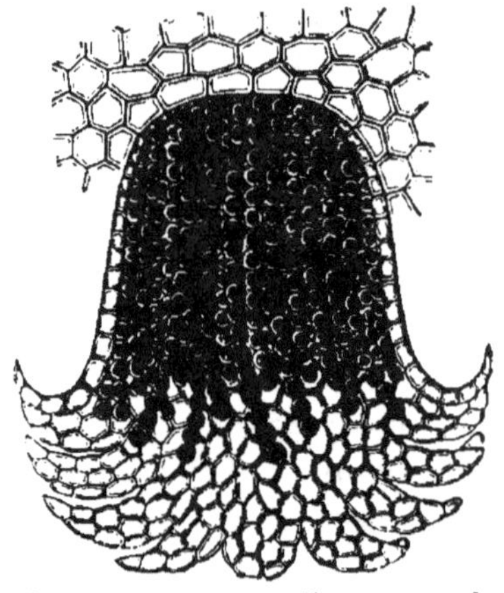

Fig. 6. — Coupe d'une pustule d'*écidium* montrant les rangées d'écidiospores.

une infinité de spores rouges, les *écidiospores* (fig. 6). Livrée au vent et au hasard, l'écidiospore tombera sur une feuille d'Épine-vinette et restera stérile; mais qu'elle tombe sur une feuille de Blé, elle produira un thalle de Puccinie qui, à son tour, donnera des urédospores et recommencera le cycle de végétation. Ce cycle, dans son anneau, comprend de la sorte les maladies de deux plantes et la formation de cinq sortes de spores différentes. Plus d'une fois, dans le règne animal, nous rencontrerons des faits d'hétéroécie pareils, mais, dès à présent, nous pouvons partager notre. admiration entre la variété des phénomènes de la nature et la sagacité du savant qui en découvre les lois.

Les spores que nous avons vues jusqu'à présent sont toutes immobiles, dépourvues de mouvement propre ; beaucoup d'espèces de Champignons produisent des spores « vivantes », ou mieux, *mobiles*, appelées *zoospores* (fig. 7).

Il n'est pas rare de trouver à la surface du tan des masses gélatineuses, semblables à du jaune d'œuf vivement coloré. Appelée vulgairement *tannée fleurie* ou *fleur du tan* (*Fuligo septica*), cette masse est un Champignon de structure très simple puisqu'il

Fig. 7. — Diverses zoospores de Thallophytes.

n'est composé que de protoplasma vivant et mobile à la façon des Amibes, c'est-à-dire de ces animaux Protozoaires dégradés qui, eux aussi, n'accusent leur animalité à première vue que par les mouvements rampants, *amiboïdes*, de leur corps. Là semble donc être le sommet de l'angle aigu où le règne animal et le règne végétal se rejoignent. Cependant les Myxomycètes, auxquels appartient la tannée fleurie et dont on a fait un ordre de Champignons, ne produisent pas d'œufs, mais se multiplient par des spores immobiles et des zoospores et d'une façon plus compliquée que la simplicité de leur thalle ne l'aurait fait supposer. La tannée fleurie, telle que nous la voyons briller à la suface du tan, ne tarde pas à se ramasser en boule mamelonnée. A l'intérieur de cette boule se forme un réseau d'une ténuité extrême, le *capillitium* (fig. 8), entre les mailles polyédriques duquel prennent naissance un grand nombre de spores. La membrane qui enveloppe ce sporange se brise à la maturité sous l'influence de la dessiccation et laisse échapper la multitude des spores. Immobiles, ces spores germent et épanchent leur contenu sous forme d'une traînée protoplasmique qui, elle, accuse déjà des mouvements amiboïdes. Elle s'effile à une extrémité et, finalement, se trouve pourvue à un de ses pôles d'un cil mobile, qui vibre et caractérise la zoospore la plus simple connue.

Epions ses mouvements amiboïdes, nous la verrons plus tard rétracter le cil, garder ses mouvements de reptation, se diviser par segmentation, ce qui est le mode de multiplication le plus simple, et former un certain nombre de petits individus indépendants les uns des autres. Mais leurs mouvements sont lents, les déplacements de peu d'étendue et bientôt le milieu nutritif se trouve épuisé. Alors toutes les petites vagabondes se rapprochent, se coalisent, se fusionnent et forment par l'union de leur corps

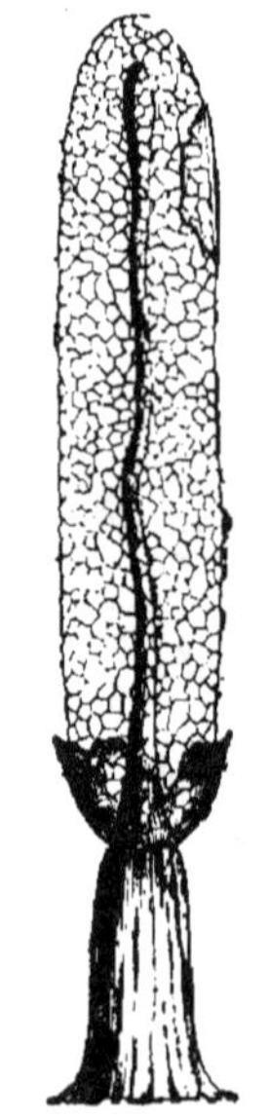

Fig. 8. — Capillitium d'un Champignon Myxomycète.

la tannée fleurie. *Viribus unitis*, elles luttent contre l'épuisement. Prêtes à succomber, elles construisent de leur masse un sporange et continuent leur espèce.

Bien souvent, sur notre chemin à travers les Cryptogames inférieures, le microscope nous fera passer sous les yeux des zoospores de forme et de structure variées, car c'est là un de leurs modes de multiplication favori. Mais avant de dévoiler les autres secrets des Champignons, voici sous l'objectif un zoosporange de *Monoblepharis*. On a trouvé le Champignon sous forme de minces filaments, vivant dans l'eau, sur du bois pourri. Nous assistons à la sortie des zoospores. Extrémité d'un filament, le zoosporange s'est ouvert à son sommet; il en sort une petite boule de protoplasma; elle semble complètement dégagée si un fil d'une extrême finesse, engagé dans l'ouverture, ne la retenait. Cependant une deuxième boule se présente à l'ouverture et, grâce aux efforts de la première venue, opère sa sortie plus facilement. Engagée à son tour par un cil, à elles deux, elles opèrent par leurs tiraillements impatients la sortie d'une troisième boule et ainsi de suite. Bientôt le zoosporange, vidé par les efforts successifs de chaque nouveau-née qui, à l'égard de la suivante, joue le rôle d'accoucheuse, est entouré d'une bande de zoospores en mouvement. Munies d'un long cil mobile à un de leurs pôles, elles errent par mouvements saccadés dans le milieu environnant, en quête d'un bon gîte pour germer et reproduire un nouveau thalle.

Souvent, au lieu d'un cil vibratile unique, la zoospore est munie de deux cils flagellants battant dans deux directions opposées. Telles sont les zoospores de quelques Saprolegniées, Péronosporées, etc.

Apres dans la lutte pour l'existence, certains Champignons possèdent un troisième mode de multiplication asexué, voisin d'ailleurs de la sporification. Ainsi, certaines Moisissures telles que les *Mortierella*, vivant dans un milieu spécial, au lieu de produire des sporanges avec des spores proprement dites, développent en certains points du thalle de petites excroissances globuleuses, isolées chez les unes, associées chez les autres, pédicellées et dressées, qui ont la même signification reproductive que les spores (fig. 9). Placées dans un milieu convenable, elles régénèrent un thalle (fig. 10) ou bien donnent naissance, sans l'intermédiaire d'un thalle, à un sporange. Ces spores anormales, appelées *conidies*, ont chez les Moisissures, ordinairement, une enveloppe échinée et un volume bien supérieur à celui des spores normales issues d'un sporange. Elles peuvent d'ailleurs être concomitantes des sporanges suivant que le milieu est indifférent à la prédominance de l'un ou de l'autre mode de reproduction. La formation de conidies, assez fréquente chez les Champignons, est pour ainsi dire un échappatoire, une ressource spéciale contre la

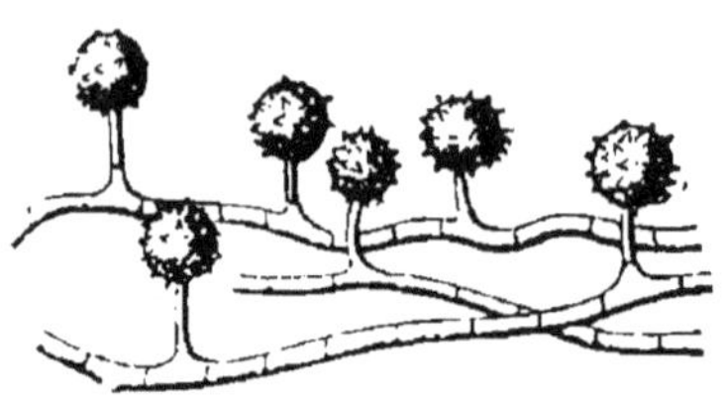

Fig. 9. — Conidies d'une Moisissure.

destruction de l'espèce dans un milieu peu favorable.

Jusqu'à présent nous avons vu les Champignons se reproduire asexuellement : le produit de l'activité reproductrice ne ressort pas du concours de deux parties distinctes ni même éloignées du végétal. C'est plutôt le résultat d'une concentration d'activité unilatéralement divergente d'un organe ou d'un appareil. Et c'est ici que la différence entre asexualité et sexualité sera le plus facile à saisir; c'est ici, à l'aurore de la vie organique, que nous pouvons déjà apercevoir dans toute leur simplicité les débuts

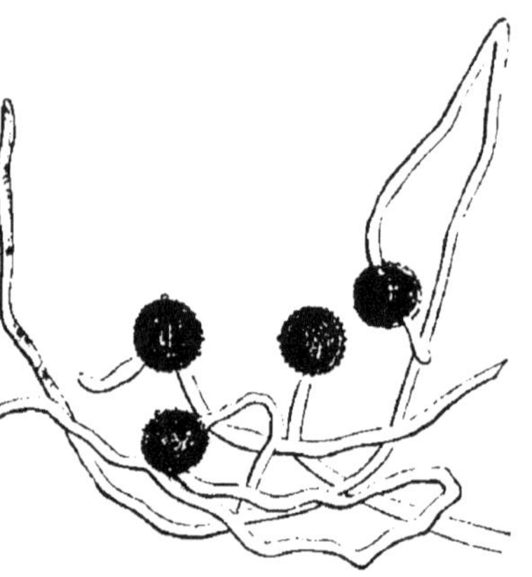

Fig. 10. — Germination des Conidies de Moisissures.

d'une innovation, d'un perfectionnement de l'activité procréatrice, la *sexualité* qui, plus haut dans l'échelle des êtres vivants, deviendra avec quelques réminiscences secondaires de leur état antérieur, l'apanage des représentants les plus élevés des deux règnes organiques.

Si l'activité reproductrice asexuelle est unilatéralement divergente, l'activité sexuelle au contraire devient convergente entre deux organes ou deux appareils d'un même individu ou de deux individus séparés. Voici l'exemple le plus simple chez les Champignons, nous en trouverons de parallèles chez les Algues et chez les animaux inférieurs : deux filaments voisins d'un même thalle d'une Moisissure, le *Mucor Mucedo*, se rapprochent, s'incurvent, se touchent et se soudent par leur extrémité. Chacun de ces deux filaments s'isole par une cloison. Ensuite la cloison double de soudure est résorbée, disparaît et les protoplasmas de l'extrémité des deux filaments se fusionnent. La fécondation a eu lieu, l'œuf est constitué et se développe. La masse de protoplasma, résultant de la fusion du contenu des deux filaments copulateurs, reste entourée de la membrane du filament. Cette membrane, au fur et à mesure que la masse grossit, se couvre de tubercules d'épaississement et noircit en formant à l'œuf une véritable coque protectrice.

Voici donc un œuf issu du concours de deux organes, à nos sens pareils, sinon identiques, concours où la part semble être égale comme l'initiative et le volume. C'est là le principe de la sexualité, sa première manifestation ; pour arriver à la sexualité parfaite, bien accusée, nous n'avons qu'à suivre une série de progrès où l'un des organes concurrents se différencie de plus en plus de l'autre, prend de la prééminence en volume, en structure et en activité. C'est ainsi qu'un degré de sexualité déjà plus accusé nous est présenté par une autre Moisissure, le *Phycomyces nitens*. Deux ramuscules opposés du thalle s'infléchissent en fer à cheval en dressant leur extrémité renflée en face l'une de l'autre. Les extrémités se rencontrent, se soudent, et, après avoir découpé chacune une cellule terminale, fusionnent leur protoplasma : l'œuf est constitué. Jusque-là, aucun indice de prééminence sexuelle ; mais, après que l'œuf s'est formé, il s'entoure d'une coque épaisse tressée de petits rameaux dichotomiques colorés en brun noir, hérissés et enchevêtrés. Ces rameaux naissent sur les côtés de l'œuf en s'incurvant pour le recouvrir, non pas simultanément des deux côtés, mais toujours d'un seul, puis de l'autre : première différenciation des organes copulateurs.

Cette copulation, où la sexualité est ébauchée, a reçu le nom de conjugaison, le produit, celui de *zygospore*. La zygospore, véritable œuf, devient embryon et se développe, suivant les conditions, soit directement en nou-

Fig. 11. — Spore germante du *Cystopus candidus* insinuant un filament dans les tissus d'une feuille de Chou.

veau thalle, soit en appareil sporangifère dont les spores asexuées reproduisent chacune un nouveau thalle. Faisant un pas de plus, nous trouvons la sexualité déjà bien plus prononcée, la différenciation entre les deux organes plus nettement établie. Le *Cystopus candidus* est un Champignon parasite des Crucifères où il produit la maladie appelée « rouille blanche » (fig. 11). Il produit des œufs de la façon suivante : certains rameaux du thalle se renflent à leur extrémité en une masse globuleuse qui se sépare du reste par une cloison (fig. 12 et 13). Cette boule est l'organe femelle, on lui a donné le nom *d'oogone*.

A l'intérieur même de l'oogone se concentre une portion
du contenu, plus dense, et s'entoure d'une membrane :
c'est l'œuf non fécondé, on l'appelle *oosphère*. Entre-
temps il s'est formé dans le voisinage immédiat de
l'oogone, généralement sur le même filament mais un
peu plus bas, un ramuscule qui enfle légèrement son
extrémité, s'isole à son tour par une cloison et se dirige
en s'incurvant vers la paroi de l'oogone. Il s'y applique
et envoie, au point de contact, un·filament très mince
qui, perforant la membrane de l'oogone rencontre l'oo-

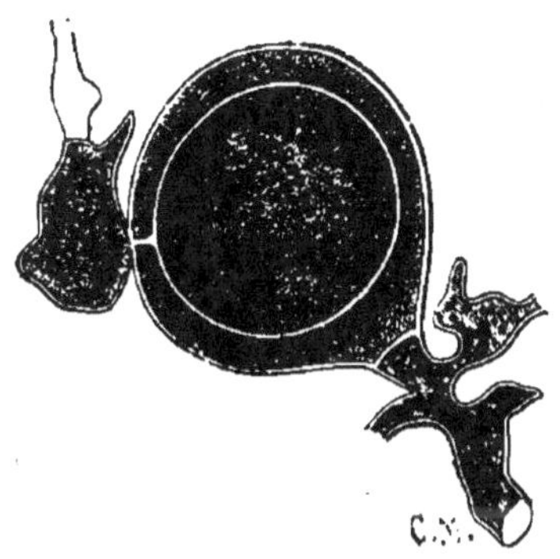
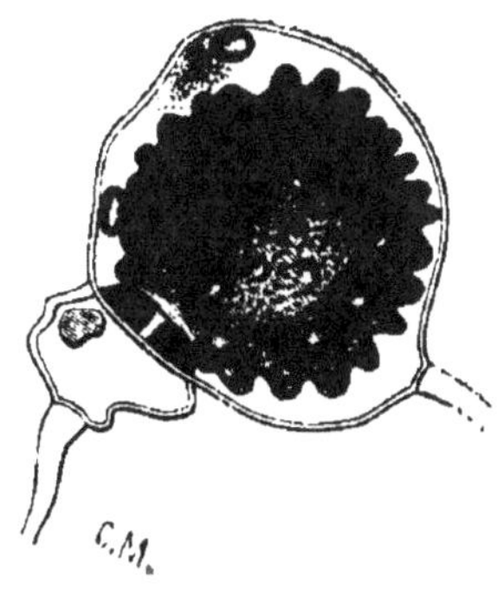

Fig. 12. — Fécondation de l'oo-
sphére du *Cystopus* par le
pollinide.

Fig. 13. — Œuf du
Cystopus.

sphère et mêle son contenu à la masse oosphérique. Il la
féconde, car, dès lors, l'œuf devient embryon. L'oosphère
se couvre d'une membrane à plusieurs couches dont
l'externe, rugueuse, échinée, brune, fait office de coque.
L'œuf doit passer l'hiver et ne germe qu'au printemps
suivant. En germant, il produit un grand nombre de zoospores à deux cils qui vont développer chacune un nouveau
thalle de *Cystopus* et propager une maladie souvent rui-
neuse. Il y a une grande analogie d'action et de mode
d'action entre le filament mâle, fécondant l'oosphère, et
le boyau pollinique des végétaux supérieurs, fécondant les

vésicules embryonnaires. Pour rappeler cette ressemblance physiologique on a donné au filament le nom de *pollinide*.

Enfin, nous arrivons au degré le plus élevé de cette échelle de perfectionnements où, pas à pas, nous suivons les progrès des organes de la multiplication : l'élément mâle devient mobile, quitte la plante mère et va à la recherche de l'œuf futur; il atteint en même temps son plus haut point de différenciation. Une seule famille de Champignons nous offre cet exemple, celle des Monoblépharidées, dont nous avons déjà raconté la curieuse délivrance des zoospores.

Un filament de *Monoblepharis* développe à son extrémité une petite boule, un oogone. Le contenu de l'oogone se dispose en oosphère en prenant une forme sphéroïdale, limitée aux deux pôles aplatis par un liquide hyalin. Le sommet de l'oogone se gélifie, se dissout; la membrane disparue, l'oosphère se trouve à nu. A ce moment, un article du filament, situé immédiatement au-dessous de l'oogone, a mûri un certain nombre de petits corps mobiles ciliés, pareils aux zoospores de la même plante mais beaucoup plus petits et animés de mouvements vifs et saccadés. Arrivés au contact de la paroi de l'oogone, les petits corps, appelés *anthérozoïdes*, issus de *l'anthéridie*, rampent par mouvements amiboïdes jusqu'à l'ouverture apicale de l'oogone. Ils traversent le liquide hyalin et disparaissent dans la masse de l'oosphère en y mêlant leur substance : l'oosphère est fécondée. Elle devient œuf, embryon, s'entoure d'une membrane verruqueuse et attend des circonstances favorables pour éclore.

Il est intéressant de constater que dans certaines espèces appartenant aux familles les plus élevées dans l'ordre de la sexualité, il existe déjà une rétrogradation de l'élément mâle. L'oogone se développe normalement. l'anthéridie s'atrophie. Dans certaines espèces, telle est même la règle. L'oogone, dans ce cas, se développe comme si rien ne lui manquait, l'oosphère devient spore et reproduit un thalle asexuellement. Nous rencontrerons des exemples de *parthénogénèse* pareils ailleurs, chez les animaux.

Certains Champignons développent encore des organes qui, à un certain moment, se comportent comme de véritables œufs. Ces organes, appelés *sclérotes* et *kystes*, résultent de la concentration de l'activité vitale sur un point restreint du thalle en vue d'affronter le péril de suppression totale. Une partie du thalle s'isole par des cloisons, se rassemble, s'épaissit, s'entoure d'une couche protectrice et résiste ainsi aux influences pernicieuses. La crise traversée, la vie s'épanche au dehors, le sclérote ou le kyste germe et *continue* la vie antérieure. Un exemple de sclérote est cette masse dure violacée qui se substitue trop souvent au fruit du Seigle et qu'on nomme l'*ergot*.

Les kystes ne sont pas rares chez les Moisissures, où ils ont la forme et le volume de grosses spores recouvertes de deux membranes, d'où le nom de *chlamydospores* ou « spores tuniquées », qu'on leur a donné.

Disposant d'un choix considérable de moyens de multiplication, de reproduction et, pour le moins, de conservation, qui sont le bourgeonnement, les spores, les zoospores, les conidies, la conjugaison égale, l'oosphère et le pollinide, l'oosphère et l'anthérozoïde, la parthénogénèse, les kystes et les sclérotes, les Champignons, dans leur petitesse, forment un des sujets d'étude les plus admirables et les plus fructueux pour l'intelligence du début des phénomènes vitaux. Le microscope nous a ouvert le monde merveilleux des organismes nains. Télescope puissant d'un autre genre, il nous permet de lire dans le grand livre de la nature l'écriture à demi effacée du passé et de comprendre l'histoire du présent des pléiades d'êtres organisés qui gravitent de tant de manières et avec tant d'opiniâtreté autour du foyer rayonnant et éternel : la vie

Les modifications progressives que nous venons d'examiner rapidement chez les Champignons, existent également dans une autre classe de Thallophytes, celle des Algues.

II. Algues.

Plantes simples de structure, pourvues presque toutes de matière verte ou chlorophylle, les Algues sont les plantes aquatiques par excellence. Elles peuplent les côtes des mers, affrontant la fureur des vagues qui déferlent contre les rochers, habitent le lac aux eaux tranquilles ou la mare croupissante, tapissent le mur suintant, verdissent l'écorce du mélèze, se cachent dans les sources minérales et vont jusqu'au pôle nord et dans la montagne rougir la neige éternelle.

Humbles et petites ou superbes et géantes, proie d'infusoires ou jardin des Néréides, la lutte qu'elles engagent pour la vie est moins ardente que celle des Champignons, car le soleil luit pour elles toutes. Par une de leurs familles les plus dégradées, les Bactériacées, Algues et Champignons semblent se relier.

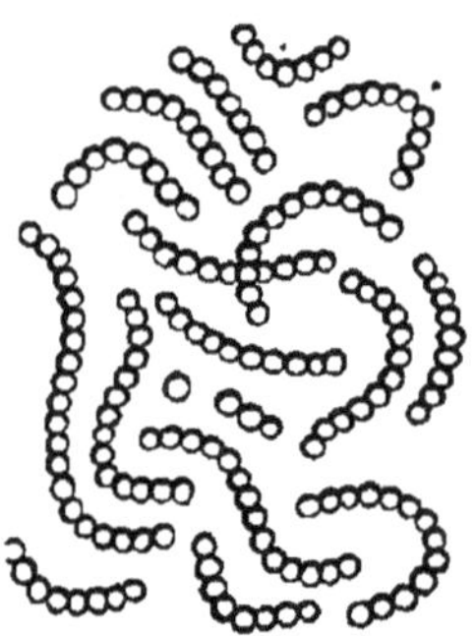

Fig. 14. — *Nostoc cœruleum*, filaments végétatifs.

Les phénomènes de reproduction ont leur maximum de simplicité chez les Nostocacées (fig. 14). Il n'y a ni spores ni œufs, mais la vie est continuée par des kystes, qui, après un certain temps de repos, germent et reproduisent un nouveau thalle. Les Nostocacées, filamenteuses ou cellulaires, ont le thalle ordinairement entouré d'une épaisse couche de gelée. Dans certaines espèces, une partie du filament englobé dans la masse gélatineuse se dégage par des mouvements saccadés, erre pendant quelque temps dehors, se fixe et développe un thalle nouveau qui s'entoure d'une nouvelle couche gélatineuse. C'est un des exemples les plus primitifs d'un mode de propagation que nous retrouverons chez les plantes plus élevées et chez les animaux sous le nom de bouturage. Une telle bouture errante de Nostocacée est appelée *hormogonie*.

Les Bactériacées, dont beaucoup de représentants, sous le nom mal déterminé de microbes, ont acquis une triste réputation de ferments pathogènes, mais dont bon nombre sont devenus des ferments utiles, indispensables à nos industries, se reproduisent et se continuent avec une étonnante rapidité et facilité au moyen de spores endogènes. On peut dire qu'aucune famille de plantes n'a jamais été l'objet d'investigations aussi suivies de la part des savants que ces organismes, tellement petits et fins qu'il faut l'emploi d'un grossissement très fort pour les apercevoir. Le plus fort grossissement peut seul accuser la formation des spores au milieu de la Bactérie. Le *Bacillus*, par exemple, dont le nom est dû à la forme en bâtonnet de la Bactérie, se prépare à la sporification en se gorgeant, soit à l'extrémité du bâtonnet, soit au milieu, d'une certaine quantité d'amidon qui forme une légère ampoule. La spore se forme, une dans chaque bâtonnet, absorbe successivement l'amidon et s'entoure d'une membrane. Elle devient libre par la destruction de la membrane générale du bâtonnet. Certaines Bactéries, pigmentées en vert, se décolorent en formant leurs spores.

C'est par leurs spores que la plupart des Bactéries pathogènes deviennent redoutables (fig. 15 et fig. 16). Les spores en effet résistent bien mieux que le thalle aux agents destructeurs extérieurs : car la formation de ces corps multiplicateurs a précisément lieu quand le milieu nutritif commence à devenir insupportable à la Bactérie même. La plupart des spores résistent à la température de l'ébullition de l'eau, certaines d'entre elles résistent à une ébullition prolongée pendant plusieurs heures. A sec, la résistance est même plus opiniâtre et pour empêcher la germination des spores, la reproduction des Bactéries, pour stériliser en un mot, un vase, il faut en porter la température jusqu'à 120 degrés. Les limites inférieures, au delà de 0 degré, sont bien plus reculées et la spore peut parfaitement entrer dans un

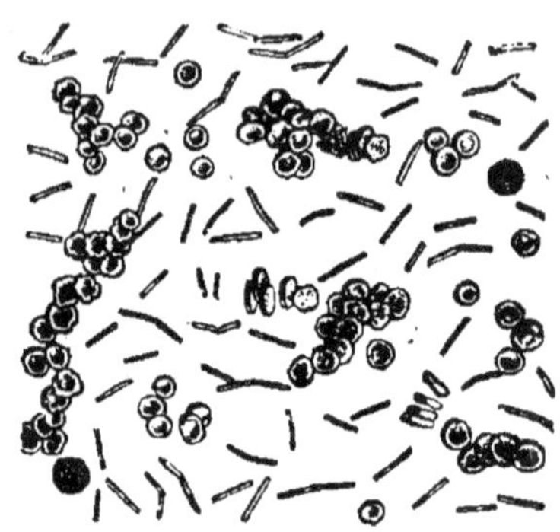

Fig. 15. — Sang infecté par la bactéridie charbonneuse, au microscope.

profond état d'engourdissement, en attendant son réveil dans de meilleures conditions vitales. Les nombreux travaux physiologiques parus dans les dernières années nous ont montré que nous nous trouvons là en présence d'un des ennemis les plus terribles de l'homme et de tous les organismes élevés. C'est ainsi que, dans la lutte pour la vie, les pygmées se superposent, se juxtaposent, se coalisent dans un but commun et luttent avec succès contre les géants.

Fig. 16. — Culture de la bactéridie dans du bouillon.

La plupart des Algues se reproduisent sexuellement par la formation de véritables œufs. Dans la majorité des cas, la reproduction sexuelle est accompagnée de multiplication asexuelle, de sorte que certaines espèces d'Algues nous offrent dans leur mode de multiplication toute la série des perfectionnements que nous avons vus s'établir chez les Champignons en passant des représentants inférieurs aux espèces les plus perfectionnées.

Voici s'introduire chez les Algues une ébauche de sexualité telle que nous l'avons suivie pas à pas chez les Moisissures. Les *Spirogyra* sont des Algues filamenteuses, d'un vert ordinairement éclatant, qui peuplent de leurs traînées de filaments fins et délicats les rivières, les mares, les bassins. Au microscope, nous voyons chaque filament formé de cellules allongées placées bout à bout et tapissées chacune intérieurement d'un ruban spiralé élégant, à spires plus ou moins resserrées de chlorophylle en grains et de protoplasma. Si, après avoir placé sur le porte-objet un certain nombre de filaments dirigés dans le même sens, nous avons la patience de rester l'œil collé au microscope pendant toute une nuit, nous pouvons assister vers deux ou trois heures du matin à la formation de l'œuf. L'œuf se forme par conjugaison comme celui du *Mucor Mucedo*. A cet effet (fig. 17), deux cellules de filaments situées en regard l'une de l'autre ramassent leur contenu, pelotonnent et resserrent leurs tours de spire qui se confondent, et forment finalement dans chaque cellule une petite boule verte entourée de liquide. A ce moment chaque cellule pousse du côté de sa voisine opposée une petite ampoule qui, grandissant en tube, se soude à la rencontre du tube opposé. Le contenu globuleux des cellules a poussé également un prolongement en bec dans le tube et, au moment où la paroi intermédiaire est résorbée en établissant une communication entre les deux cellules ainsi soudées, l'une des boules, devançant l'autre, passe tout entière par le canal de communication dans la cellule opposée. Elle y mélange sa masse à celle de sa voisine et, de la réunion des deux, résulte une masse globulaire de couleur plus foncée qui n'est autre que l'œuf auquel on a donné le nom de zygospore. Celle-ci s'enveloppe de plusieurs membranes dont l'extérieure est plus résistante et plus foncée, se constitue en embryon et se livre à un repos de plusieurs mois avant de germer et de reproduire, en véritable graine, un nouveau *Spirogyra*.

Comme indice de sexualité, on pourrait déjà considérer l'initiative de l'une des deux boules contractant l'union car, devançant sa voisine, elle se déplace et va s'insinuer dans la cellule de celle-ci. Cet indice n'existe pas dans une autre plante de la même famille, le

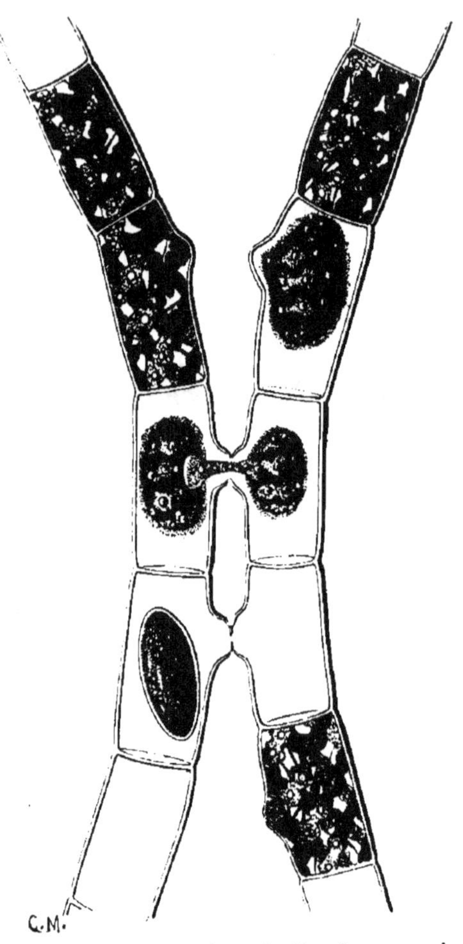

Fig. 17. — Formation de l'œuf par conjugaison dans le *Spirogyra*.

Mesocarpus. Là, les contenus des deux cellules contractantes se déplacent de la même façon, font le même espace de chemin et se rencontrent, pour se fusionner, au milieu même du canal de communication qui s'est établi entre les deux cellules. C'est là que la zygospore se développe en œuf, en embryon, et deux filaments de *Mesocarpus* en fructification ressemblent à une minuscule échelle où les degrés sont formés par les boules des zygospores (fig. 18).

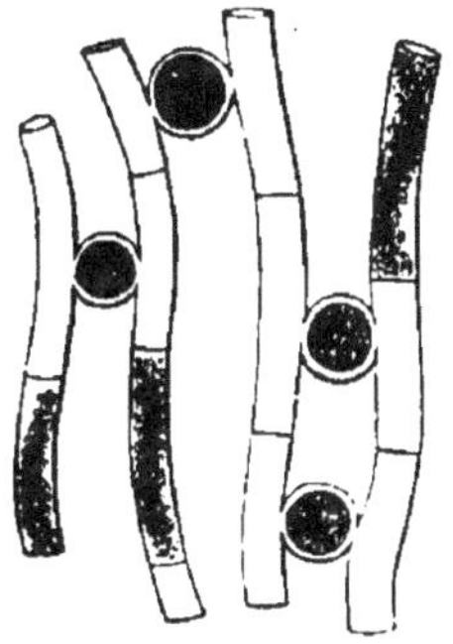

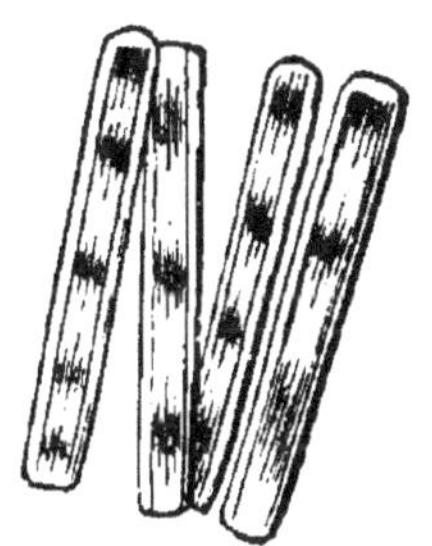

Fig. 18. — Œufs de *Mesocarpus scalaris*.

Un mode de conjugaison analogue se trouve chez les Diatomées. Les Diatomées sont des Algues microscopiques, unicellulaires, qui peuplent en nombre immense les eaux de la mer et les eaux douces (fig. 19). Leur nombre peut devenir tellement considérable qu'elles constituent souvent de véritables dépôts géologiques de plusieurs mètres d'épaisseur, comme dans les plaines de l'Allemagne du Nord et en Sicile. Elles offrent les formes les plus variées et les plus élégantes. Leur membrane s'incruste puissamment de silice et devient dès lors une véritable carapace qui leur assure une conservation presque indéfinie à travers les âges géologiques.

Fig. 19. — Diatomées.

Les Diatomées se reproduisent asexuellement et sexuellement. D'après le premier mode de multiplication, chaque cellule mère donne naissance à une cellule fille en dédoublant sa membrane rigide de trois côtés, à la façon du couvercle d'une boîte à gants emboîtant les côtés et pouvant glisser dessus. Effectivement, la cellule fille ainsi emboîtée glisse dans la cellule mère en élargissant la cavité jusqu'à ce que les deux cellules soient prêtes à se détacher. Chacune des deux cellules, mère et fille, possèdent alors une moitié de valve. Elles se complètent par l'adjonction d'une nouvelle valve emboîtée dans la valve opposée et constituent ainsi deux individus isolés. On conçoit que la cellule fille est plus petite que la cellule mère et plus petite précisément de la moitié de l'épaisseur de la membrane primitive. Or, ce mode de multiplication, donnant naissance à des individus de plus en plus petits, ne peut se répéter sur les descendants d'une même famille au delà d'une certaine limite. Quand le minimum

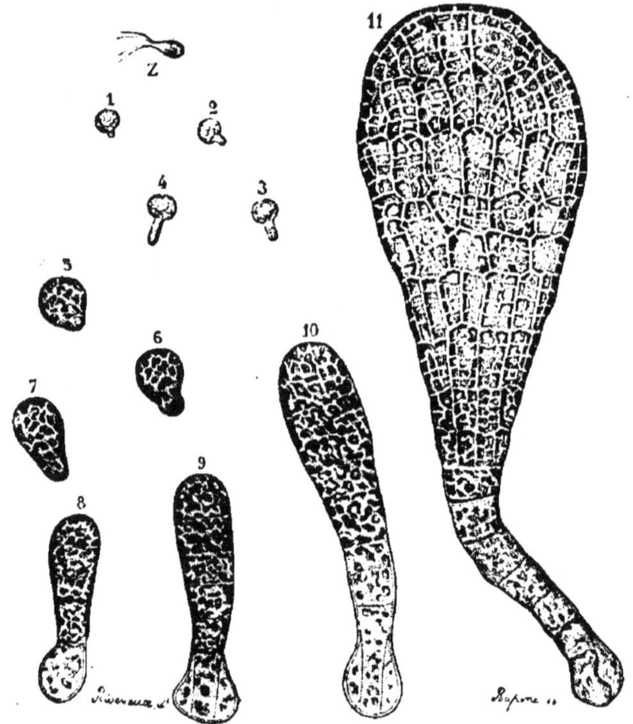

Fig. 20. — Germination de la zoospore Z, et développement successif du thalle (*Haligenia bulbosa.*)

de grandeur est atteint, les derniers rejetons de la lignée, au lieu de se reproduire par multiplication asexuelle, ont recours au mode de multiplication sexuelle le plus simple, à la conjugaison. Pour cela, deux individus de taille ordinairement inégale viennent se ranger l'un à côté de l'autre, s'englobent généralement dans une masse gélatineuse et poussent chacun vers son voisin deux ampoules,

Celles-ci se soudant entre elles comme chez les *Spiro-gyra*, établissent deux canaux de communication dans chacun desquels ira se loger une zygospore, un œuf. De-venues libres, les zygospores se développent du premier coup en individus de grandeur maximum. Chacun d'eux devient le fondateur d'une lignée de descendants qui tous prennent naissance par division « en emboîtement ».

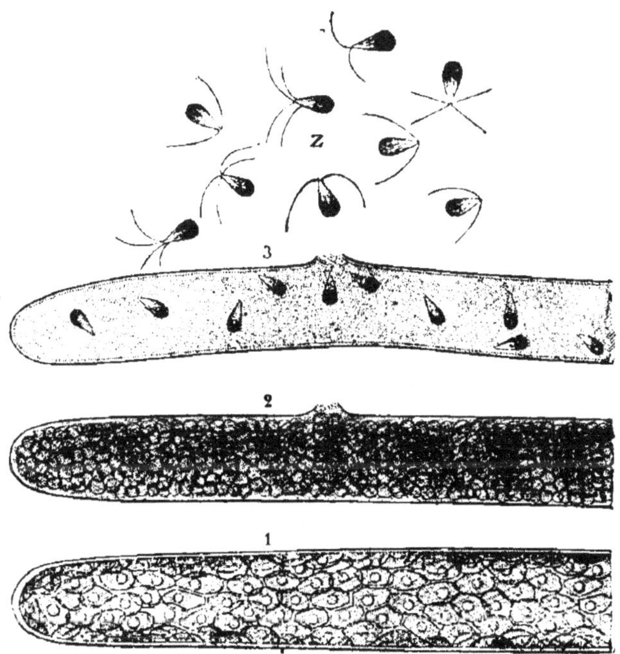

Fig. 21. — Développement et émission des zoospores dans un filament d'Algue. Z, zoospores libres.

La reproduction asexuelle par des zoospores est encore plus répandue parmi les Algues que parmi les Champi-gnons (fig.20). Quelques exemples typiques choisis dans plusieurs familles nous montreront le parallélisme de ces phénomènes dans les deux classes de Thallophytes.

Les zoospores des Algues ont généralement une forme arrondie ou ovale (fig. 21); elles portent à une de leurs extrémités, plus claire, appelée *rostre*, deux cils ou une couronne de cils mobiles. Les *Vaucheria*, Algues de la famille des Siphonées, possèdent des zoospores d'un aspect velouté, entourées complètement d'un duvet de cils vibratiles. En dehors de cette multiplication asexuelle par zoospores mobiles, les *Vaucheria* vont nous donner le premier exemple d'une fécondation opérée à l'aide d'anthérozoïdes mobiles.

Le thalle des *Vaucheria* n'est qu'un long tube non cloisonné, mais ramifié et rempli de grains de chlorophylle et de protoplasma. Au moment de la fructification on voit apparaître sur les rameaux, d'espace en espace, des boursouflures qui, en grandissant, s'incurvent et affectent la forme d'une petite corne d'où leur nom de « cornicule ». A côté de chaque cornicule se développe peu de temps après, une seconde boursouflure moins élevée et plus globuleuse. Ces deux excroissances se séparent du tube par une cloison et se constituent en organes de reproduction indépendants. La cornicule devient une anthéridie, le mamelon adjacent, un oogone. La cornicule divise son contenu protoplasmique clair en un grand nombre de petits globules qui s'échappent par une ouverture apicale résultant de la destruction de la membrane en cet endroit. Chacun de ces petits globules est un anthérozoïde d'environ $\frac{1}{80}$ de millimètre de longueur, pourvu de deux cils vibratiles, dirigés l'un en avant, l'autre en arrière. Au moment de l'émission de cette bande d'anthérozoïdes, l'oogone a rassemblé son contenu opaque en une masse globuleuse centrale entourée d'une sorte de mucilage. Ce mucilage s'épanche en gouttelettes à travers une ouverture de l'oogone résultant de la liquéfaction de la membrane sur une certaine étendue. Les anthérozoïdes nageant tout autour de cette ouverture, se déplaçant assez vivement, finissent par atteindre l'ouverture de l'oogone, pénètrent à l'intérieur et se mélangent à son contenu. Dès lors l'oosphère est fécondée et devient une oospore, un œuf. Peu après la pénétration d'un ou de plusieurs anthérozoïdes dans l'oogone, l'ouverture se referme par une cloison d'abord mince, mais qui s'épaissit bientôt comme toute la membrane de l'oospore et devient enveloppe protectrice de l'œuf. Celui-ci se sépare de la plante mère et va au loin germer et reproduire un nouveau thalle.

Dans les *Fucus* ou *Varechs*, ces Algues couleur et consis-

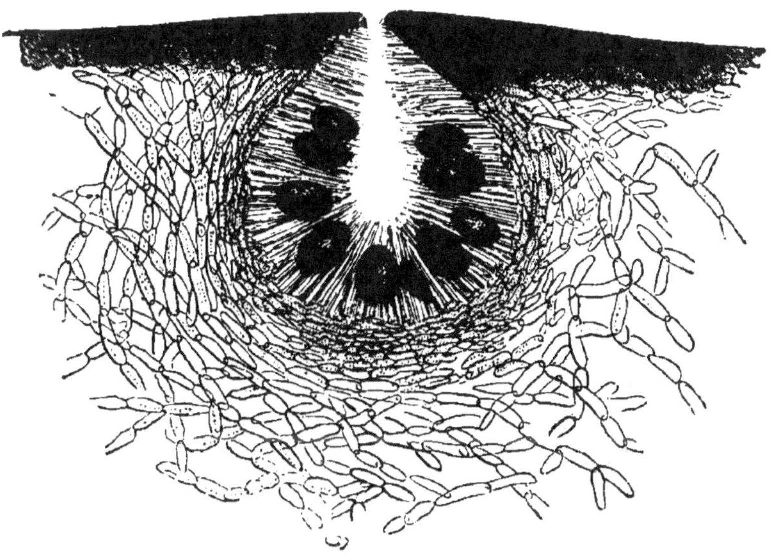

Fig. 22. — Coupe verticale à travers un conceptacle femelle d'un Varech. (*Fucus vesiculosus*).

tance de cuir qui foisonnent au bord de la mer et dont l'industrie a su retirer deux corps chimiques importants : l'iode et le brôme, les corps reproducteurs femelles, les oosphères, sont fécondés en dehors de la plante. L'œuf, au moment où il acquiert ses qualités reproductrices a déjà quitté la plante mère et l'embryon n'attend aucun secours de sa mère. Le thalle d'un Varech, comme le *Fucus vesiculosus*, est marqué à sa surface d'un grand nombre de petits points noirs très fins. Chacun de ces points représente l'ouverture, *l'ostiole* d'une cavité dans laquelle le microscope nous montre, au milieu d'un enchevêtrement de poils appelés *paraphyses*, un certain nombre de boules noires relativement grosses, supportées par un petit pédicelle (fig. 22). Dans d'autres cavités, au contraire, ces boules foncées sont remplacées par des grappes de petits cônes, portées par des filaments ramifiés (fig. 23). Les boules noires représentent les oogones ou organes femelles, les petits cônes, les anthéridies ou organes mâles, et comme ces deux espèces d'organes ne sont pas renfermées dans la même cavité ou *conceptacle*, les sexes sont séparés. Bientôt, on voit le contenu de l'oogone se diviser nettement en huit fractions ou oosphères, qui s'arrondissent, s'isolent et finalement, par suite de la liquéfaction de la membrane entourante, sont évacuées dans la cavité du conceptacle. De là, sortant par l'ostiole, elles se répandent dans l'eau environnante. Au moment de l'évacuation, les anthéridies mûres laissent échapper de leur côté une

Fig. 23. — Touffe d'anthéridies d'un conceptacle mâle de varech et émission des anthérozoïdes.

infinité de petits anthérozoïdes piriformes, garnis chacun de deux cils vibratiles dirigés en sens inverse l'un de l'autre, et qui leur impriment des mouvements très rapides. Évacués à leur tour par l'ostiole du conceptacle mâle, les anthérozoïdes, dans leur promenade désordonnée aux environs de la surface du Varech, finissent par rencontrer en bandes l'une ou l'autre des oosphères globuleuses issues du conceptacle femelle. Immédiatement ils l'entourent, s'appliquent à sa surface et, comme s'ils voulaient lui faire partager leur folle gaieté de jeunesse, l'entraînent pendant plus de cinq minutes dans un rapide mouvement de rotation autour d'elle-même. Un ou plusieurs des anthérozoïdes pénètrent alors la masse de l'oosphère, la fécondent par cela même et la changent en œuf. Le mouvement de l'oosphère devenue oospore s'arrête; elle s'entoure d'une membrane de cellulose et, après un certain temps de repos, va germer et reproduire un nouveau thalle de Varech.

Jusqu'ici nous avons pu constater un parallélisme assez accentué entre les phénomènes de multiplication et de fructification chez les Algues et chez les Champignons. Les Algues les plus élevées en organisation ont fait un pas de plus vers le perfectionnement et nous y assistons à des phénomènes de fécondation et de fructification qui rappellent les phénomènes de reproduction chez les végétaux les plus perfectionnés, les Phanérogames. Nous voulons parler de la formation de l'œuf chez les Floridées.

Aujourd'hui que la nature commence à perdre tous les jours un de ses secrets, l'admiration s'impose autant devant les actions les plus humbles de ses enfants, que devant les manifestations les plus brillantes et les plus étonnantes de ses enfants les plus favorisés par la naissance.

Les Floridées, fleurs des océans, peuplent les mers d'une infinité de formes admirables par l'éclat de leurs teintes, allant du rouge sanguin au grenat, carmin, violet, brun, etc., par l'élégance de leur architecture, qui surpasse en finesse l'œuvre d'art la plus habile de la patience humaine, ou par l'originalité de leur structure et de leur forme, qui rappelle souvent les feuilles des végétaux supérieurs, mais des feuilles gigantesques, ou les élégantes arborisations calcareuses d'un pied de corail.

Les Floridées se multiplient par des propagules, des spores asexuées et se reproduisent par des œufs.

Le *Polysiphonia subulata* est une Floridée de couleur purpurine foncée, qui se plaît sur les rochers des côtes de l'Adriatique. Son thalle acquiert une vingtaine de centimètres de hauteur et ressemble à un petit arbuste finement et souvent ramifié. Le pied est mâle ou femelle : les sexes sont séparés. Le pied mâle porte à l'extrémité de ses branches des ramuscules garnis de petits cônes en forme d'épi de maïs : les anthéridies. Placées à la façon des graines d'un épi autour d'un axe central, se trouvent jusqu'à 800 petites cellules arrondies dans chacune desquelles se développe un anthérozoïde. A la maturité, la membrane de la cellule se rompt et l'anthérozoïde s'échappe sous forme d'une sphère minuscule dépourvue de cils et de mouvement. Il se comporte bien comme un anthérozoïde dans la suite, mais comme il rappelle plutôt encore le rôle physiologique du boyau pollinique des Phanérogames, on lui donne le nom de *pollinide*.

L'eau de mer qui baigne le pied mâle du *Polysiphonia* charrie donc, au moment de la maturité des anthéridies, des milliers de pollinides. Un peu plus loin, sur le rocher, voici fixé un pied femelle de la même plante. L'examen microscopique ou la loupe nous montre l'absence des anthéridies et, à leur place, la présence d'oogones qui nous apparaissent ici avec une forme singulière. En effet, porté par un pédicelle de plusieurs cellules, nous voyons un amas globulaire de cellules très colorées surmontées par un long poil mince et incolore. Ce poil, appelé *trichogyne*, joue un rôle important dans la fécondation, rôle analogue à celui du style dans la fleur des Phanérogames. Sa membrane est un peu gélifiée, son sommet arrondi. Il repose immédiatement par sa base sur la cellule centrale de l'oogone, qui se distingue des cellules entourantes par son protoplasma plus dense et plus granulé. Cette cellule centrale va être fécondée et devenir œuf, grâce au trichogyne. Voici qu'un courant d'eau, ou peut-être les mouvements désordonnés de milliers d'infusoires vagabonds, ont fait dériver du pied mâle un certain nombre de pollinides. Inconscients et passifs, ils se laissent entraîner au hasard du courant. L'un d'eux, ainsi le veut la nature, a heurté le trichogyne et dès lors s'y trouve retenu par la membrane gélifiée. Un autre, un troisième subissent le même sort. Alors, se souvenant sans doute du rôle important que la nature lui a confié, le pollinide soude sa masse au trichogyne et fait passer son contenu dans la cavité de ce dernier. Mais le trichogyne n'est qu'un intermédiaire, qu'un corridor à travers lequel chemine la masse fécondante du pollinide pour aller se mêler au contenu de la cellule centrale de l'oogone et la féconder ainsi. Maintenant que la fécondation est opérée, le trichogyne a rempli son rôle et disparaît comme, dans la plupart des fleurs à pistil, le style se flétrit après l'action du boyau pollinique.

Or l'œuf des Floridées est une *graine* contenue dans un *fruit*. En effet, dès que la cellule centrale de l'oogone a éprouvé l'influence fécondante du pollinide, les cellules périphériques de l'oogone participent à l'évolution générale. Tandis que l'œuf central se développe en divisant sa masse successivement en un grand nombre de fractions, les cellules corticales se divisent tangentiellement et radialement en se développant en véritable capsule. Au sommet de cette capsule, à laquelle on donne dès lors le nom de *sporogòne* ou de *cystocarpe,* s'établit une ouverture par où s'échapperont les spores. Car l'œuf des Floridées se développe sur la plante même, et ce ne sont que les enfants de deuxième génération qui vont quitter le sporogone à l'état de spores. Ces spores sont appelées *carpospores,* pour indiquer qu'elles proviennent d'un fruit. Elles sont de couleur rouge, ont une forme ovale, et se mettent à germer sans retard après leur sortie du sporogone.

Les variations de détail dans le mode de fécondation des Floridées sont fort nombreuses et nous ne pouvons y insister davantage ici. Qu'il nous suffise de constater que nous avons rencontré pour la première fois un œuf devenu graine dans un fruit.

Les Floridées se multiplient asexuellement par des spores immobiles qui naissent ordinairement au nombre de quatre dans chaque sporange d'où leur nom de *tétraspores* (fig. 24).

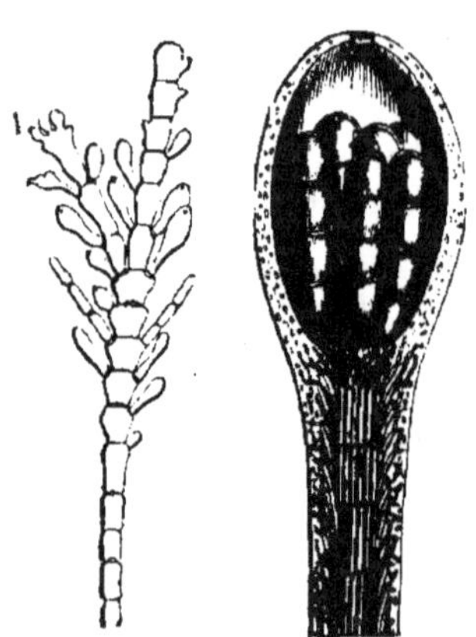

Fig. 24. — Sporanges et tétraspores du *Corallina officinalis* (Floridées).

Ces Algues sont une des splendeurs de la flore marine. Les admirateurs des merveilles de la nature y trouveront, pour longtemps encore, un des plus beaux sujets d'étude, car il y a à peine une quinzaine d'années qu'un coin du voile qui couvrait les merveilles de l'œuf des Floridées a été soulevé.

III. Mousses.

Les Mousses sont une des plus charmantes et des plus intéressantes formes de végétation. Plus compliquées d'organisation et de structure que les Lichens et les Algues, elles réalisent un pas de plus vers le perfectionnement et l'individualisation des organes : car, chez elles, on voit déjà accusés une façon de tige, des ramuscules, des feuilles, un système reproducteur. Humbles de port, elles revêtent la terre humide d'un moelleux tapis vivant. Sombres de couleur dans les profondeurs de l'antique forêt, éclatantes de verdure aux scintillements cristallins de la fontaine, les Mousses se plaisent à montrer l'exubérante fécondité de la terre saturée d'humus et de sève inerte. Dans l'ombre intense de ces forêts vierges, l'insecte coureur se cache volontiers pendant qu'une goutte de pluie s'abat lourdement sur la feuillée moussue en la trouant, ou qu'une goutte de rosée, coupole magnifique, illumine l'ombre épaisse des reflets de l'arc-en-ciel. Chacun de ces paysages miniatures a ses charmes, à nous inconnus, ses habitants, ses saisons. Ainsi, la plupart de nos Mousses « fleurissent » en hiver, d'autres ne « fleurissent » que tous les treize ou tous les seize mois. Cependant, hâtons-nous de dire que ce qu'on appelle vulgairement la fleur ou le fruit d'une Mousse, c'est-à-dire cette sorte de petite boule ou de cône couronné d'une minuscule coiffe et porté par un mince pédicelle, est déjà un produit secondaire de la fécondation et nullement comparable à la fleur ou au fruit des végétaux supérieurs.

Fig. 25. — Organes reproducteurs, réceptacle ou « fleur » d'une Mousse.

Les Mousses se multiplient, se propagent, se reproduisent par des boutures, des propagules, des bourgeons détachés, des marcottes et des œufs. Cependant la véritable reproduction, celle qui, au lieu de continuer seulement la plante même, la reproduit et la renouvelle avec la facilité de la modifier dans une certaine mesure, est due à la germination de l'œuf.

En examinant attentivement à la loupe les extrémités des petits rameaux d'une Mousse, on voit que quelques-uns se terminent par des feuilles de plus en plus modifiées. Ces feuilles entourent au sommet un petit plateau où se trouvent insérés quelques organes ayant l'apparence de gros poils (fig. 25). Ce sont les organes reproducteurs, soit mâles, soit femelles, soit les deux à la fois. Les organes mâles portent le nom d'*anthéridies*, ils produisent des anthérozoïdes ; les organes femelles sont appelés *archégones*, ils forment des œufs à la suite de la fécondation par les anthérozoïdes. C'est cette réunion des organes reproducteurs qu'on appelle parfois *fleur* des Mousses, fleur qui a du reste certaines analogies avec la fleur des plantes phanérogames.

L'anthéridie naît comme un poil d'une cellule épidermique, mais ne tarde pas à grossir par le développement de cellules intérieures et prend finalement la forme d'une massue ou d'une boule, supportée par un mince pied (fig. 26). Chacune des cellules dont se compose la masse interne, modifie son contenu et en fait un anthérozoïde, un corpuscule reproducteur mâle.

L'archégone naît de même d'une cellule de l'épiderme ; mais, dès le début, il s'allonge considérablement, se renfle au milieu et ressemble alors à une bouteille terminée par un long col mince et un peu évasé

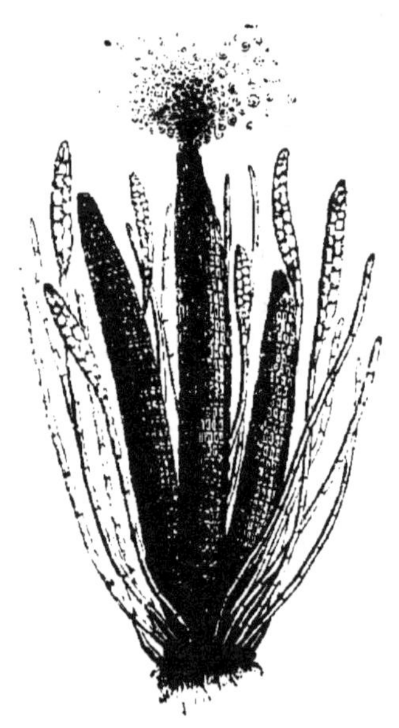

Fig. 26. — Anthéridies et paraphyses d'un réceptacle mâle d'une mousse. Emission des anthérozoïdes.

à son sommet (fig. 27) Si, en habile anatomiste, nous arrivons à faire une coupe longitudinale à travers l'archégone mûr, nous verrons que le centre de la partie renflée est occupé par une grosse masse cellulaire granuleuse qui est l'oosphère ; immédiatement au-dessus est couchée une autre cellule qui s'engage dans le bas du col, traversé lui-même par un canal obstrué d'une masse mucilagineuse. Ce canal n'existait pas au début.

il n'est que le résultat de la résorption des parois d'un certain nombre de cellules qui en occupaient la place.

Le développement des deux sortes d'organes étant arrivé à ce point, une goutte de rosée ou de pluie se charge de rendre possible la fécondation, c'est-à-dire l'imprégnation de l'oosphère par l'anthérozoïde. Dès que l'eau arrive en contact avec l'anthéridie, elle en dissout le sommet et toute la masse des anthérozoïdes se répand au dehors au milieu de leurs cellules mères presque gélifiées. Bientôt ils sont libres, se dégagent et viennent nager en tourbillonnant dans la goutte, dans l'océan, qui les baigne. Chacun a la forme d'un minuscule têtard ou d'un fil enroulé en spirale. Il est pourvu, en avant, de deux longs barbillons extrêmement ténus, en arrière d'un léger renflement avec quelques granules amylacés (fig. 28).

Dans sa course vagabonde à travers la goutte liquide, peut-être aussi qu'il aide en cela le hasard ou qu'il poursuit quelque goût étrange pour un acide organique l'un ou l'autre des anthérozoïdes arrive au sommet du col de l'archégone. Retenu par une masse plus pâteuse, il y pénètre, suit le long couloir qui mène à l'oosphère et s'engage dans celle-ci pour s'y perdre en fondant complètement sa masse.

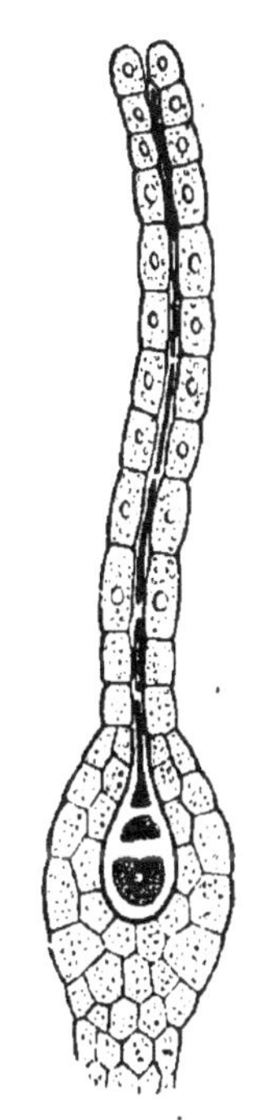

Fig. 27. — Archégode de mousse isolé.

La fécondation est faite, l'archégone va devenir un fruit contenant une graine, un œuf. Mais cet œuf ne développera une plante nouvelle que dans une deuxième génération, lui-même produira d'abord une génération de spores. L'archégone prendra, dans la suite, le nom de *sporogone*.

Dès que l'oosphère est devenue oospore, elle se divise en deux cellules superposées dont chacune a une destinée différente. L'inférieure, par des multiplications répétées, développera un pédicelle plus ou moins long suivant les espèces, la supérieure deviendra sporange ou *capsule.* Au commencement, le pédicelle prend un développement prédominant, s'enfonce même dans les tissus sous-jacents et s'y greffe en quelque sorte. Bientôt les parois de l'archégone, ne pouvant plus suivre dans leur élongation celle du pédicelle, se déchirent circulairement et la partie supérieure de l'archégone, couronnée du col flétri, est soulevée comme une petite calotte. Elle recouvre finalement le sommet de la capsule comme d'un capuchon, sous le nom de *coiffe* (fig. 29). Le pédicelle acquiert souvent plusieurs centimètres de longueur : c'est la *soie*, mince comme un fil, mais sèche, solide et dressée, entourée à sa base d'un bourrelet de tissu appelé *vaginule.* Le pédicelle étant déjà très développé, la capsule, à son tour, différencie ses tissus intérieurs et se transforme en sporange.

Fig. 28. — Anthérozoïdes de Mousses.

Les spores s'y trouvent enfermées dans une sorte de sac cylindrique double qu'on a appelé *sac sporifère.*

Maintenant les spores sont mûres et attendent le moment de leur mise en liberté. La coiffe, desséchée, tombe et met à nu le sommet pointu de la capsule. Celle-ci se déchire circulairement en haut et découvre ses tissus internes en laissant tomber son sommet ou *opercule,* comme elle le ferait d'une calotte. Mais les spores ne peuvent encore s'échapper ; une sorte de cloison située sous la base de l'opercule les en empêche. Mais cette

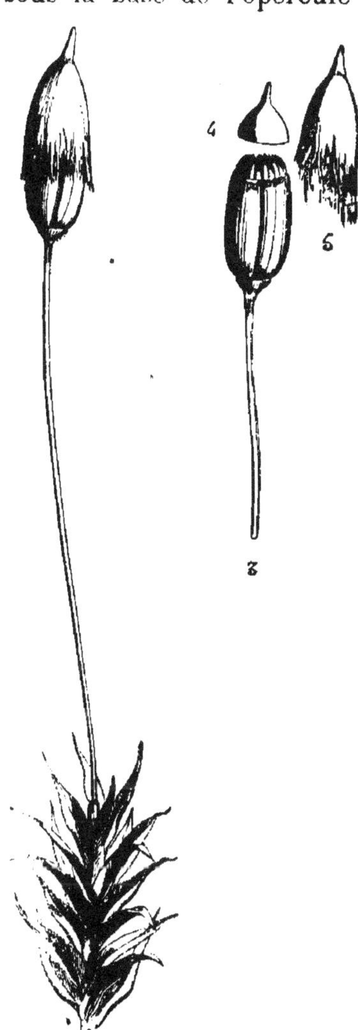

cloison se redresse et vient garnir le bord de la capsule d'une série circulaire de dents. Cette collerette dentelée porte le nom de *péristome*; elle est quelquefois double. Alors seulement les spores, libres déjà, peuvent s'échapper et viennent tomber au pied de leur parent ou sont emportées par le vent. Elles sont comprimées sur quatre faces, tétraédriques ou globuleuses et pourvues de deux membranes. L'interne ou *endospore* est incolore, l'externe ou *exospore*, mince et granuleuse, est colorée de teintes diverses, ordinairement de jaune ou de brun.

Quand la spore s'est reposée pendant quelque temps, elle commence germer. L'exospore se déchire, l'endospore fait hernie à travers la déchirure et se développe en filament. Ce filament se ramifie et, par des bifurcations successives,

Fig. 29. — Sporange d'une Mousse. 3. Soie, coiffe et capsule 4. Opercule soulevé découvrant le péristome. 5. Coiffe.

produit une arborisation filamenteuse appelée *protonéma*. Bientôt sur le protonéma prennent naissance de petits bourgeons en nombre assez considérable. Chacun des bourgeons se garnit supérieurement de petites feuilles, inférieurement de poils qui s'enfoncent dans la terre et fonctionnent comme racines. Ensuite les filaments du protonéma disparaissent, laissant cà et là implantés dans le sol les petits bourgeons qui sont autant de nouveaux individus, car ils n'ont qu'à se développer pour donner chacun un nouveau pied de Mousse fertile.

Chaque spore, et le nombre en est généralement très considérable, peut donc à elle seule reproduire la plante mère un assez grand nombre de fois et recouvrir en peu de temps le sol de plusieurs décimètrescarrés d'un beau tapis vert. Le cycle reproducteur d'une génération de Mousses est ainsi scindé en trois parties. La première comprend le développement des anthéridies et des archégones où s'opère la fécondation; la deuxième est caractérisée par la formation du sporogone; la troisième enfin clôt le cycle et le recommence finalement par la naissance du protonéma et le bourgeonnement des individus nouveaux.

IV. Fougères.

La division des Cryptogames vasculaires comprend la classe des Fougères, celle des Prèles et celle des Lycopodes.

L'histoire de l'œuf dans ces trois classes présente, avec un grand nombre de variations de détail, une analogie telle que, pour en avoir une idée générale, il suffira de l'étudier dans une seule. Comme la classe des Fougères possède le plus grand nombre de représentants connus, nous la choisirons parmi les trois pour exposer brièvement la formation, le développement et les destinées ultérieures de l'œuf.

Les Filicinées ont depuis longtemps cédé la place à

leurs sœurs puînées, les plantes Phanérogames. De leur ancienne splendeur, à l'époque lointaine où d'effroyables cataclysmes bouleversèrent les continents couverts de forêts vierges immenses qui se sont condensées en houille, les Fougères ne nous ont transmis à travers les siècles que des générations naines, et c'est à peine que dans l'Amérique méridionale quelques espèces arborescentes peuvent reporter aujourd'hui l'esprit vers ces paysages antiques dont les calques se trouvent enfouis au sein de la terre. La beauté de leurs formes et l'élégance de leur port ont fait rechercher presque toutes les Fougères comme plantes d'ornement et de luxe.

Si l'on examine la face inférieure d'une feuille de Fougère fertile (fig. 30), on remarque le plus souvent un grand nombre de petites pellicules de quelques millimètres de diamètre disposées régulièrement le long des nervures ou, plus rarement, réparties sans ordre à la surface de la feuille. Chacune de ces pellicules marque l'endroit où se trouve un appareil sporifère, un nid de sporanges appelé *sore*. Cette pellicule est membraneuse, mince et forme généralement un petit rebord ou toit, libre par ses bords, attaché soit par son centre, soit par un point de la circonférence. Elle prend le nom *d'indusie* et manque chez certaines espèces dont le sore est ainsi à nu. En soulevant ou en écartant les bords de l'indusie, qui tantôt prend la forme d'un haricot, d'une gousse, d'un repli de l'épiderme ou d'un capuchon, on découvre au-dessous et à la loupe, une touffe de poils : les uns, appelés *paraphyses,* formant de simples filaments, les autres portant au bas d'un pédicelle grêle un corps globuleux, discoïde, conique, en forme de toupie, etc., toutes formes variables suivant les espèces. Ces corps pédicellés représentent chacun un sporange dans lequel naissent les spores en nombre multiple de quatre. Chaque sporange a la valeur d'un poil, car il nait d'une cellule épidermique qui, après s'être développée en pédicelle, se couronne d'un ensemble de cellules en tissu différencié. Au centre s'établit un nid de quelques cellules mères de spores ; à la périphérie, quelques cellules, disposées longitudinalement, transversalement, en méridien ou en équateur, épaississent leurs parois internes et mitoyennes en laissant minces les parois externes convexes. En même temps ces parois brunissent et dessinent autour du sporange une ceinture très visible appelée *anneau*, dont le bout, purement mécanique, est de déchirer l'enveloppe du sporange et de disséminer par là les spores. Cet anneau, chez le Polystic Fougère mâle par exemple, est disposé comme la crête d'un casque de pompier (fig. 31). Au moment où les spores sont mûres, nageant d'abord au milieu d'un liquide, ensuite libres au centre du sporange, la dessiccation progressive des cellules de l'anneau amène, grâce à l'épaississement inégal des parois, un tiraillement auquel la paroi du sporange finit par céder en se déchirant suivant une fente perpendiculaire à la crête du casque. Les spores s'échappent et se répandent par terre.

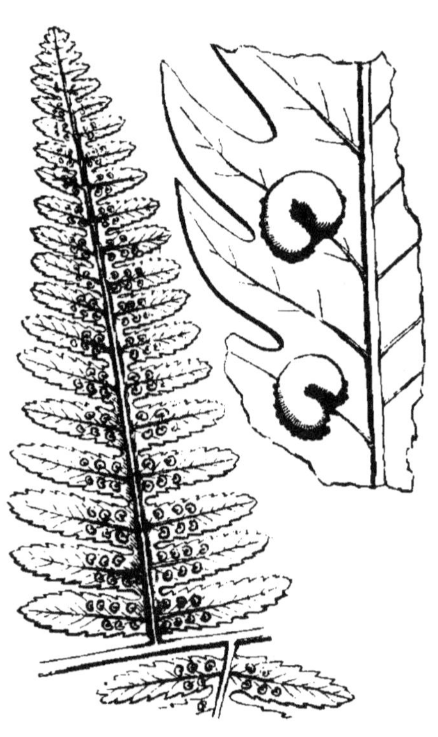

Fig. 30. — Face inférieure d'une feuille de Fougère montrant la disposition des sores ; à droite 2 sores à indusie cordiforme vues sous un grossissement plus fort.

Après un temps de repos assez considérable, elles germent. L'endospore, ou membrane interne, fait éclater l'exospore et se développe à travers la déchirure en un filament plus ou moins long. Contrairement à ce qui a lieu chez les Mousses, où la spore ne développe qu'une série de ramifications filamenteuses nommées protonéma, le filament issu d'une spore de Fougère se cloisonne bientôt pour former une petite expansion foliacée, tissulaire, appelée *prothalle*. Cette expansion, triangulaire au début, s'échancre en avant et prend la forme d'un cœur (fig. 32); elle s'applique étroitement contre le sol humide et s'y fixe au moyen de nombreux poils radiculaires qui nais-

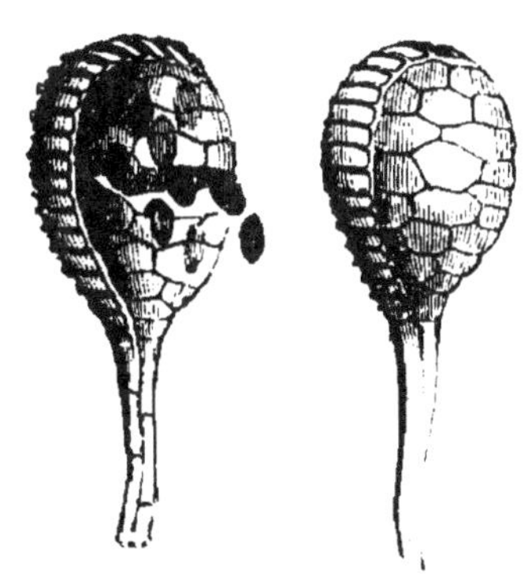

Fig. 31. — Deux sporanges de Fougère montrant la déhiscence et l'émission du spore.

sent à sa surface inférieure. Le prothalle, comme le protonéma des Mousses, n'a qu'une existence temporaire; mais son rôle est d'une importance capitale puisqu'il représente seul la plante sexuée capable de produire des œufs. En effet, c'est sur le prothalle que se développeront les anthéridies et les archégones, toujours à la face intérieure, qui est en contact avec le sol (fig. 33) : les anthéridies, très nombreuses sur la moitié postérieure, les archégones, en nombre plus restreint, dans la région antérieure voisine de l'échancrure.

Fig. 32. — Prothalle de Fougère grandeur naturelle.

Ces deux organes ont chacun la valeur d'un poil. L'anthéridie s'élève de l'épiderme comme un petit mamelon en coupole. Au centre, et sous la coupole, un nid de cellules, issu d'un cloisonnement dans tous les sens d'une cellule centrale, renferme un grand nombre d'anthérozoïdes; ceux-ci deviennent libres et s'échappent par la dissolution dans l'eau de la coupole de l'anthéridie et se répandent dans les gouttes d'eau qui baignent la face inférieure du prothalle. L'anthérozoïde a la forme d'un minuscule tire-bouchon, garni à son extrémité postérieure d'une petite vésicule qui ne tarde pas à disparaître, à son extrémité antérieure d'une touffe de minces cils très longs (fig. 34).

Au moment de l'émission des anthérozoïdes, l'un ou

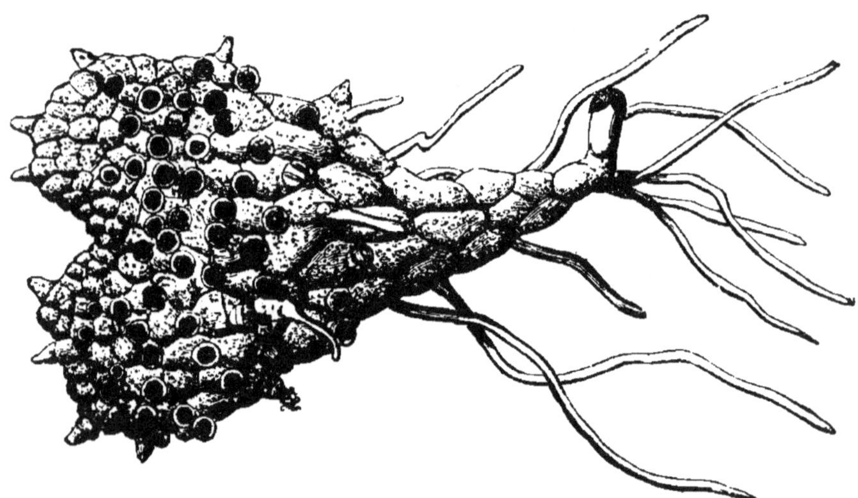

Fig. 35. — Jeune prothalle de Fougère grossi montrant les archégones et les anthéridies.

l'autre des archégones est prêt à les recevoir. Produit d'une cellule épidermique unique, l'archégone a développé un mamelon plus long et plus pointu que l'anthéridie (fig. 35). Ce mamelon est appelé *col*. Il est creusé intérieurement d'un canal obstrué par du mucilage qui vient s'épancher en gouttelettes au sommet du col et qui résulte de la dissolution d'une cellule appelée *cellule du col*. Ce canal mène au centre de l'archégone à une cellule plus volumineuse, arrondie presque nue : c'est l'oosphère. Quelques anthérozoïdes se promènent déjà aux abords du col en tournant vivement autour d'eux-mêmes.

L'un d'eux s'est approché du mucilage débordant au sommet de l'archégone; il s'y trouve retenu et, se vissant en quelque sorte à travers le col, atteint bientôt le fond, où il rencontre l'oosphère. Il y pénètre et disparaît : la fécondation est opérée.

Fig. 34. — Anthérozoïdes de Fougères.

Le col et son canal sont devenus inutiles; le premier se flétrit, le dernier s'oblitère. L'oosphère s'entoure d'une membrane et, sans plus tarder, l'œuf fécondé se développe en embryon.

L'oospore se divise d'abord en deux, puis en quatre cellules par deux cloisons perpendiculaires entre elles. Chacun de ces quartiers a une destinée différente : l'un va devenir la première feuille, l'autre la première racine, le troisième la jeune tige, et le dernier formera une sorte de suçoir qui, sous le nom de *pied*, ira se greffer en quelque sorte dans le tissu du prothalle afin de procurer à la jeune plante les matières nutritives élaborées par le prothalle et qui lui sont nécessaires jusqu'à ce qu'il puisse se suffire à lui-même. Dès que la jeune racine pourra puiser dans la terre les sels et les sucs nécessaires, dès que la jeune feuille verte pourra profiter des rayons du soleil qui l'autorisent à décomposer

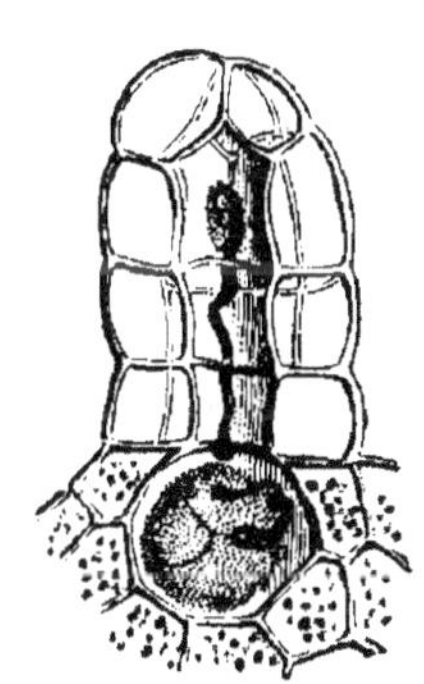

Fig. 35. — Archégone de Fougère. Un anthérozoïde a pénétré jusqu'à l'oosphère et la féconde.

de l'acide carbonique, le pied et le prothalle ont rempli leur mission et s'atrophient; finalement une jeune plante, une petite Fougère indépendante s'élève du sol et, lentement, déroulera ses feuilles feutrées, en crosse d'évêque.

Puis la face inférieure des feuilles se garnira de *sores*
et le cycle reproducteur est fermé.

Ainsi, de même que chez les Mousses, ce cycle est
marqué chez les Fougères par trois étapes. La première
comprend la génération asexuelle des spores sur la
plante adulte, la deuxième est caractérisée par le développement du prothalle, et la dernière, la plus importante, admet la génération sexuelle sur le prothalle qui
produira un œuf d'où naîtra une nouvelle plante feuillée
sporigène.

La succession des générations et leur alternance est
la même chez les deux groupes; mais, physiologiquement, le prothalle de la Fougère est l'équivalent de la
Mousse feuillée et le sporogone de celle-ci, l'équivalent
du sore de la Fougère. Les Fougères disposent en outre
de modes de multiplication nombreux. Prothalle, feuilles
et racines peuvent produire des bourgeons adventifs qui,
en s'isolant, se développeront chacun en individu nouveau. Le prothalle peut se multiplier encore par *marcottage* naturel en se divisant en plusieurs tronçons d'où
naîtront autant d'individus nouveaux.

Plus nous monterons dans l'échelle du perfectionnement des plantes et plus les modes de multiplication
asexuelle se réduiront, sans jamais cesser entièrement.
Chez les Phanérogames, dont nous allons étudier l'œuf, la
multiplication par bulbilles, marcottage, greffe, bouturage, devient de plus en plus rare et difficile à exécuter.

Mais si les colonies de cellules, dont l'association entière
forme la plante, perdent la faculté de se multiplier
ainsi par suite de la division du travail, la cellule prise
séparément, la cellule considérée comme individu en
dernière analyse, a toujours la faculté de se multiplier
asexuellement par division de son noyau.

L'ŒUF DES PLANTES PHANÉROGAMES

Fleurs. — Agents fécondateurs des fleurs. — Fleurs cléistogames,
hermaphrodites. — Plantes monoïques, dioïques. — Pistil, étamine, corolle, calice. — Carpelles. — Ovaire, style et stigmate. —
Tissu conducteur. — Placentation. — Structure et développement
de l'ovule. — Le sac embryonnaire. — Vésicules embryonnaires
et synergides. — Imprégnation du stigmate et marche du boyau
pollinique. — La vésicule embryonnaire devient œuf. — Développement de l'embryon. — Filet suspenseur et cotylédons. — Filet
suspenseur des Orchidées, Légumineuses, etc. — Les Phanérogames sont des plantes vivipares. — Formation de l'albumen. —
Albumen farineux, oléagineux, corné, éburné. — Albumen laiteux.
— Digestion de l'albumen par l'embryon. — Graines albuminées ;
exalbuminées. — Les différents organes de l'embryon. — Embryon dicotylédoné, monocotylédoné. — Périsperme. — Enveloppes
de la graine. — Spermoderme ; testa. — Marques, ponctuations,
relief, ornementation de la surface du testa. — Volume de la graine.
— Le fruit. — Développement du fruit. — Péricarpe. — Moyens
protecteurs du fruit et de la graine contre leurs ennemis. — Mimétisme. — Déhiscence des fruits. — Moyens de dissémination
divers. — Fruits explosibles. — Adaptation des fruits aux agents
disséminateurs : animaux, air, eau.

Après avoir vu rapidement la formation et la constitution de l'œuf chez les principaux représentants des
Cryptogames, il nous reste à étudier l'œuf végétal ou
graine dans la classe la plus élevée des végétaux, chez
les Phanérogames. La formation et l'évolution de l'œuf
chez les plantes de cette classe s'opère sensiblement sur
un même modèle, et depuis la minuscule Lentille d'eau,
depuis l'humble et modeste Violette jusqu'au Chêne puissant et au Wellingtonia altier, la graine naît dans une

fleur; elle naît de l'influence d'une poussière fécondante mâle, le *pollen*, sur un organe femelle, l'*ovule*.

C'est au sein de la fleur que la jeune plante se forme, se fortifie, se couvre de vêtements protecteurs et emporte de la maison maternelle des provisions pour les premiers temps de sa vie indépendante. Mais la fleur n'est pas toujours ce palais aux couleurs brillantes qui reçoit et désaltère de nectar les insectes, ses hôtes privilégiés aux riches livrées. C'est quelquefois une humble chaumière, sans apparence, où de rares voyageurs à pied, quelques petits insectes aux ailes trop dures, sont attirés par une odeur de festin. La fleur devient même, comme chez les Aroïdées par exemple, un véritable bouge fréquenté par les pirates du monde des insectes ; mais telle est la perfidie de cette maison qu'elle se joue effrontément de ceux qui lui rendent visite : attirés par une odeur de viande corrompue, les affamés se précipitent et repartent sans avoir trouvé. Mais, tout en cherchant à satisfaire leur goût pour la nourriture friande que leur servent le plus souvent les fleurs, les visiteurs ailés, malgré leur égoïsme inconscient, rendent aux mêmes fleurs un des plus grands services : ils transportent le pollen d'une fleur à l'autre et opèrent la fécondation en la rendant possible. D'autres fleurs sont fécondées par le vent ou par l'eau. Enfin, quelques-unes, les fleurs *cléistogames* n'ouvrent jamais leurs portes à l'un ni à l'autre de ces agents fécondateurs et se fécondent elles-mêmes. Il faut pour cela évidemment que les deux sexes se trouvent réunis sur la même fleur, que la fleur cléistogame soit *hermaphrodite.*

A vrai dire, beaucoup de fleurs hermaphrodites peuvent se féconder elles-mêmes et produire des graines. Cependant il est démontré aujourd'hui que l'*hétérofécondation*, là où elle peut rivaliser avec l'*autofécondation*, donne des produits bien supérieurs, rend la jeune plante plus apte à vivre, la fortifie, l'améliore. Or, ce sont pré-

cisément les insectes, le vent, l'eau, parfois les oiseaux et
les mollusques qui « hétérofécondent » les fleurs et

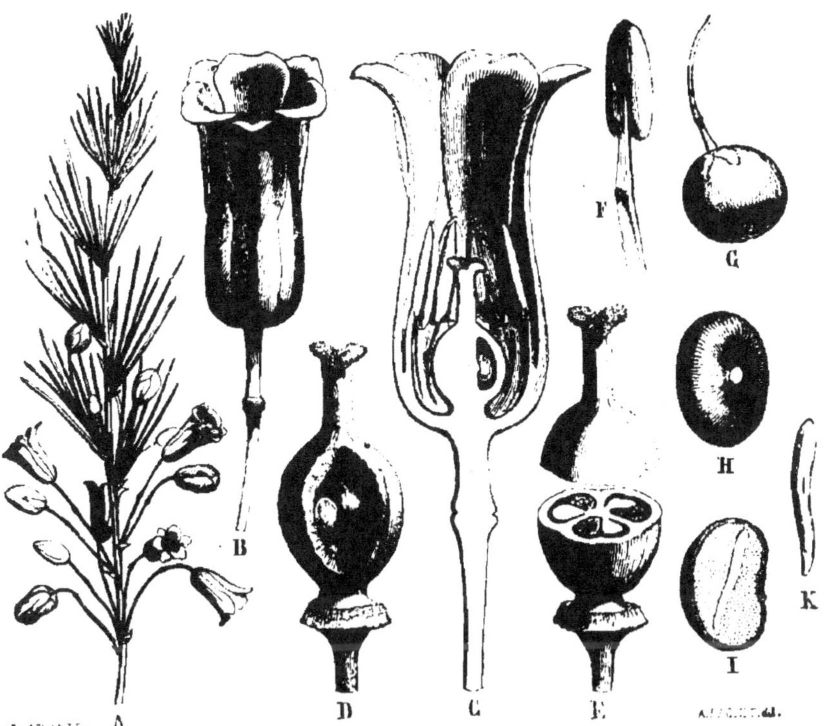

Fig. 56. — Analyse d'une fleur hermaphrodite d'Asperge.

A. Inflorescence. B. Fleur isolée. C. Coupe verticale à travers la fleur
D. Le pistil isolé montrant les ovules à travers une brèche de la paroi
ovarienne. E. Coupe transversale d'ovaire à trois loges (on aperçoit
6 ovules). F. Une étamine. G. Le fruit, une baie rouge. H. La graine
lisse. I. Coupe à travers la graine. Au milieu de l'albumen on voit
l'embryon K.

assurent, toutes conditions égales d'ailleurs, une meilleure graine.

Les fleurs peuvent donc être hermaphrodites, c'est-à-
dire porter à la fois des organes mâles et des organes
femelles (fig. 56), ou unisexuées, 'cest-à-dire exclusivement mâles ou femelles. Dans cette dernière alternative,

les fleurs mâles ou femelles sont portées par des pieds distincts, de telle façon qu'un pied mâle ne produit jamais de fleur femelle, et alors la plante est dite *dioïque*, « à deux maisons », ou bien fleurs mâles et femelles peuvent être réunies sur un même pied, mais portées par des branches, des rameaux différents ou par des parties d'une même branche diverses; dans ce cas, la plante est *monoïque*, c'est-à-dire à une maison.

Pour qu'une fleur joue le rôle physiologique important d'appareil reproducteur que lui a assigné la nature, elle n'a pas toujours besoin d'être parée des couleurs plus ou moins éclatantes et provocatrices de l'arc-en-ciel; il lui suffit de posséder les deux cycles d'organes les plus internes, *étamines* et *pistil* : alors elle est hermaphrodite; ou l'un des deux, alors elle est unisexuée. Est-elle pourvue d'étamines seules ou même d'une seule étamine, parfois d'une moitié d'étamine, elle est mâle, car elle produit dans ces étamines le pollen, poussière fécondante mâle. Ne possède-t-elle qu'un pistil, elle est femelle et apte à produire des graines sous l'influence de ce pollen. Les deux cycles d'organes externes qu'on appelle le *calice* et la *corolle* ne sont, à vrai dire, que des organes protecteurs qui font très souvent défaut, soit l'un, soit l'autre, soit les deux à la fois; ou bien, chez les « fleurs » à couleurs brillantes, ces organes ne sont, pour ainsi dire, que des enseignes d'auberge pour les insectes et les oiseaux, enseignes qui signifient généralement : « Ici on donne à boire du nectar. » Mais nous savons déjà que ces enseignes peuvent être trompeuses, de véritables simulacres où l'insecte confiant est joué sans vergogne après avoir profité à son hôte de mauvaise foi.

Pour nous, les organes qui nous intéressent le plus pour l'intelligence des phénomènes qui amènent la formation et l'éclosion de l'œuf végétal, sont le pistil et ses parties, le cycle interne de la fleur hermaphrodite qui, étant et plus important de tous les organes reproducteurs, se trouve aussi le mieux protégé et le mieux préparé à la visite de ses serviteurs ailés.

Pour mieux comprendre la nature de l'œuf des végétaux supérieurs, nous allons le prendre au début et suivre successivement toutes les phases de son évolution à partir de l'ovule jusqu'à la graine prête à germer. Nous verrons ensuite l'œuf, porteur des destinées de la plante future, abandonné de la plante même, lancé dans les vicissitudes de la vie, lutter par différents moyens pour son existence et celle de son embryon, et finalement celui-ci, après avoir profité de toutes les ressources que sa mère avait mises à sa disposition pour les premiers temps de sa vie solitaire, commencer une vie indépendante et se subvenir à lui-même.

Le pistil est formé d'une ou de plusieurs pièces distinctes et séparées ou soudées entre elles de diverses façons, qu'on appelle *carpelles* ou feuilles *carpellaires*. Ce sont, en effet, comme toutes les parties de la fleur, des feuilles transformées. Supposons une feuille de Cerisier roulée en cornet de façon que les bords de la feuille se touchent et se soudent entre eux sur toute leur longueur. Comme la feuille est pointue, nous aurons à la base de l'organe ainsi obtenu une cavité renflée, ventrue, surmontée d'un col un peu allongé qui sera terminé par un petit bouton représentant le sommet de la feuille. La partie renflée basilaire portera le nom d'*ovaire*, le col, le nom de *style*, le sommet, légèrement épaté, le nom de *stigmate*, et le tout le nom de carpelle.

Examinons un peu plus minutieusement les différentes parties du pistil. Voici, sur notre fleur de Cerisier, le stigmate. C'est l'épanouissement du sommet de la feuille carpellaire, un petit bouton légèrement aplati, une étroite plate-forme. La loupe et le microscope nous montrent cette plate-forme garnie de petites papilles gluantes, humides, retenant facilement les poussières. Ailleurs, comme sur le Pavot, le Melon, le stigmate devient un véritable plateau, arrondi ou déchiqueté de différentes façons, mais offrant une large surface. Ou encore il se divise, devient branchu, ramifié comme dans la Campanule, le Safran, ou bien forme une cavité comme dans la Violette. Tantôt à surface sèche ou humide, tantôt garni de poils, de crochets ou de papilles, le stigmate résulte de l'expansion du *tissu conducteur* au sommet du pistil. Il est supporté par un style, tantôt court, tantôt très allongé, simple ou divisé ordinairement en autant de branches qu'il y a de carpelles au pistil. Or, coupons un style en deux : nous voyons qu'il peut être plein comme le style d'une fleur de Sauge, ou creusé d'un canal comme le style du Lis. Le centre du style plein est occupé par un tissu mou, gélatineux, appelé *tissu conducteur*, parce qu'il est destiné à conduire le boyau pollinique. Si le style est creux, le tissu conducteur tapisse les parois du canal stylaire, et la cavité ovarienne se trouve communiquer directement avec l'extérieur par ce canal. La cavité ovarienne contient un ou plusieurs petits corps de forme ovale ou allongée appelés *ovules* à cause de leur ressemblance avec un petit œuf et à cause également de leur signification physiologique. Il est pourtant à remarquer que l'ovule chez les plantes n'est pas du tout l'homologue de l'ovule animal.

Les ovules contenus dans la cavité ovarienne peuvent être disposés diversement contre les parois de cette cavité. Mais toujours on les voit portés par une espèce de mamelon entouré d'un tissu tendre, papilleux, parfois soyeux ou mucilagineux. Ce mamelon porte le nom de *placenta* et le mode de disposition des ovules dans l'ovaire celui de *placentation*. Disséquons un ovule de Sarrasin ou de Noyer, par exemple. Le petit corps est attaché au bord du carpelle par un pédicelle court, arrondi, appelé *funicule* (fig.57). Au milieu des cellules qui composent le funicule nous apercevons un faisceau de fibres et de vaisseaux qui apportent à l'ovule la nourriture et qui, au niveau où commence le renflement globulaire de l'ovule même, s'épanouissent en forme de fusée qui éclate. Cet endroit porte le nom de *chalaze*.

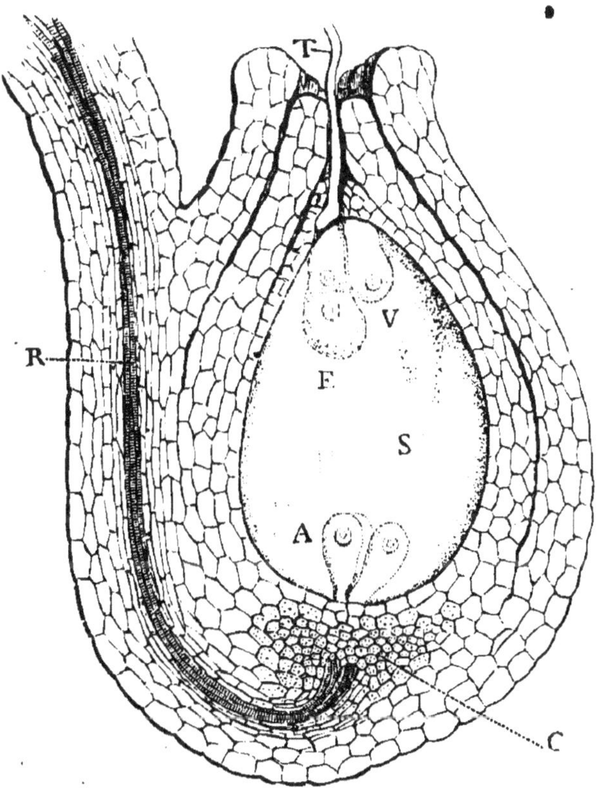

Fig. 37. — Coupe à travers un ovule anatrope au microscope.

R. Raphé. C. Chalaze. T. Boyau pollinique passant par le microphyle à travers le sommet du nucelle pour atteindre la vésicule embryonnaire E. Embryon. V. Synergide. A. Antipodes. S. Sac embryonnaire. L'ovule est à deux téguments.

A la dissection, la masse globuleuse de l'ovule apparaît formée de trois couches, dont un noyau et deux manchons superposés qui recouvrent ce noyau entièrement. Le noyau central, de forme allongée, conique, est appelé *nucelle*. Des deux téguments, l'un, celui qui recouvre immédiatement le nucelle est appelé *primine*, l'extérieur, *secondine*. Au sommet du nucelle, les deux téguments débordent le plus souvent. Il s'établit ainsi, pour arriver de la cavité ovarienne au sommet du nucelle, un petit canal qui passe entre les bords des deux téguments ; ce canal est appelé *micropyle* et joue un rôle important dans la fécondation. Le bord circulaire du tégument extérieur est appelé aussi *exostome*, celui du tégument interne, *endostome*. On voit que les différentes régions de l'ovule étant ainsi situées, le sommet du nucelle et le micropyle se trouvent dans le prolongement de l'axe du funicule. Cet ovule est dit *droit* ou *orthotrope*. Mais examinons un ovule de Giroflée ou d'Œillet : bien que possédant les mêmes parties, cet ovule est recourbé, il est comme infléchi à moitié sur lui-même et l'axe du nucelle se trouve faire presque un angle droit avec l'axe du funicule. L'ovule est dit alors *campylotrope* ou courbé (fig. 58).

Fig. 58. — Ovule campylotrope.

Enfin, cette courbure de l'ovule peut devenir complète et la direction du nucelle est inverse de celle du funicule. L'ovule est comme réfléchi et le micropyle se trouve situé dans le voisinage du funicule et de la chalaze (fig. 57). Tel est l'ovule de la majorité des Phanérogames ; on l'appelle *anatrope*. On remarque que le funicule avec le faisceau fibro-vasculaire fait saillie sur le flanc de l'ovule. Cette côte proéminente est appelée *raphé*. La forme droite ou plus ou moins recourbée de l'ovule nous donnera plus tard l'explication de la position variable de l'embryon dans la graine.

Tous les ovules ne possèdent pas toutes les parties que nous venons d'énumérer. Un grand nombre ne possèdent qu'un seul tégument, quelques-uns même sont absolument nus et ne consistent qu'en un nucelle porté par un court funicule. Ailleurs, le funicule est plus ou moins allongé et se garnit parfois d'excroissances en formes diverses qui concourent généralement à favoriser la fécondation en donnant au boyau pollinique un point d'appui.

Mais en attendant que la fleur, épanouie, soit complètement apte à être fécondée, examinons rapidement la genèse des ovules, et surtout, avant de voir apparaître le boyau pollinique au micropyle, sachons quels préparatifs le nucelle a faits pour le recevoir.

Les ovules naissent sur le placenta comme autant de petites émergences arrondies qui s'allongent sans grossir,

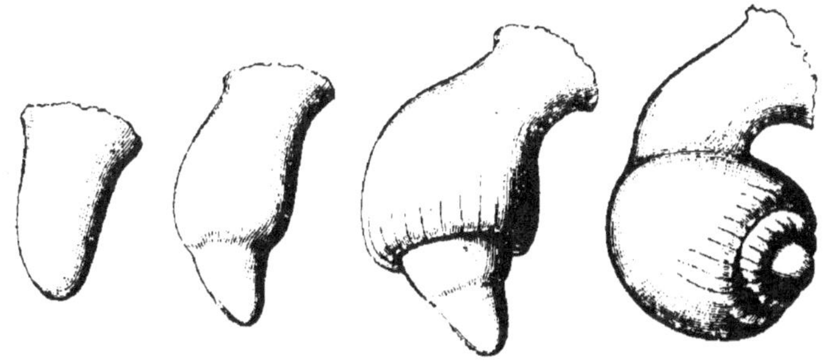

Fig. 59. — États successifs du développement d'un ovule anatrope à deux téguments.

et représentent d'abord le funicule (fig. 59). Un peu au-dessous du sommet chez les ovules anatropes et campylotropes, au sommet même chez les ovules orthotropes, se forme ensuite un petit mamelon, le nucelle, qui se trouve bientôt entouré à sa base par un ou deux bourrelets circulaires. Ces bourrelets, ébauches des téguments, devancent dans leur croissance plus rapide le nucelle et généralement l'enveloppent.

Le nucelle se compose, au début, d'un tissu de jeunes cellules au milieu desquelles une cellule va prendre un développement prépondérant, en s'agrandissant et en se remplissant d'un protoplasma plus dense et d'un gros noyau (fig. 40).

On l'appelle *cellule mère primordiale*. Elle va se diviser un certain nombre de fois, différemment suivant les groupes de plantes, et donner naissance à plusieurs cellules filles secondaires. Une de ces dernières prend sur les autres un éveloppement prédominant et deviendra le *sac embryonnaire*, c'est-à-dire la cellule dans laquelle l'embryon prendra naissance. Dès que le sac embryonnaire est formé, il devient généralement le siège d'une division répétée du noyau cellulaire. Celui-ci se divise successivement en deux tétrades de noyaux secondaires qui ont des destinées fort diverses. Le sac embryonnaire s'étant

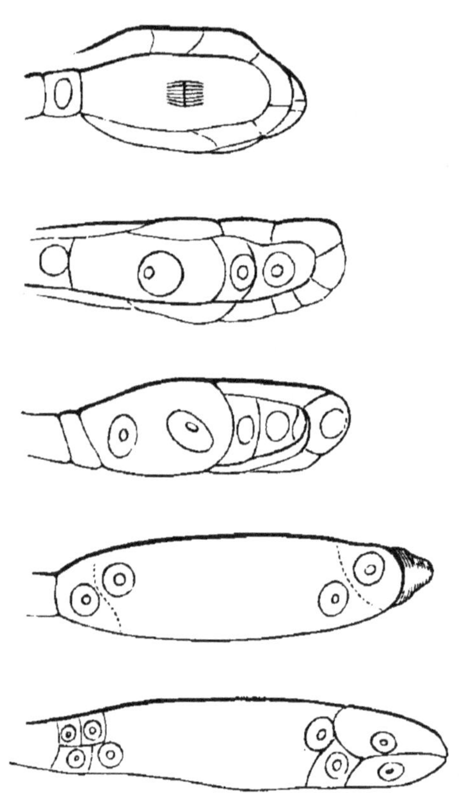

Fig. 40. — Développement du sac embryonnaire et de son contenu.

considérablement agrandi, allongé, quelquefois jusqu'à repousser devant lui tout le tissu du sommet du nucelle, trois des noyaux de la tétrade supérieure vont se loger dans l'angle du sommet du sac, trois des noyaux de la tétrade inférieure gagnent l'angle opposé du sac, et les deux noyaux restants, demeurant au centre du sac embryonnaire, vont se rejoindre, et s'unir en formant le noyau propre du sac.

Les trois noyaux du sommet s'entourent de protoplasma et deviennent des cellules nues ou vésicules. Deux de celles-ci se développent ordinairement un peu davantage ; elles n'ont qu'un rôle auxiliaire à jouer dans la fécondation : on les appelle cellules *synergides*. La troisième, située légèrement à côté des deux autres, est la plus importante, la cellule reine ; elle va être fécondée et devenir embryon : on l'appelle *vésicule embryonnaire*.

Dans l'angle opposé du sac embryonnaire nous avons vu se loger également trois noyaux. Chacun d'eux devient une cellule en s'entourant de protoplasma et d'une mince membrane de cellulose, mais leur rôle dans les phénomènes de la fécondation n'est pas encore connu. A défaut de meilleure dénomination elles portent celle de *cellules antipodes* pour indiquer leur position par rapport aux synergides et à la vésicule embryonnaire. Les synergides prennent quelquefois, comme chez certaines Liliacées, un développement extraordinaire : elles allongent considérablement leur sommet, crèvent celui du nucelle et engagent leur prolongement en forme de bec strié dans le micropyle, parfois assez loin, à la rencontre du boyau pollinique.

Telle est la structure de l'ovule chez les Angiospermes.

La vésicule embryonnaire représente ainsi l'élément femelle destiné à être fécondé par le boyau pollinique, qui est l'élément mâle. Cette vésicule est l'équivalent, l'homologue de l'oosphère des Cryptogames. Fécondée, cette oosphère va se transformer en œuf d'où naîtra un embryon, une nouvelle plante.

La nature emploie ainsi les mêmes moyens pour arriver au même but. Cependant quelle variété de combinaisons dans l'emploi de ces moyens! Quelles étonnantes modifications n'avons-nous pas vu s'introduire successivement dans l'appareil sexuel des plantes, à partir de l'humble *Mesocarpus* ou de la primitive Moisissure, qui ébauche la première initiative de sexualité dans une conjugaison à parts égales, jusqu'à la fécondation des Phanérogames !

Arrivée au maximum de différenciation sexuelle chez les Phanérogames, la vésicule embryonnaire, ou oosphère, est devenue l'objet des plus grands soins et de la plus grande sollicitude de la part de la plante. Née dans la profondeur des tissus de la fleur, entourée de plusieurs remparts de tissus protecteurs, la vésicule embryonnaire se trouvera, mieux que toute autre cellule du corps de la plante, à l'abri des accidents qui pourraient compromettre la seule et quelquefois l'unique ressource de reproduction de l'individu.

La fleur est épanouie. Elle ouvre son palais, sa chaumière ou son piège à la visite de tout un monde ailé ; ou bien le pollen de ses étamines est livré au vent, au courant d'eau, etc. Soit résultat des ébats des insectes, soit hasard propice des météores, soit combinaison personnelle de la fleur, un ou plusieurs grains de pollen, issus des étamines de la même fleur ou des étamines de fleurs voisines, arrivent sur le stigmate. Retenu par les aspérités de sa propre surface ou par la nature de la surface stigmatique le grain de pollen, trouvant sur le stigmate à la fois de l'humidité, de l'air et de la chaleur, germe et produit un tube ou boyau pollinique. L'apport du pollen sur le stigmate est un ensemencement, et le tube pollinique est une plantule qui respire, se nourrit et se développe (fig. 41).

Le boyau pollinique, en se développant, s'insinue entre les cellules du stigmate, puis, pénétrant dans le tissu conducteur au milieu de la paroi gélifiée des cellules, ou bien, longeant la paroi papilleuse ou gélifiée du canal stylaire, se dirige vers la cavité ovarienne en se nourrissant des matières que le tissu conducteur met à sa disposition.

Arrivé dans la cavité de l'ovaire, il y trouve les ovules

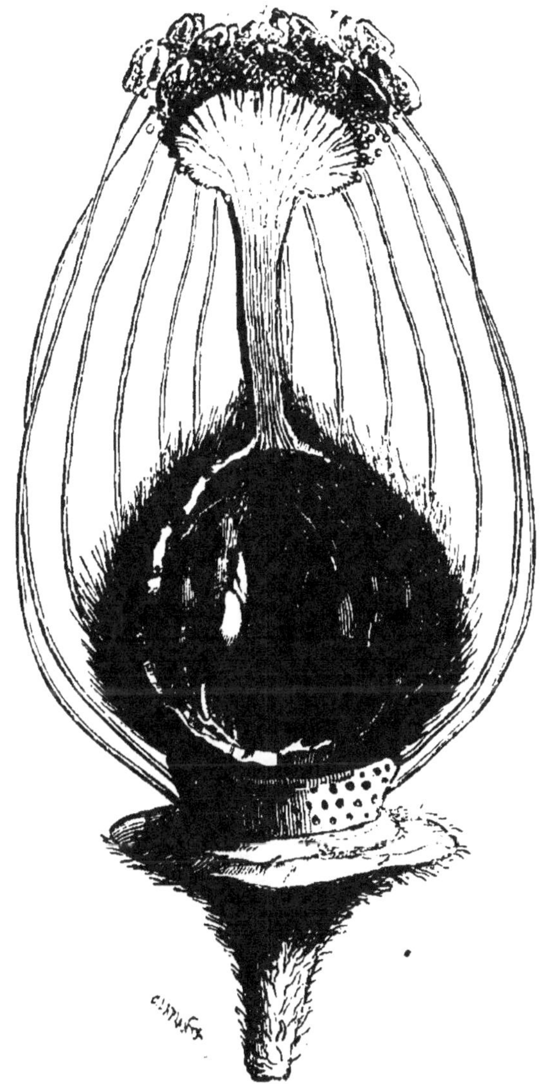

Fig. 41. — Ensemencement du stigmate sur une fleur qui se féconde sur elle-même. On y voit les boyaux polliniques se mettre, à travers le style, en rapport avec le micropyle des ovules.

dans l'état où nous les avons laissés plus haut. Instinctivement ou mue par une force d'attraction inconnue, l'extrémité du boyau pollinique se dirige sans faute vers le micropyle de l'ovule. Le chemin que le boyau pollinique doit ainsi parcourir sans appui, de la paroi ovarienne jusqu'au micropyle, est parfois considérable, et c'est là précisément que nous admirons cette mystérieuse faculté de s'orienter dont il fait preuve. Quelquefois il est guidé par des papilles ou des poils du placenta, par un rebord du funicule ou par une touffe conductrice jusqu'à l'entrée du micropyle. A ce moment, l'extrémité du boyau peut déjà rencontrer le sommet du nucelle ou l'extrémité allongée en bec des deux synergides ; mais, le plus souvent, le boyau parcourt le micropyle, au bout duquel il rencontre la membrane du sac embryonnaire, quelquefois après avoir traversé un reste de tissu du sommet nucellaire. L'extrémité du boyau perfore la membrane du sac embryonnaire ou s'applique dessus à l'endroit où l'une des synergides se trouve en contact. Dans tous les cas, le boyau applique son extrémité contre une des synergides sans la perforer et y déverse une certaine quantité de son contenu protoplasmique. De claire qu'elle était, la synergide se trouble et se remplit d'un protoplasma dense, granuleux. Elle déverse à son tour une partie de son protoplasma nouvellement reçu dans la vésicule embryonnaire, sa voisine. Peu après, on voit apparaître dans celle-ci un noyau qui se dirige vers le noyau propre de la vésicule et se confond dans lui : la fécondation est opérée.

L'une des synergides est restée sans emploi ; l'autre, qui a servi d'intermédiaire après avoir cédé une partie de son protoplasma, se contracte et devient flasque. Bientôt le micropyle se bouche et comprime le boyau pollinique, qui y reste engagé. Mais une fois la fécondation opérée, cette grande et pour ainsi dire solennelle cérémonie une fois accomplie, stigmate, style et tissu conducteur, boyau pollinique et synergides se flétrissent et même dispa-

raissent. Le centre d'intensité de l'activité vitale s'est reporté sur la vésicule embryonnaire, devenue *œuf*.

Dès lors, les organes environnants travaillent uniquement pour le bien-être de cette cellule privilégiée : ils
concourent à former la graine et le fruit. Dans les plantes
annuelles, qui n'ont pas besoin d'amasser dans leurs organes des matériaux de réserve pour une autre période
de végétation, mais dont l'unique préoccupation doit être
l'avenir de l'œuf, toute la plante partage cette sollicitude
pour le bien-être de la vésicule embryonnaire fécondée.
Dès que l'œuf est formé, affluent de toutes parts des matériaux nutritifs vers l'ovule et s'y déposent, ou dans les
environs, à l'état d'amidon, de matières grasses, de sucre,
de cellulose.

Chez les Gymnospermes la marche de la fécondation
n'est pas tout à fait la même, mais l'œuf résulte toujours
de la fusion du noyau du boyau pollinique avec le noyau
de l'oosphère.

Quel est maintenant le développement de l'œuf en
embryon? Comment l'ovule devient-il une graine et l'o-
vaire un fruit?

La vésicule embryonnaire, blottie dans l'angle supérieur du sac embryonnaire commence le plus souvent par
s'allonger dans le sens de l'axe du sac ; puis, ayant pris
la forme d'une minuscule massue, elle se divise en deux
cellules superposées par une cloison transversale. Chacune de ces cellules a une destinée différente, la cellule
basilaire, en s'allongeant, se cloisonnera dorénavant toujours transversalement et produira une série de cellules
superposées en filament qu'on appelle le *filet suspenseur*.
On l'appelle ainsi parce que l'embryon, une fois développé, semble comme suspendu à ce filet au milieu du
sac embryonnaire.

La cellule capitale au contraire, après avoir gagné en
épaisseur, se divise par une cloison verticale, puis par
deux cloisons transversales en quatre quartiers disposés

comme les quartiers d'une pomme coupée en quatre
(fig. 42). Ensuite, par des divisions cellulaires successives qui s'établissent toujours avec une grande régularité
d'ordre, mais qu'il serait trop long de détailler ici, la
cellule capitale se transforme en un tissu qui est le
jeune embryon et dans lequel on ne tarde pas à reconnaître une région épidermique, une région centrale et
une zone mitoyenne. L'embryon a acquis peu à peu une
forme globuleuse ; avec son filet suspenseur il ressemble
à un minuscule bilboquet articulé (fig. 43).

Bientôt cependant on voit
apparaître autour du sommet
de la petite boule deux mamelons qui grossissent et donnent
à l'embryon la forme d'un cœur
de carte à jouer (fig. 43). Ces
mamelons sont les premiers
vestiges des cotylédons naissants : au nombre de deux chez
les plantes dicotylédonées, il
n'y en a qu'un seul chez les Monocotylédonées. Leur nombre est
pris comme base de la première
grande division qu'on a établie
parmi les Phanérogames.

La vésicule embryonnaire ne

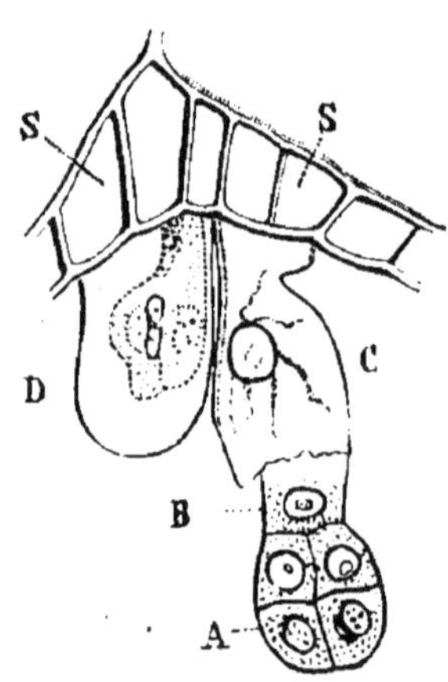

Fig. 42. — Développement
de l'embryon.

S. Paroi du sac embryonnaire.
C. Filet suspenseur. A. Le
jeune embryon. D. Synergide.

se développe pas toujours de cette façon en embryon Tantôt le filet suspenseur est très long et il porte l'embryon
profondément dans la cavité du sac, tantôt il reste très
court, ne développe que quelques cellules en filament, ou
bien ne se développe pas et confond ses cellules avec celles
de l'embryon. Ici le rôle physiologique du filet suspenseur est devenu presque nul. Il n'en est pas de même dans
quelques plantes comme les Orchidées, où le filet suspenseur devient une sorte de magasin nutritif, se trans-

forme même en organe qui va au loin, hors du sac embryonnaire et de l'ovule, chercher un supplément de nourriture. Ainsi dans un *Phalænopsis* (Orchidées) le filet suspenseur, après s'être cloisonné verticalement, développe ses cellules en longs boyaux qui remontent le long de l'embryon et l'entourent comme d'un réseau de fils. Dans l'*Anacamptis pyramidalis*, l'*Herminium monorchis* (Orchidées), le filet suspenseur s'allonge démesurément, passe par le micropyle de l'ovule et va se greffer sur le funicule et sur le placenta, en insinuant

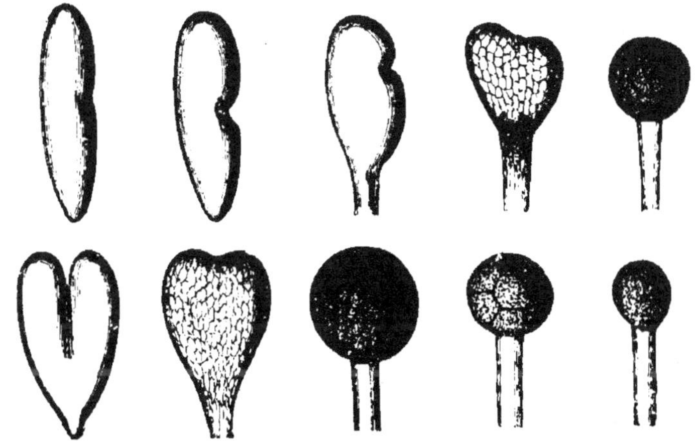

Fig. 43. — En haut, développement d'un embryon monocotylé; en bas, *id.* d'un embryon dicotylé.

entre les cellules de véritables suçoirs. Le filet suspenseur se comporte de la sorte en véritable parasite au bénéfice de son maître, l'embryon, car il lui transmet les matières nutritives qu'il soustrait aux organes attaqués. Dans quelques plantes de la famille des Légumineuses, le rôle de magasin nutritif que le filet suspenseur est appelé à jouer, est si nettement accusé, qu'on voit l'embryon se développer seulement après que le filet a déjà acquis beaucoup de volume et qu'il a bourré ses cellules de matières nutritives. Alors l'embryon grossit à son tour en absorbant ces matières et vide en quelque sorte la masse du filet suspenseur qui joue le rôle de nourrice.

Il arrive parfois, mais les exemples sont rares, que dans un sac embryonnaire une synergide, ou même les deux, ressentent l'action fécondante du boyau pollinique concurremment avec la vésicule embryonnaire. Elles commencent par se développer comme un véritable embryon naissant, mais bientôt restent en arrière de croissance sur la vésicule embryonnaire et finalement disparaissent. On n'a pas encore cité d'exemple où un sac embryonnaire ait renfermé deux embryons jumeaux, de taille et d'importance reproductrice égales.

Pendant que l'embryon se développe, la cavité du sac embryonnaire devient le siège d'une rapide formation d'un tissu spécial, nutritif, appelé *albumen*. Dès le moment de l'imprégnation de l'oosphère, les parois du sac embryonnaire, grâce à la couche de protoplasma remplie de noyaux qui les tapisse, se couvrent de cellules de plus en plus nombreuses. Ces cellules, en se multipliant, finissent par se toucher au milieu du sac et à se constituer en tissu qui remplit complètement la cavité. Ailleurs, le tissu de l'albumen s'établit par des cloisons qui vont directement d'un côté de la paroi du sac à l'autre, en le partageant en plusieurs grandes cellules qui se subdivisent à leur tour en cellules plus petites. L'embryon se trouve ainsi de bonne heure enfoui dans un tissu naissant qui, le plus souvent, se consolide de jour en jour davantage.

Ce tissu est destiné à offrir à l'embryon, dès sa naissance, soit à l'époque de la germination, ou bien pendant toute la période intraovulaire, des matières nutritives pour les besoins de son développement. Car les Phanérogames sont vivipares, et pendant tout le temps que la jeune plantule reste incluse dans l'œuf jusqu'à sa délivrance, elle vit, respire et se nourrit.

De toutes parts affluent donc vers le sac embryonnaire des matières de réserve : amidon et glycose, matières grasses et oléagineuses, cellulose, etc. Par le funicule de l'ovule, elles se rendent dans les cellules de l'albumen pour y être emmagasinées.

Si ces matières de réserve sont de l'amidon, les cellules de l'albumen se bourrent d'une infinité de grains de forme diverse suivant les plantes. L'albumen devient alors *farineux* ou *amylacé* comme dans les céréales, que l'Homme cultive précisément à cause du développement et de la qualité de leur albumen. Est-ce de la matière grasse, les cellules minces de l'albumen se remplissent de gouttelettes nombreuses d'apparence huileuse, comme dans les graines de Colza, de Ricin, de Melon, de Sésame, etc., et l'albumen, dit *oléagineux*, est encore exploité industriellement. Enfin, au lieu de se loger dans la cavité cellulaire même, les matières nutritives peuvent s'accumuler dans la paroi de la membrane à l'état de cellulose et épaissir celle-ci en raison de leur abondance. Amidon, matières grasses, sucres et cellulose sont en effet des substances chimiquement très apparentées et qui physiologiquement peuvent se remplacer. La paroi des cellules de l'albumen, au lieu de rester mince et molle, s'épaissit alors considérablement et se fortifie parfois, comme dans la Plante à ivoire, à tel point que l'albumen acquiert la dureté de la corne, de l'ivoire, du marbre. On lui donne le nom d'albumen *corné*, *éburné*, ou *ruminé*. On conçoit qu'il puisse y avoir des sortes d'albumen où deux, ou même trois de ces états peuvent coexister.

Cependant il arrive que le tissu de l'albumen n'envahit pas entièrement la cavité du sac embryonnaire et qu'il n'en revêt que les parois. La noix de Coco fournit l'exemple le plus connu. La cavité de la noix, qui est celle du sac embryonnaire, n'est revêtue que sur ses parois d'une substance tissulaire blanche et compacte, tandis que le milieu est occupé par un liquide lacté, le lait de coco, dans lequel le microscope nous montre une infinité de noyaux de cellules flottants et qui n'ont pu se constituer en tissu.

Mais coupons en deux une graine de Tabac, de Raiponce, nous voyons à la base de la graine, et avec l'aide de la loupe, un petit corps conique, l'embryon, entouré de toutes parts par l'albumen ; partageons de même une graine de Haricot, de Fève, d'Amandier, un gland de Chêne, un Pépin de Pomme, etc. : tout l'intérieur de la graine sera occupé par un gros corps, l'embryon, sans aucune trace d'albumen enveloppant. C'est que l'embryon, pendant son développement intraovulaire, grossit, s'allonge en absorbant peu à peu les parties de l'albumen dont il prend la place. Il déploie même, en ce faisant, une faculté des plus singulières, car il digère littéralement l'albumen d'alentour. Il arrive de la sorte à entamer un tissu qui, comme celui de la Plante à ivoire, est tellement dur que la lame du couteau est impuissante à l'attaquer. Or, dans les graines comme celle du Tabac et de la Raiponce, qui sont *albuminées*, la croissance intraovulaire de l'embryon s'arrête

Fig. 44. — Pépin de Pomme entier en E, coupé verticalement en F, comme exemple d'une graine ex-albuminée.

avant qu'il ait digéré et déplacé tout l'albumen du sac embryonnaire ; dans la graine du Haricot, de la Fève, etc., au contraire, ce développement ne cesse, momentanément, qu'après que tout l'albumen environnant est passé dans le corp de l'embryon et que l'embryon est arrivé à occuper toute la cavité du sac embryonnaire. Ces graines sont dites *exalbuminées* (fig. 44). La matière constitutive de l'albumen n'a pas pour cela disparu ; elle est simplement déplacée dans le corps même de l'embryon et surtout dans les deux cotylédons. De petits qu'ils sont dans les graines albuminées, ils sont devenus fort gros dans les plantes que nous avons prises comme exemples.

Tout en se comportant ainsi différemment vis-à-vis de l'albumen qui l'entoure, l'embryon, que nous avons laissé plus haut avec un ou deux cotylédons à peine ébauchés, développe peu à peu chacune de ses parties. Déjà à l'aurore de son existence et avant d'avoir quitté la mère, elles le font reconnaître comme une plante en miniature.

Voici, à la base même de l'embryon, là où il était soudé au filet suspenseur, un petit cône arrondi : c'est la *radicule*, première ébauche de la racine future. Ce cône termine un petit organe cylindrique situé immédiatement au-dessous des cotylédons : c'est l'*axe hypocotylé* ou *tigelle*, qui représente la tige naissante. Des deux côtés de la tigelle, deux organes un peu aplatis, appendiculaires : les deux *cotylédons*, qui sont les deux premières feuilles de la tige transformées en magasin nutritif (fig. 45).

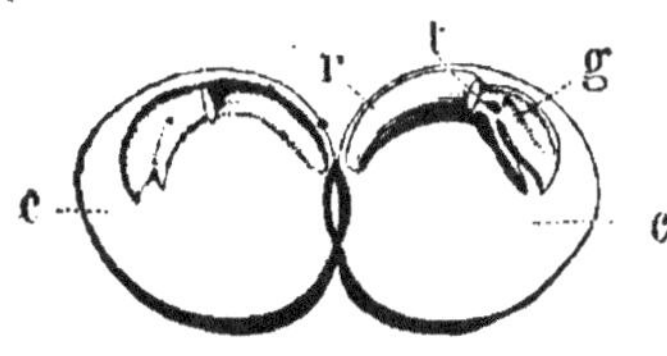

Fig. 45. — Une graine nue de Pois, pour montrer : c, les cotylédons ; r, la radicule ; t, la tigelle ; g, la gemmule.

Enfin, entre les deux cotylédons, et invisible par conséquent du dehors, une protubérance, ou, plus souvent, une minuscule touffe de feuilles ébauchées avec leurs nervures et leur limbe déjà accusés. C'est le sommet végétatif de la jeune plantule, le premier bourgeon, la *gemmule*. Tous ces organes sont nettement accusés et faciles à voir dans une graine de Haricot ou de Pois qui sont des graines de plantes dicotylédonées.

Chez les Monocotylédonées, il ne se forme qu'un seul cotylédon qui prend l'apparence d'une grosse protubérance fendue d'un côté pour laisser passer la gemmule. Le cotylédon unique enveloppe parfois, comme dans la graine de Maïs, tout l'embryon et devient tout à fait excentrique (fig. 46).

Nous avons suivi jusqu'à présent exclusivement les destinées du sac embryonnaire et de son contenu. Les transformations que subissent les autres parties de l'ovule, après la fécondation de l'oosphère ne sont pas moins curieuses et importantes à connaître.

Le nucelle est très souvent complètement résorbé par suite des empiétements successifs du sac embryonnaire, qui finit ainsi par toucher les téguments. Quelquefois cependant, au lieu de disparaître, le tissu nucellaire se développe après la fécondation et devient, à l'instar de l'albumen, le rendez-vous de matières nutritives de réserve qui se déposent abondamment dans ses cellules et sont destinées d'ailleurs à jouer le même rôle que l'albumen. Le tissu nucellaire ainsi transformé porte le nom de *périsperme.* Il est tantôt farineux, tantôt oléagineux, et peut coexister avec l'albumen comme dans les *Nymphœa*, les Pipéracées, etc.

Fig. 46. — Coupe d'une graine de Maïs, pour montrer l'embryon excentrique à l'albumen.

Si l'ovule est à deux téguments, la secondine est ordinairement résorbée, tandis que la primine ou tégument externe se transforme en organe protecteur de la graine mûre. Il en est de même du tégument unique des ovules monochlamydés ; si l'ovule est complètement nu, le nucelle subsistant se charge de ces fonctions protectrices.

Voilà un exemple bien fait pour nous faire comprendre une des grandes lois naturelles d'après laquelle la nature, toujours économe et avare de créations nouvelles, n'y a recours que quand tous les autres moyens pour arriver au même but ont été épuisés. Ainsi, après avoir fait partie du système protecteur de l'embryon dans l'ovule, le tégument, en se transformant pour ses nouvelles fonctions, va devenir protecteur de la graine. Au lieu de créer un organe spécial, la nature utilise l'organe existant, et, à défaut de cet organe, utilise aux mêmes fins le nucelle en le transformant de la même façon. C'est en vertu de la même tendance économique que les pattes des Insectes se changent en appareils de la mastication, et que les feuilles des plantes deviennent des étamines et des carpelles dans la fleur.

Fig. 47. — Graine à testa lisse et luisante du Poivrier.

Nous ne saurions donner ici une idée de l'extrême variation que la nature apporte dans la transformation des téguments de l'ovule devenant téguments de la graine ou *spermoderme*. Tantôt elle charge les cellules des matières pigmentaires les plus brillantes; elle en épaissit considérablement les membranes, qui deviennent dures et résistantes. Ou bien les cellules du spermoderme deviennent charnues et l'enveloppe de la graine est comestible, comme dans la Grenade; ailleurs, elles restent sèches et entourent la graine d'une mince pellicule transparente ou papyracée. Ici, comme dans le Lin, le Coing, les cellules épidermiques du spermoderme se gélifient au contact de l'eau et produisent un mucilage fréquemment employé; là, elles se prolongent en poils, soit sur toute la surface comme sur la graine du Cotonnier, soit sur des points circonscrits, et la graine paraît huppée, empanachée, etc. Tantôt la surface est lisse et luisante (fig. 47), tantôt verruqueuse (fig. 48), variolée, réticulée (fig. 49),

Fig. 48. — Graine à testa verruqueux du Mouron.

tuberculeuse, même épineuse; ou bien elle est ornée d'ailerons, de disques membraneux, d'appendices plus ou moins bizarres qui en font souvent un objet de curiosité.

Ajoutons que le spermoderme se laisse diviser quelquefois en deux couches cellulaires superposées dont l'extérieure, plus résistante et plus dure, porte ordinairement le nom de *testa*, nom par lequel on désigne aussi le spermoderme entier de la graine.

On collectionne de nos jours une quantité de choses pour leur rareté, pour la bizarrerie ou l'élégance de leurs formes, mais rarement le travail humain arrive à égaler, jamais il n'arrive à surpasser l'élégance de beaucoup de créations de la nature. La graine est un de ces chefs-d'œuvre où l'observateur intelligent peut admirer l'élégance ou la bizarrerie de la forme, l'éclat et la finesse de l'ornementation et la perfection de la structure. Il est vrai que pour admirer ces chefs-d'œuvre il nous faut souvent armer nos yeux de lentilles grossissantes, mais par cela même leur beauté se trouve accrue par égard à la délicatesse du travail. D'ailleurs, dans toutes ses productions artistiques l'homme prend la nature comme modèle.

Une collection de graines choisies nous montrerait la nature sous un de ses aspects les plus élégants et les plus « artistiques ». Ayons soin toutefois de ne pas oublier que le raffinement de la forme et de l'ornementation chez la

Fig. 49. — Graine à testa réticulé ou l'avot.

plante n'est que l'expression du plus grand égoïsme, car il est la meilleure des conditions dans la lutte pour la vie.

La graine de Jusquiame est parcourue à la surface par des rangées sinueuses de petits tubercules; celle de la Belladone est criblée de légères vacuoles. La graine du *Ramondia* est hérissée de fines pointes, celles du *Mesem-bryanthemum*, du *Nopal opuntia* sont verruqueuses. Beaucoup de graines de Mélastomacées ont le testa marqué d'un fin pointillé ou d'un élégant réseau de fossettes; marquées également de légères et fines réticulations, les graines de beaucoup de Papavéracées; puis la graine de l'*Élatine*, arquée, sculptée de plusieurs rangées de côtes en relief. Et toutes ces variétés de forme et de relief ne sont pas, chacune, la propriété d'une seule famille : dans celle des Caryophyllées, certaines espèces ont la graine lisse et luisante, d'autres possèdent des graines tuberculeuses ou verruqueuses, d'autres enfin ornent leurs graines de ceintures ailées.

La graine d'Orobanche a la surface recouverte d'un tissu cellulaire lâche et membraneux; de même la graine du *Cajophora*, une Loasée, tandis que le *Mentzelia*, de la même famille, possède une graine à testa largement réticulé.

Voici des formes de graines garnies d'expansions ailées, membraneuses : la graine de Quinquina (fig. 50), de la Linaire, du *Bignonia*, où elle ressemble avec son aile élargie, transversale et dentelée au bord, à une plume; puis dans le *Montinia*, une Onagrariée, ou dans le *Godetia*, où le bord de l'aile devient frangé.

Ici, dans l'*Eriospermum*, le testa mince se recouvre entièrement d'une perruque de longs poils soyeux qui se redressent au niveau de la chalaze, comme si la perruque était peignée en deux longues touffes. Dans les Acanthacées le testa se recouvre souvent de poils mucilagineux. La graine s'y trouve

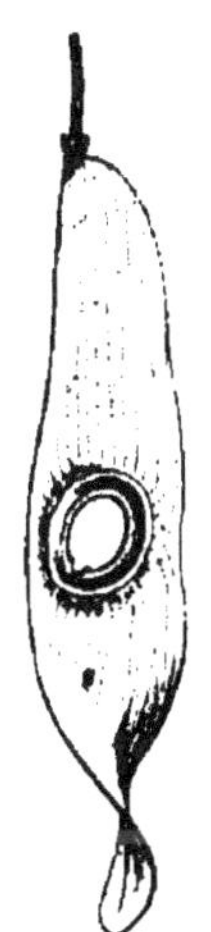

Fig. 50. — Fruit ailé de l'Ailanthe montrant la graine et l'embryon du milieu.

retenue aux parois de l'ovaire par des sortes de crochets ou rétinacles subulés, issus de la cloison. Ailleurs, les touffes de poils se localisent, soit aux deux extrémités de la graine comme chez quelques Saxifragées, dont la graine paraît alors garnie comme de deux barbiches, soit au sommet, comme dans l'Epilobe (fig. 51), dans le Saule, dans le *Myricaria*, où la graine est garnie au niveau de la chalaze d'une aigrette de poils ou d'une chevelure serrée, quelquefois étirée en plumeau.

Mais toutes ces graines sont encore plus ou moins arrondies, globuleuses ; en voici, dans la famille des Broméliacées, des Bignoniacées, qui sont absolument discoïdes, aplaties et grosses comme une pièce de deux sous. Voici la graine cylindrique, allongée de l'*Hebenstreitia*, une Sélaginée ; celle du bizarre *Nepenthes*, très longue, fusiforme, recouverte d'un tégument lâche et longuement tubuleux ; puis la petite graine polyédrique de l'Utriculaire, qui semble sortir d'un moule ; etc.

De toutes les graines, les plus petites sont celles des Orchidées, où leur exiguïté et leur nombre considérable les ont fait comparer à de la sciure de bois. La Vanille, qui est également une Orchidée, entoure ses petites graines scobiformes noires dans le fruit d'un tissu spécial qui sécrète une huile d'un parfum exquis et très employé. Nous ne citons ces quelques exemples de graines variées que pour indiquer les limites et le mode de différenciation. La liste de ces formes intéressantes de graines serait loin d'être

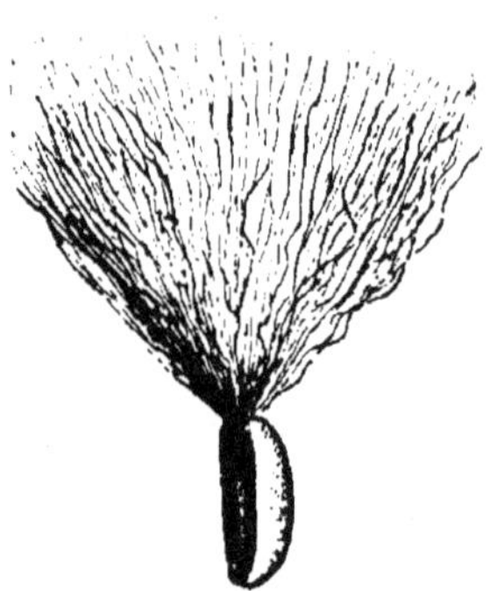

Fig. 51.— Graine d'Épilobe.

close. Cependant, nous devons encore citer l'exemple de certaines graines qui, au lieu d'orner leur testa de fioritures, d'arabesques et d'appendices plus ou moins bizarres, le recouvrent d'une couche de tissu cellulaire qu'on peut considérer comme un troisième ou un deuxième tégument ovulaire. Ce tégument porte le nom d'*arille* quand il se développe sur le funicule pour, de là, aller englober et recouvrir une partie plus ou moins étendue de la graine ; il est appelé faux arille ou *arillode*, quand il prend naissance sur le tégument externe de l'ovule au niveau du micropyle, pour entourer ensuite la graine d'une sorte de capuchon ou de sac plus ou moins ouvert.

Ces téguments supplémentaires se montrent toujours après la fécondation, de sorte que le micropyle de l'ovule peut, sans inconvénient, être recouvert et entouré de l'arille.

L'arille est ordinairement de consistance charnue et vivement coloré. Ainsi la graine du *Nymphæa* est entièrement renfermée dans un sac arillaire, celle du *Samyda*, une Byxinée, est logée au fond d'une enveloppe profondément laciniée au bord. La graine de quelques Fusains, au contraire, est recouverte d'un arillode qui prend quelquefois la forme de circonvolutions rappelant celles du cerveau. La graine du *Rhododendron* est pourvue de deux houppes de papilles arilliformes; celle de l'*Urandia guianensis*, une Musacée, est entourée d'une collerette de poils arillaires. Enfin, un des arillodes le plus souvent cités est celui de la graine du Muscadier, appelé *macis*, et qui est exploité comme épice. La noix de muscade ou graine de Muscadier est entourée d'une enveloppe irrégulière, laciniée et charnue, de couleur orangée, très odorante (fig. 52).

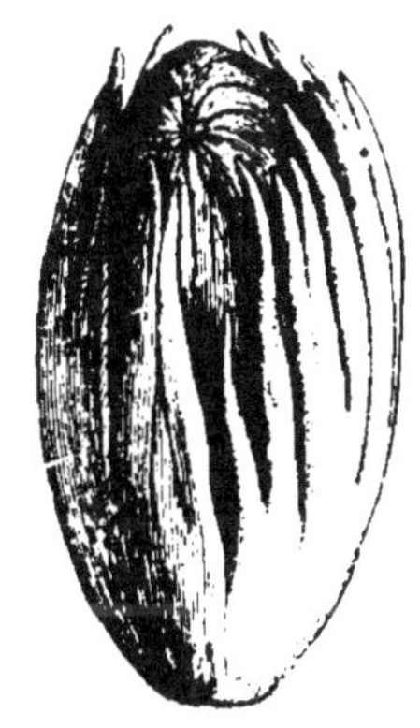

Fig. 52. — Macis de la Muscade.

Quant à l'usage des graines, on sait de quelle façon multiple l'homme sait profiter de leurs qualités alimentaires, industrielles, médicinales, de leurs propriétés utiles ou délétères. La liste des exemples à citer serait bien trop longue, remplaçons-la, pour servir de démonstration à chacune des qualités indiquées ci-dessus, par un exemple unique peut-être moins connu. A Saint-Domingue on emploie, sous le nom de « petit coco », les graines broyées du *Theophrasta Jussiaei* à faire du pain. En Asie centrale, la graine du Millet est employée pour le chagrinage des peaux d'âne et de cheval. Les steppes du Turkestan et de la Sibérie fournissent par an plus de 10 000 charges de chameau de graines d'armoises employées comme vermifuge sous le nom de *semen-contra*. Les Caraïbes d'antan enfilaient, en guise de perles, les graines du *Jacquinia armillaris* ou bois-bracelet, et les portaient comme ornements et parures de leur corps. Enfin, la graine du *Strychos nux vomica* et la fève de Saint-Ignace donnent la strychnine, un des poisons les plus redoutables que l'on connaisse.

L'homme n'est pas seul à dépouiller, pour ses besoins, la plante de sa graine. Beaucoup d'autres animaux, Mammifères, Oiseaux, Insectes, etc., puisent à cette source le plus clair de leur subsistance. Nous constaterons même chez certains Insectes les effets d'un instinct merveilleux qui les engage à déposer, au travers d'obstacles considérables, leur progéniture au milieu de la graine qui doit servir ainsi au jeune à la fois de nourriture et d'habitacle. Dans ces conditions, la graine devient même souvent le théâtre de drames effroyables dans le monde des Insectes.

Mais l'avenir de la graine dépend le plus souvent complètement de l'état et des destinées de son hôte, le fruit, dont il n'est que la meilleure et la plus importante partie. Les botanistes donnent cependant le nom de fruit quelquefois exclusivement à l'enveloppe carpellaire transformée de la graine.

Les effets de la fécondation retentissent dans tous les organes du pistil et parfois dans tous les organes de la fleur. Le pistil subit une série de transformations qui atteignent à des degrés divers les organes qui le composent, d'où le nombre infini de variations qu'on remarque dans les fruits.

Le stigmate ordinairement se dessèche et disparaît ainsi que le style. Ce dernier cependant se développe parfois démesurément en long panache abondamment garni de poils, comme dans la Clématite, la Pulsatille, etc., ou en stylet crochu comme dans le Géum. La paroi ovarienne subit les plus grands changements. Entourant la graine, on lui donne le nom de *péricarpe*. Le péricarpe, qui résulte de la transformation de la feuille carpellaire, laisse ordinairement reconnaître au microscope, et même à l'œil nu, les trois couches cellulaires qui lui ont donné naissance. Dans les fruits charnus : Cerise, Pomme, Noix, Abricot, ces trois couches se sont modifiées diversement, mais se retrouvent sous les noms de peau, chair ou broue, noyau ou coque. On se rappelle la fable d'Ésope à l'adresse de la gourmandise égoïste. La peau est souvent recouverte d'un fin duvet appelé *pruine* et qui n'est autre qu'une couche de cire transsudée d'une extrême délicatesse.

Dans le fruit de l'Oranger, du Citronnier, etc., la couche interne du péricarpe produit de longues papilles qui deviennent charnues, se pressent l'une contre l'autre et forment de la sorte une espèce de pulpe où sont enfouis les pépins ou graines.

Mais les fruits secs sont bien plus répandus chez les plantes, et alors le péricarpe peut être lisse, ou bien il garnit sa surface d'appendices et de proéminences variés.

Ainsi les fruits du Gratteron, du Sanicule, du *Bidens*, de la Carotte sont couverts de pointes à crochets qui les attachent très solidement au plumage des oiseaux, aux tissus, et même à la peau (fig. 53). Le fruit de l'*Echinospermum* est garni d'une couronne de crochets semblables. Celui de la Châtaigne d'eau (*Trapa natans*) a la forme d'une petite urne élégante garnie de 4 ou de 5 bras en guise d'anses. Il ressemble quelque peu au fruit du *Pedalium murex* (une Sésamée), dont les pointes acérées rappellent les pointes qui entourent le coquillage du même nom. Mais cette plante est loin d'être aussi terrible qu'une de ses parentes de la même famille, l'*Harpagophytum*, dont le fruit, garni de crochets fort longs et solides, peut devenir fatal au Lion. Poussés par le vent, ces fruits roulent sur la plaine unie du désert et s'attachent à la crinière ou à la robe du fauve. Tous les efforts

Fig. 53. — Fruit épineux de la Carotte.

de l'animal pour s'en débarrasser demeurant sans succès, il avale le fruit, qui se loge dans le gosier et qui finit par faire périr misérablement jusqu'au « roi des animaux ».

Plus gros, mais moins perfide, est le fruit du *Lecythis urnigera* appelé Sapucaya, qui a la forme d'une urne de plus de 25 centimètres de diamètre ; c'est une coque ligneuse, épaisse, s'ouvrant circulairement au sommet par une sorte de calotte ou de couvercle de marmite, d'où le nom vulgaire de « marmite de singe » (fig. 54). Dans la même famille des *Myrtacées*, un autre fruit, celui du *Couroupita*, grand arbre de l'Amérique tropicale, se distingue par sa forme et ses

Fig. 54. — Fruit du *Lecythis urnigera.*

dimensions qui lui ont valu le nom de « boulet de canon ». Un autre fruit bizarre est celui du *Phytelephas macrocarpa* ou Palmier à ivoire des rives de la Magdalena, dont le fruit accrédite, par son aspect extérieur, son nom de *cabeza de negro* ou tête de nègre. Faut-il rappeler les fruits parfois énormes d'autres Palmiers, nous choisirons, à cause de la bizarrerie de sa forme et de son développement extraordinaire, le fruit du *Lodoïcea Seychellarum* ou Coco des Maldives qui, tout seul, affronte les dangers d'une lointaine traversée sur mer, pour aller, barque d'un nouveau genre, déposer son embryon sur quelque côte hospitalière.

Voici, développé en longueur, étrangement tordu en longue spirale, le fruit du *Streptocarpus*, celui des Bignoniacées, etc., puis, plus élégant et beaucoup plus réduit, le fruit de notre Luzerne, élégamment contourné en spire serrée ; le fruit du Sainfoin, étranglé régulièrement d'espace en espace de façon à simuler un chapelet de boules (fig. 55), et les fruits plus élégants encore de beaucoup de Crucifères ; puis le fruit en forme d'étoile de l'Anis étoilé ou Badiane de Chine, qui donne l'anisette de Hollande.

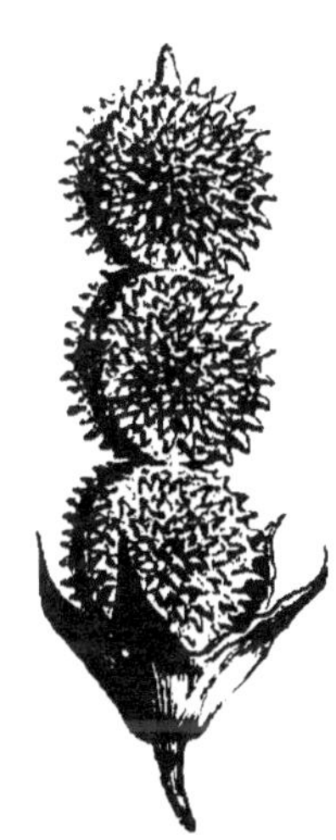

Fig. 55. — Fruit du Sainfoin.

Enfin, toute la série des graines où le péricarpe s'aplatit, s'amincit au bord et se déploie en aileron, en disque ailé, en hélice, comme chez le Frêne, le Bouleau, le Pin, l'Ailanthe, le *Banisteria*, l'*Hiræa* (Malpighiacées), etc., toutes graines connues sous le nom de *Samarres* (fig. 56).

Le péricarpe peut se couvrir de glandes spéciales, comme dans le Houblon qui produit la précieuse *lupuline*, ou dans le *Triumfetta actinocarpa*, une Tiliacée du pays Çomali, dont le fruit est couvert de longs poils, durs, glandulaires, qui sont un objet de profonde antipathie et de dégoût pour les Fourmis.

C'est là précisément une des sauvegardes de la graine

et du fruit contre les assauts destructeurs de ces insectes
effrontés, et plus d'une fois la plante en use pour se
mettre hors des atteintes de ses ennemis : elle entoure
pour ainsi dire son fruit d'une atmosphère d'odeurs
diverses, tout à fait insupportables aux Insectes et autres
voleurs de fleurs. Remarquons que la plante qui emploie
ce moyen « méphitique » pour conserver son bien, ne le
fait pas de propos délibéré, c'est-à-dire dans le sens d'une
cause finale, mais que les plantes ainsi pourvues d'atmosphère de sûreté ne sont que les restes, les survivantes

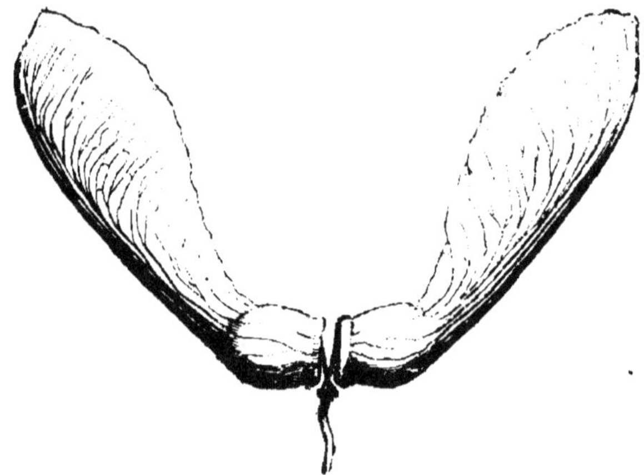

Fig. 56. — Samarre double de l'Érable.

d'une série d'ancêtres qui, étant moins garanties sous ce
rapport, ont succombé sous les atteintes précisément de
leurs ennemis. Nous sommes ici en présence des effets
conservateurs de la sélection naturelle.

Le fruit et la graine emploient d'autres moyens encore
pour échapper à la destruction, et ces moyens sont souvent des ruses. Ainsi, au lieu de se faire remarquer par
une livrée brillante, si son avantage n'est pas de servir
de pâture aux Oiseaux, le fruit se fait humble, prend
des couleurs ternes, pareilles à la teinte du sol, ou bien il
simule, par sa forme ou sa livrée, l'aspect d'animaux ou

d'autres parties de plantes. Ses ennemis dépistés, en croyant avoir affaire à autre chose qu'à un fruit ou n'étant pas assez clairvoyants pour le distinguer sur un sol de même couleur, l'épargnent et lui permettent de continuer l'espèce. Les Anglais désignent ces ruses sélectionnelles, qui se rencontrent d'ailleurs fréquemment dans le monde animal, sous le nom de *mimicry*, que nous traduisons par *mimétisme*. Les fruits de certains *Polygala*, par exemple, ressembleraient à certaines espèces de Coléoptères, ceux de beaucoup d'espèces de Lupin à des Araignées, ceux du *Scorpiurus* à une chenille, etc. Il faut pourtant juger ces apparences avec beaucoup de circonspection et se garder de trouver tout pour le mieux dans le meilleur des mondes. La sélection naturelle est une tendance naturelle, une approximation, qui ne cesse qu'à défaut d'objets sur lesquels elle puisse s'exercer.

Mais, si les effets de *mimicry* du fruit et des graines aident à la conservation de l'espèce des plantes, ils aident quelquefois également, par échange des mêmes procédés, à la conservation des Insectes dont le fruit porte la livrée. Ainsi, un jour, récoltant les fruits d'une magnifique Labiée, dans les steppes du Turkestan, je fus très surpris de voir dans ma récolte certaines nucules, marbrées de brun et de clair, se mouvoir au milieu des autres. Inspection faite, je reconnus dans ces fruits ambulants une espèce d'Hémiptère qui, vu de dos, ressemblait absolument à une nucule de cette Labiée, à tel point que je l'avais récolté comme un fruit de la plante. Lequel des deux, de la plante ou de l'insecte, avait pris le déguisement de l'autre et lequel des deux en retirait le plus de sûreté contre les attaques? La nature a de ces harmonies étonnantes, de ces rencontres d'êtres disparates qui coexistent en paix parce que leur association repose sur des intérêts mutuels. Le Corbeau chasse avec le Faucon, le *Remora* s'attache au Requin, le *Fierasfer* habite l'*Holothurie*, le Champignon destructeur s'unit à l'Algue dans

le Lichen, et l'Insecte se cache, avec une graine, au fond
d'une fleur de Labiée !

La graine une fois mûre, il faut qu'elle sorte du fruit
pour germer. Mais tous les fruits ne se comportent pas
de la même façon : ou bien ils s'ouvrent et laissent
échapper les graines, ils sont *déhiscents;* ou bien demeurant clos, *indéhiscents*, ils font partager à la graine leur
propre destinée. Inutile de dire que la
graine, dans ce dernier cas, n'en a que
les avantages. Les fruits charnus sont
généralement indéhiscents.

Les ouvertures qui s'établissent sur le
fruit pour laisser échapper les graines,
peuvent être des fentes longitudinales
(fig. 57), transversales, ou des pores qui
s'ouvrent ordinairement au sommet du
fruit. La plupart des fruits déhiscents
s'ouvrent par des fentes longitudinales,
comme la Pivoine, la Tulipe, le Pois,
le Colza, etc.; quelques-uns seulement
par une fente transversale, comme le
Mouron rouge (*Anagallis arvensis*) dont
le fruit sec, appelé *pyxide*, détache à
sa moitié supérieure une sorte de calotte qui se soulève à la façon du couvercle d'un pot à tabac et met les graines à nu (fig. 58). Enfin, le Grand Muflier,
le Réséda, par exemple, percent le fruit

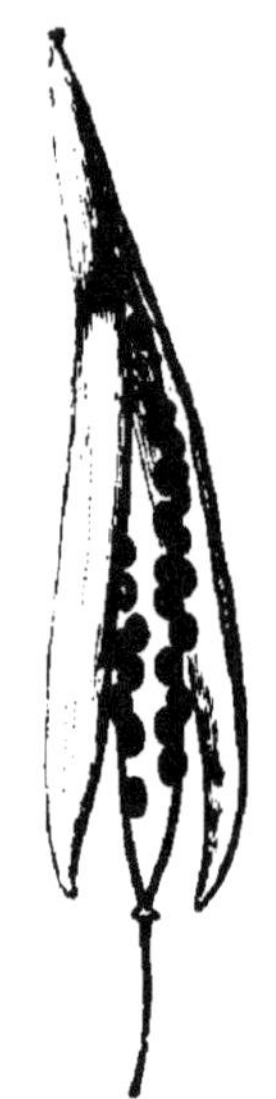

Fig. 57. — Déhis-
cence en fente
longitudinale du
fruit (silique) du
Chou.

au sommet, le premier de trois trous arrondis, celui-ci
d'un large trou béant par où les graines peuvent s'échapper ou plutôt tomber, car sans cause extérieure elles
ne pourraient quitter le fruit qu'après la destruction
totale de ses parois.

Les fruits secs qui s'ouvrent ainsi sans expulser violemment leurs graines, laissent tomber ces dernières, à
moins d'adaptation spéciale, comme nous allons le voir,

au pied même de la plante ou du moins dans un faible
rayon autour du pied. Les plantes qui ont ces habitudes de dissémination passive sont pour la plupart des
plantes annuelles, de petite taille. Grâce à leur courte
végétation, elles n'épuisent pas les matières nutritives du
sol sur un grand rayon ou bien disposent d'autres organes de conservation de l'espèce tels que bulbes, rhi-
zomes, etc.

La graine en effet, s'il en était autrement, ne trouverait pas dans le sol la nourriture suffisante pour son
développement, périrait et compromettrait la conservation de l'espèce.

Pour les grands arbres, pour les plantes qui épuisent
le sol et en géné-
ral pour toutes les
plantes de grande
distribution géo-
graphique, il n'en
peut être ainsi sous
peine de défaite
dans la lutte pour
l'existence. Il en est
du fruit de ces vé-
gétaux comme des
essaims de puissan-

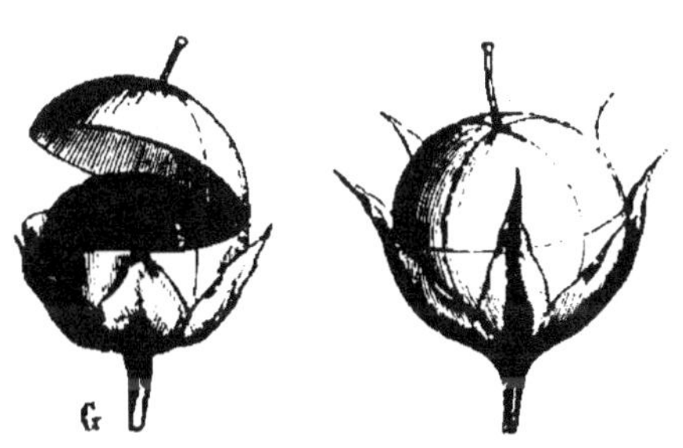

Fig. 58. — Pyxide de l'Anagallis et déhiscence en calotte.

tes nations : il faut qu'il y ait dissémination au loin pour
le bien à la fois de la plante mère et du rejeton. Or,
chez les plantes, la nature obtient ce résultat par des
voies différentes. La plante opère la dissémination de
ses graines : 1° par voie directe ou mécanique; 2° par
voie indirecte, en adaptant ses graines au transport par
le vent, les animaux ou l'eau. La dissémination directe
se fait par des fruits qu'on peut qualifier à bon droit
d'explosibles, car, au moment de la déhiscence des
parois, il se produit une explosion plus ou moins intense qui lance les graines souvent à une distance con-

sidérable. Nous avons assisté à des phénomènes pareils chez quelques Champignons (voir p. 8).

La Balsamine, l'*Impatiens Noli me tangere* de Linné sont connus depuis longtemps pour leurs fruits explosibles, et cette particularité a même valu à cette plante gracieuse son joli nom de « N'y touchez pas ». Le fruit allongé, à cinq loges remplies de minuscules bombes qui sont les graines, éclate à la maturité, au moindre attouchement de son sommet, et se divise en cinq lanières pendantes. Mais ces lanières, en s'enroulant vivement et avec force en spirale autour d'elles-mêmes, projettent leurs petites bombes au loin (fig. 59). La force de projection peut être telle que les graines, lancées au visage du spectateur insouciant, lui occasionnent un effroi comique mêlé de curiosité et de surprise.

La Sûrelle (*Oxalis acetosella*) a la surface de son fruit tellement sensible à la maturité, qu'il est presque impossible de recueillir les graines à la main. Dès que les doigts touchent la capsule, l'explosion se produit,

Fig. 59. — Déhiscence du fruit explosible de la Balsamine.

lançant les graines entre les doigts et contre la main, où elles rebondissent et s'échappent. L'explosion subite produit un crépitement assez sensible qu'on a comparé au crépitement d'une mitrailleuse.

Le fruit du Lupin jaune se tord violemment en tire-bouchon au moment de la déhiscence et lance ses graines à dix pas de distance. D'autres espèces de Lupin, le Pois fleuri, la Violette, etc., se débarrassent de la même façon de leur progéniture. Ce sont là toutes plantes de nos pays auxquelles nous refusons trop souvent notre attention parce que, pensant à tort que la rareté seule est un titre à notre admiration, nous estimons qu'une mauvaise herbe ou une plante fourragère sont trop communes pour être merveilleuses.

Sous les tropiques, où la végétation devient si intense qu'elle semble avoir grandi l'échelle et reculé ses limites, les mêmes phénomènes s'exagèrent et nous frappent davantage par leur amplitude. Ainsi M. Muller raconte qu'un soir, se trouvant à Itajahy et la température s'étant abaissée, il fut très intrigué d'entendre dans la forêt une sorte de « bombardement » soutenu, mêlé d'un bruit pareil à celui qu'on produit en jetant une poignée de gravier dans le feuillage d'un arbre. Il se trouva que ces bruits provenaient de deux arbres, deux *Bauhinia brasiliensis*, se dressant à proximité au milieu du fourré et occupés à disséminer leurs graines. Les capsules, longues de 15 à 20 centimètres, s'ouvraient avec explosion et, en enroulant leurs valves en spirale, projetaient les graines à plus de vingt pas de distance.

Le fruit du *Hura crepitans*, une Euphorbiacée de l'Amérique tropicale, appelé *sablier* parce que, jeune et cuit dans l'huile pour empêcher l'explosion, on s'en sert comme tel, fait explosion en détonant comme un coup de pistolet et en lançant ses graines à plus de vingt pas de distance. On prévient cette explosion dans les collections en entourant le fruit d'un filet solide. Voilà des voisins incommodes sinon dangereux dans une forêt américaine, et les voyageurs peuvent se féliciter, avec le dormeur de la fable, que les noix de coco et du Brésil, les graines de l'arbre à ivoire, etc., ne soient pas mises au monde de la même façon.

Ces explosions plus ou moins véhémentes sont dues à des tiraillements en tension, dans les différents tissus du fruit lors de la dessiccation qui accompagne la maturation. Plus rarement, ces tensions sont produites par la turgescence des cellules. Le fruit de l'*Ecbalium elaterinum*, une Cucurbitacée qu'on rencontre dans le midi de la France, et que les Allemands, par allusion à ses habitudes, appellent *Spritzgurke*, se détache, à la maturité, brusquement de son pédicelle et, par l'ouverture ainsi produite, lance ses graines au milieu d'une pulpe liquide (fig. 60).

Les fruits adaptés au transport par les animaux, le vent

Fig. 60. — L'*Ecbalium* et son fruit explosible.

ou l'eau, vont beaucoup plus au loin chercher patrie et fortune. C'est ainsi que les fruits d'une Légumineuse, l'*Entada* (fig. 61), s'aventurent sur les mers tropicales. Ils suivent l'exemple que leur donnent beaucoup de fruits de palmiers et, entre autres, le Cocotier des Maldives (*Lodoïcea Seychellarum*). Les aigrettes des Composées sont parfois emportées par la tempête à des centaines et peut-être des milliers de kilomètres.

Le vent est un agent de dissémination des plus importants. La plante lui livre ses fruits et ses graines adaptés de façons diverses. L'adaptation la plus économique et la plus efficace est souvent la petitesse et la légèreté de la graine, comme dans les Pavots, les Orchidées, etc. Ailleurs, le revêtement pileux, soit généralisé sur la surface (Cotonnier, Eryophorum), soit localisé (Anémone, Clématis, Épilobe, etc.), tout en diminuant le poids spécifique, donne facilement prise au vent.

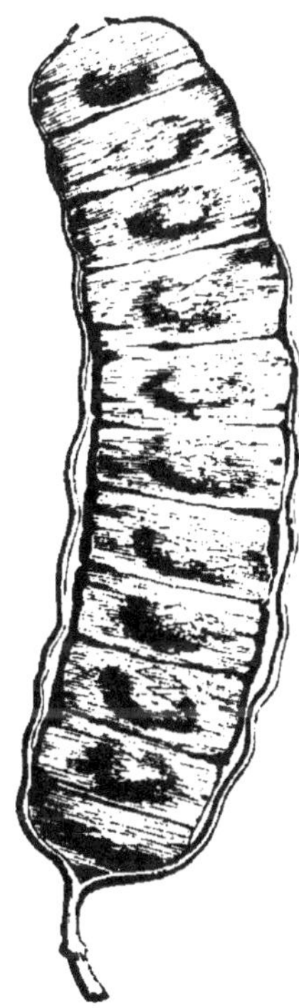

Fig. 61. — Fruit de l'*Entada* (Gousse).

L'adaptation certainement la plus gracieuse et la plus étonnante est obtenue par les parachutes des fruits de Composées, connus sous le nom d'*aigrettes* (fig. 62). Voyez le Pissenlit ou le Chardon balancer ses petites têtes de loup blanches sous le souffle de la brise. Une bouffée d'air plus forte et le voilà complètement dégarni; les aigrettes, tourbillonnant sous la poussée, s'élèvent et, pareils à de légers flocons, ont bientôt disparu au regard. Longues, courtes, radiées ou pileuses, les aigrettes résultent du calice qui s'est développé tardivement et ne se rend utile qu'à ce moment.

D'autres parties de la fleur, parfois l'inflorescence entière, peuvent s'adapter à la dissémination aérienne. L'arbre à perruque (*Rhus Cotinus*) perd à ce moment la plupart de ses fleurs avortées. Les pédicelles s'allongent, se garnissent de poils et transforment ainsi l'inflorescence en une sorte de perruque grossière, abandonnée aux caprices du vent. Les expansions membraneuses, disques et ailes des fruits de Bouleau, d'Orme, de Frêne, de Pin aident puissamment encore au transport aérien, à la dissémination au loin.

Les animaux supérieurs, Oiseaux et Mammifères, rendent comme colporteurs de fruits et de graines de signalés services aux plantes. Les aspérités, pointes, crochets, poils glandulaires et humides, qui garnissent si souvent la surface des fruits, ne servent pas seulement à donner au botaniste descripteur des caractères de classification; ils se rendent fort utiles en fixant le fruit contre le poil du Mammifère ou la plume de l'Oiseau. Le *Leersia oryzoides*, une Graminée, grâce au revêtement de poils crochus de son fruit, a été transporté ainsi par des Oiseaux aquatiques voyageurs. Canards et Poules d'eau, de l'Europe méridionale jusque sur les côtes de l'Allemagne du nord. Les fruits gluants, tels que ceux du Nuphar jaune, du Gui, se collant après les

Fig. 62. — Aigrette de Laitue.

plumes et à l'angle du bec des Oiseaux, peuvent être transportés fort loin. Et tous ces fruits charnus, succulents, riches de couleur, agréables au goût des animaux, ne seraient-ils là que pour trouver le terme de leur existence et de celle plus précieuse de leurs graines, dans l'estomac d'un animal sans espoir de compensation? Un tel manque d'équilibre ne saurait exister dans la nature, et si la plupart des graines enfermées dans des fruits charnus et mangés par les animaux n'avaient, pour sauf-conduit à travers les épreuves du tube digestif, une enveloppe coriace ou solide, comme le noyau des Cerises, de l'Aubépine, le testa solide du pépin du Raisin, [le testa coriace du pépin de Pomme, etc., il y a longtemps que l'appétit des frugivores et des granivores aurait eu raison de l'existence de ces plantes. Il y a plus. Lyell rapporte une observation faite par des jardiniers anglais, d'après lesquels des graines de Roses et d'Aubépine se refusaient à germer dans le sol, à moins d'avoir passé préalablement par le tube digestif des Dindes de la basse-cour.

Ajoutons que si la graine n'est pas adaptée par une enveloppe suffisante à ce voyage, elle succombe sous les attaques des sucs digestifs et des muscles du gésier ou, pour le moins, perd sa faculté germinative.

Depuis 1770 le *Phytolacca decandra* fut ainsi dispersé par les oiseaux de Bordeaux sur tout le midi de la France. Les Perroquéts et les Faucons disséminèrent de la même façon le Pommier à travers le Chili. Le Gui aurait bien de la peine à placer sa progéniture sur les branches élevées des arbres si les Oiseaux, friands de ses baies, ne lui venaient en aide. On a vu, dans des endroits où des Faucons avaient dévoré des Pigeons, germer de nombreuses graines qui se trouvaient, au moment de la catastrophe, emmagasinées dans le jabot des victimes.

Autre façon de procéder des Oiseaux, qui constitue un mode de dissémination assez inattendu : une espèce de *Garrulus*, animal prévoyant mais de courte mémoire, se ménage en automne des cachettes sous les feuilles mortes ou sous les coussinets de mousse. Il y transporte quantité de glands de Chêne, des Noisettes, des fruits de Hêtre, etc. Mais, la bise étant venue, il oublie la plupart de ses cachettes et les fruits amassés se mettent à germer en engageant entre eux la lutte pour la vie.

Enfin, l'eau aide puissamment à la dissémination des fruits et des graines, non seulement des plantes aquatiques, mais encore de beaucoup de végétaux terrestres ; mais, pour les voyages un peu longs, le fruit ou la graine doivent être adaptés de façon à surnager, tout en n'étant pas endommagés par l'eau. Le fruit des *Sagittaria, Villarsia* est ainsi transporté sans avaries à cause de sa surface huileuse. Le fruit du *Nuphar* se divise à la maturité en disques semi-lunaires qui gonflent leur tissu en vessie natatoire et se soutiennent ainsi à la surface de l'eau jusqu'à destruction de ces tissus et mise en liberté de l'air qu'ils contiennent. La graine du *Nymphœa alba* s'entoure d'un sac arillaire gonflé d'air qui le soutient pendant quelque temps à la surface de l'eau.

Les *Nepenthes*, ces plantes bizarres des marécages de Madagascar et de l'Asie tropicale, possèdent des graines allongées, fusiformes, recouvertes d'un tégument membraneux, lâchement celluleux.

Soutenues par ce tégument, les graines flottent d'abord au gré du vent, puis, s'imbibant peu à peu, elles s'alourdissent, descendent au fond et germent.

Des fruits de plantes terrestres, poussés par le vent, sont charriés par les fleuves, les rivières, les ruisseaux. J'ai vu un jour l'Oxus, emportant en grandes quantités les aigrettes d'une Composée de la steppe, que le vent lui avait amenées. Portées par le flot, elles allaient à quelques centaines de kilomètres en aval atterrir et germer loin de leur plante mère. A ces agents de dissémination naturelle l'activité humaine en a ajouté quelques autres qui, pour ne pas avoir une action générale, n'en sont pas moins à prendre en considération. Navires, locomotives, caravanes, marchandises, etc., rapprochent les peuples et étendent les flores. Je n'en veux comme preuve que la florule si intéressante des talus de chemin de fer ou l'apparition inopinée et bien souvent constatée de plantes australiennes, sud-américaines autour des localités où l'industrie des filatures emploie des laines du pays d'outre-mer.

Mais, arrêtons-nous ! L'œuf végétal a tant de destinées

diverses, son histoire est tellement riche en épisodes et en aventures, qu'elle remplirait à elle seule le cadre étroit de notre volume, au détriment de l'histoire des merveilles de l'œuf animal.

III

CE QUE C'EST QU'UN ŒUF ANIMAL

Dans ce grandiose concert universel où forces et matière se jouent et se transforment sans relâche, où, d'après un aphorisme célèbre, « rien ne se perd et rien ne se crée », la multiplication des êtres organisés est une condition absolument nécessaire au maintien de leur existence. Pareil à un de ces majestueux geysers de l'Islande ou au timide jet d'eau qui se cache dans les herbes, pareil à la source limpide qui sourd du rocher, puis retombe en mille gouttelettes pour s'infiltrer à nou-

veau, le puissant Sequoia de Californie, le Vautour des
Andes, le Scarabée doré et l'Infusoire microscopique jail-
lissent du sein de la vie et luttent pour l'existence ; mais
bientôt, vieux de trois mille ans ou d'un jour, vaincus
par l'usure de leurs organes et pressés de céder la place
à d'autres générations, ils se résolvent en germes nouveaux et meurent. Ils meurent en partie, car leur existence se continue dans celle de leurs enfants. Si, bien
armés dans la lutte pour l'existence, ceux-ci se perfection-
nent, ils s'assurent l'hégémonie sur leurs contemporains.

Telle est la loi du progrès.

Les uns luttent par le nombre, les autres par la perfection des combattants. Trois causes générales mettent
une limite plus ou moins restreinte à l'extension indéfinie
des espèces : la durée normale de la vie individuelle, la
faculté reproductive ou de multiplication et la suppression d'une plus ou moins grande proportion de la progéniture. Si la durée moyenne de la vie de l'homme, au
lieu de trente-cinq ans, était de cinq cents ans, il y a longtemps que tous les coins et recoins du globe terrestre
seraient peuplés de ses descendants; si la femelle du
Crocodile, qui peut devenir centenaire, au lieu de pondre
chaque année de soixante à quatre-vingts œufs, en pondait
des milliers et des millions, comme certains Poissons,
avec une chance de succès proportionnelle, les fleuves ne
seraient plus assez larges pour les contenir; enfin si —
mais la nature ne connaît pas de si — le frai annuel de
chaque individu femelle de Morue, frai qui se compose
de près de trois millions d'œufs, arrivait entièrement à
bonne éclosion, après plusieurs générations, le nombre
d'individus de cette espèce serait devenu incommensurable.

Dans le même ordre d'idées, les plantes nous fourni-
raient encore des exemples plus frappants que les animaux. Sans compter la prodigieuse rapidité de multiplication des Bactériacées, nous n'avons qu'à suivre la
multiplication d'une de ces Algues filamenteuses comme

l'*Ulothrix zonata*. On a fait le calcul qu'à la fin de l'hiver, qui est l'époque de multiplication et de reproduction de cette Algue, un seul filament aura pu produire, en vingt semaines environ, dix générations successives.

Ces dix générations représentent un nombre d'individus exprimé par le chiffre 1 048 576 suivi de quarante zéros. En supposant à chaque filament une longueur moyenne de 25 centimètres, la longueur totale des filaments de la sixième génération serait un nombre de kilomètres représenté par le chiffre 262 144 suivi de trente-sept zéros. Placés bout à bout, ces filaments feraient le tour du monde un nombre de fois exprimé par 65 536 plus trente-trois zéros ! Nous n'avons pas de mots dans notre langue pour exprimer ces valeurs et nous retombons au niveau de ces nègres, qui ne peuvent compter au delà de dix.

Quels sont donc les moyens employés pour arriver à une prompte et nombreuse multiplication d'un individu ?

L'illustre Harvey posa, dès la première moitié du dix-septième siècle, en axiome que tout être vivant provient d'un œuf : *omne vivum ex ovo*. Pris au pied de la lettre, c'est-à-dire interprété dans le sens que nous donnons aujourd'hui au mot *œuf* qui est le produit d'une fécondation d'un principe femelle par un principe mâle, l'aphorisme de Harvey n'exprime plus une règle générale. On lui substituera avec plus de justesse cet autre aphorisme connu : *omnis cellula e cellula*. Nous avons vu, en effet, qu'un certain nombre de Thallophytes inférieurs n'usent que du seul moyen de multiplication asexuelle et nous retrouverons des phénomènes parallèles chez les animaux inférieurs. Comme nulle part plus que dans l'interprétation des faits scientifiques et dans l'intérêt de la vérité il faut user de scepticisme, nous n'hésiterons pas à considérer cet aphorisme comme une hypothèse exprimant le résultat de nos connaissances actuelles et plus près de la réalité que l'hypothèse de Harvey, quitte à l'abandonner si des connaissances plus approfondies nous ont con-

vaincus de notre erreur. Mais s'il faut prendre le mot de
Harvey dans le sens que tout être vivant vient d'un pré-
décesseur, d'un parent, nous l'admettrons comme l'expression de tous les faits *connus aujourd'hui.*

Aristote pensait que la terre putréfiée, le limon, les
plantes, les « superfluités » du corps pouvaient faire
naitre spontanément des animaux. Plutarque admettait
que le limon d'Égypte pouvait engendrer des Rats.
Kircher, au dix-septième siècle, assurait que des fragments
de Serpent, semés en terre, repoussaient en Serpents
nouveaux, etc.

Ces préjugés, qui se sont conservés sous plusieurs
formes jusque dans le siècle actuel, furent un à un battus
en brèche au fur et à mesure que les études de biologie,
aidées du microscope, permirent de plus en plus de se
rendre un compte exact des mœurs et de la structure
du corps des animaux.

Il fut difficile en effet d'expliquer la présence des Vers
dans les substances en décomposition, la présence de
larves dans les galles ou dans les arbres, l'apparition des
Infusoires dans l'eau corrompue, celle des Vers parasites
dans des parties si profondes de l'organisme animal, etc.,
sans connaitre les mœurs de ces Insectes, les propriétés
des Infusoires et les migrations des Entomozoaires. Mais
peu à peu la lumière se fit, chacun y apportant son
étincelle. Rédi, Vallisnieri, Swammerdam, Leuwenhoek,
Spallanzani, etc., ouvrirent brillamment la voie des recherches analytiques et expérimentales, et de nos jours
M. Pasteur est venu couronner l'édifice des patientes recherches de ses prédécesseurs par une série d'expériences
admirables de clarté et de logique.

Nous dirons donc que, jusqu'à présent, aucun fait observé n'est venu corroborer l'idée d'une génération spontanée, et nous admettrons que tout individu cellulaire
provient d'un parent préexistant.

Voici une goutte de mercure sur une table. Écrasonsla : elle se divisera en plusieurs gouttelettes plus faibles, toutes arrondies et de même nature que la goutte primitive. Nous l'avons multipliée. Voici maintenant une feuille de *Begonia* et un *Naïs*, animal de la classe des Vers ; coupons la feuille et le corps du Ver en douze, quinze, vingt morceaux, mettons-les dans de bonnes conditions de croissance, et chacun des morceaux, non seulement continuera à vivre, mais développera un nouvel individu pareil à celui dont, au début, il ne représentait qu'une faible partie. La gouttelette de mercure, elle aussi, reprend, après la séparation, la forme arrondie de la goutte originale et garde les propriétés du mercure, mais elle ne saura, comme le fait l'être vivant, la cellule en dernière analyse, augmenter de volume de sa propre initiative et ne parviendra jamais d'elle-même à égaler celui de la goutte primitive.

Voilà donc un premier mode de multiplication obtenu aussi simplement que possible : c'est la *scissiparité* ou multiplication par fragmentation. C'est à cette faculté reproductrice que les êtres inférieurs doivent leur étonnante facilité d'extension.

Les animaux et les plantes plus élevés la perdent progressivement pour la remplacer par des modes plus perfectionnés, mais rarement au point de ne pouvoir, au besoin, s'en servir comme d'une dernière garantie contre la suppression de leur espèce. Les Crustacés, les Arachnides, les Reptiles et les Batraciens usent de cette faculté reproductrice pour réparer des organes entiers qu'un accident leur a fait perdre. Jusque dans l'espèce humaine les effets conservateurs de cette faculté se sont transmis et se manifestent dans un ensemble de phénomènes curieux connus sous le nom de *rhinoplastie*, l'équivalent de la greffe chez les plantes supérieures.

A vrai dire, tout être organisé est composé d'une cellule ou de plusieurs cellules dérivant d'une seule. Or, la multiplication des cellules se fait par scissiparité ou par un mode qui en dérive. Les êtres élevés ne sont que des colonies de cellules, ambulantes chez les animaux, fixes chez les plantes, colonies où la division du travail a introduit une spécification des fonctions plus ou moins avancée qui éclate déjà à un degré très apparent et nous frappe chez les Siphonophores. Il n'est donc pas absurde de voir les cellules conserver individuellement dans une association les propriétés qu'elles possèdent chacune isolément quand elle vit pour son compte, comme chez l'animal ou la plante unicellulaire.

Le deuxième mode de multiplication, appelé *gemmation* ou multiplication par bourgeonnement, dérive de la scissiparité avec cette différence que l'individu nouveau qui en résultera est le produit de l'activité, restreinte sur une partie du corps, d'une association de cellules ou d'une cellule. Les plantes et les animaux inférieurs nous en offrent de nombreux exemples.

Mais ces deux modes de multiplication sont asexuels. L'immense majorité des êtres vivants se reproduisent sexuellement par fécondation et donnent naissance à des *œufs*, produits de l'activité de deux cellules différenciées qui se sont unies en se donnant une nouvelle et puissante impulsion de vitalité.

Qu'est-ce donc qu'un œuf?

C'est un être vivant. C'est la graine de l'animal comme la graine de la plante est l'œuf de la plante. C'est un être nouveau, cellule microscopique au début, embryon ensuite, entouré le plus souvent de réserves nutritives pour son jeune âge, puis enveloppé de membranes protectrices, parfois d'une carapace solide, d'une coquille très dure. Tel est l'œuf de l'Oiseau, tel est celui du Poulet que nous allons prendre comme sujet de description à titre d'œuf typique.

Remarquons ici que l'œuf de tous les animaux est construit sur un même modèle, d'après un même plan. Ce qui varie, c'est le volume, c'est-à-dire la quantité de matière nutritive que le jeune être trouve à sa disposition. Tous les animaux sont ovipares, ou ovo-vivipares. Du moment que le jeune être, chétif et incapable de se procurer lui-même sa nourriture, se trouve séparé de sa mère avant de pouvoir vivre de son propre travail, il lui faut une provision viagère jusqu'au moment de son émancipation. C'est le cas du jeune Poulet dans l'œuf : si le moment de l'éclosion du Poulet coïncidait avec celui de la ponte, l'embryon, à peine ébauché, serait frappé de mort à cause de son état extrême de faiblesse et d'imperfection. Mais si la mère emmagasine à son intention des provisions nutritives dans l'œuf devenant garde-manger, le jeune Poulet pourra s'en nourrir après la ponte, jusqu'au moment où ses organes se seront développés et qu'il pourra sortir de sa retraite et affronter les dangers d'une existence dorénavant plus indépendante. Nous parlerons ailleurs des surcroîts de soin que les parents donnent souvent, après l'éclosion, à leur jeune progéniture, afin de mieux la préparer pour le moment critique où les néophytes, réduits à leurs propres ressources, entameront la lutte pour l'existence.

Chez les animaux ovo-vivipares, parmi lesquels sont les Mammifères, l'œuf diffère de l'œuf des Oiseaux par une quantité moindre de provisions viagères et l'absence de carapace protectrice. En effet, l'œuf passe tout le temps nécessaire au développement du jeune embryon dans l'organisme même, dans l'oviducte, et la mère, au lieu de l'abandonner avec des provisions viagères, se met plus directement en rapport avec lui et lui donne peu à peu, au fur et à mesure de ses besoins, la nourriture nécessaire. Elle le nourrit jusqu'au moment où, suffisamment développé, il peut la quitter pour vivre dès lors indépendant ou du moins pour se contenter de soins moins impérieux.

Si nous coupons en deux un œuf de Poule durci par la cuction (fig. 63), nous trouverons successivement du

dehors au dedans : 1º la coquille, 2º une membrane
accolée à la coquille, 3º le blanc ou albumine, 4º une
membrane entourant le jaune, 5º le jaune, 6º au gros
bout, une cavité ou chambre à air.

La coquille n'est d'abord qu'une substance gélatineuse
blanchâtre. Elle est formée de deux feuillets membraneux
dans lesquels viennent se loger des corpuscules calcaires. Ces deux feuillets sont traversés par des canalicules ou pores très fins, qui per-
mettent aux gaz de passer du dedans
au dehors et vice versa. L'embryon
étant un animal vivant, il faut absolument que les échanges gazeux
puissent entretenir la respiration.
Aussi, quand l'œuf est mouillé, les
canalicules sont bouchés et l'air ne
peut plus y pénétrer, tandis que
la coquille sèche rend ce passage
très facile. Si l'on recouvrait la
surface de l'œuf d'une couche de
vernis qui empêche complètement
le va-et-vient des gaz, on répéterait
l'expérience célèbre de Spallanzani
sur la respiration superficielle des
Batraciens : ayant recouvert une
Grenouille d'une couche de vernis,
il la vit succomber au bout de peu

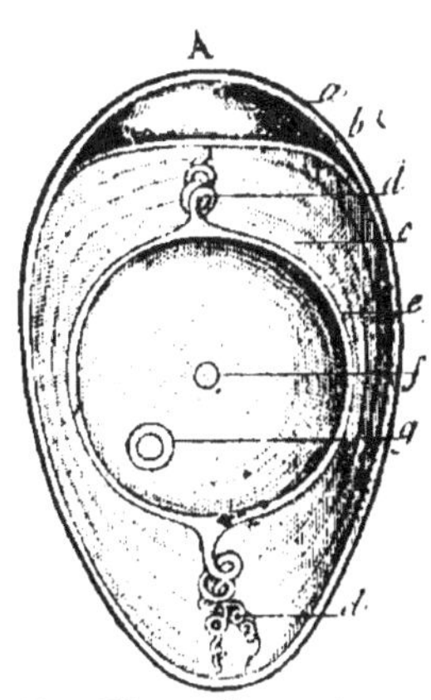

Fig. 63. — Coupe à tra-
vers un œuf de Poule
récemment pondu.

a. Coquille; b. Chambre à
air; c. Couche du blanc;
d. Chalazes; e. Membra-
ne vitelline; f. Vitellus
ou jaune; g. Cicatricule.

de temps à défaut du passage de l'oxygène à travers les
tissus de la peau. De même, si, après avoir soumis un œuf
verni à l'incubation pendant 21 jours, temps au bout duquel le jeune Poulet doit normalement éclore, on ouvrait
cet œuf, au lieu d'un jeune animal bien développé, on ne
trouverait que le cadavre de l'embryon mort d'asphyxie
La coquille, par conséquent, ne doit pas seulement remplir un rôle protecteur efficace, mais encore faut-il qu'elle
soit assez poreuse pour ne pas isoler complètement de

l'air atmosphérique qui l'entoure, le petit être qu'elle protège. Pendant les premiers temps de sa vie dans l'œuf, l'embryon transpire; or, tout en laissant passer les gaz de la transpiration, la coquille s'oppose par sa structure à la destruction par dessiccation de son contenu, et voilà la deuxième partie importante de son rôle.

Les œufs de tous les animaux n'ont pas besoin d'être ainsi protégés par une coquille, ni contre les accidents extérieurs, ni contre la sécheresse. Ceux qui se trouvent constamment dans un milieu humide n'ont rien à craindre d'une dessiccation excessive, mais tous demandent un certain degré d'humidité. Ce degré dépassé, l'œuf périt ou bien le développement de l'embryon s'arrête. Certains œufs peuvent même demeurer sans eau pendant des mois et des années dans un état de vie latente, sauf à reprendre leur activité embryogénique avec le retour de la quantité d'eau nécessaire. Ils ont cela de commun avec beaucoup de graines de plantes, qui conservent fort longtemps leur faculté germinative à l'abri de l'eau et germent quand elles se trouvent placées en présence d'une certaine quantité d'eau. Voilà la raison pourquoi on voit souvent avec étonnement, après des travaux de terrassement, après de fortes pluies ou des inondations prolongées, apparaître inopinément dans certaines contrées des espèces de plantes ou d'animaux inconnues auparavant dans la flore ou la faune du pays.

Immédiatement au-dessous de la coquille et intimement en contact avec elle, se trouve la membrane de la coquille. Cette membrane, délicate et souple, se compose en réalité de deux feuillets, l'un externe qui touche à la coquille, l'autre interne qui recouvre la surface du blanc. Au moment où l'œuf est pondu, ces deux feuillets se touchent sur tout le pourtour; mais, dès la ponte, l'œuf commence à transpirer, à perdre de la vapeur d'eau. Cette perte entraîne une diminution de volume de l'albumen. En se contractant, le blanc entraîne son feuillet

et le sépare du feuillet de la coquille, de façon à laisser
entre les deux un espace d'autant plus large que l'œuf
est plus âgé. C'est la chambre à air, logée toujours au gros
pôle parce que la transpiration y est la plus forte et
l'échange des gaz le plus facile. Qu'on recouvre, par
exemple, le petit pôle d'une couche de vernis imper-
méable, et les fonctions respiratrices seront relativement
peu affectées ; mais qu'on vernisse le gros bout, et les
troubles deviendront tellement graves qu'ils entraînent
d'abord la difformation monstrueuse de l'embryon et finalement sa mort.

Au-dessous de la membrane coquillière se trouve le
blanc ou *albumen*. L'albumen est composé principalement
d'une substance azotée, très répandue dans les corps
organiques : l'albumine, substance nutritive par excellence. Elle s'y trouve associée à de l'eau, des matières
salines, un peu de matières grasses et du sucre. La composition de l'albumine varie naturellement avec les progrès de la transpiration. Voici comment se répartissent
les différentes substances de l'albumen sur 100 parties
prises à un moment donné :

Traces de matières grasses
(oléine, margarine, savon).

Eau.	72,27
Matières solubles.	13,316
Albumine.	13,274
Matières minérales.	0,64
Sucre.	0,5
	100,000

On peut voir facilement sur une coupe médiane à travers un œuf durci, que l'albumen est composé d'une
succession de couches superposées, alternativement transparentes et opaques. Les feuillets opaques sont formés, à
l'état frais, par une substance très fluide, tandis que les
feuillets transparents résultent de la coagulation d'une
albumine plus épaisse. Les deux couches les plus fluides

se trouvent, l'une au contact du jaune, l'autre au contact de la membrane coquillière. Mais on remarque en outre, allant des deux pôles vers le centre, à travers la masse de l'albumen, deux cordons tordus, roulés en spirales, pareils à une mèche enroulée sur elle-même : ce sont les *chalazes*. Ce mot signifie *grêle* en grec, et on l'a appliqué à cette partie de l'albumen parce que l'intérieur est pointillé d'une série de petits grains blancs opaques. Les extrémités des chalazes, tournées vers les pôles, sont libres, les extrémités opposées s'épanouissent au voisinage du jaune et semblent l'embrasser et s'y fixer. Il n'en est rien et elles se terminent avant de l'avoir atteint. Les chalazes, auxquelles les anciens physiologistes attachaient une grande importance, sont plutôt des organes secondaires, protecteurs, qui servent à restreindre et à amortir les déplacements trop violents du jaune. On les a comparées à des coussinets élastiques.

Entre le blanc et le jaune se trouve la ***membrane vitelline***, une mince pellicule de substance transparente, se plissant facilement et formée de fibres élastiques.

Le milieu de l'œuf est entièrement occupé par le jaune ou *vitellus*, inclus dans la membrane vitelline.

Le vitellus est un globe de structure assez homogène. Cependant, sur une coupe d'œuf durci, on aperçoit facilement en travers du jaune et occupant à peu près le quart du diamètre du globe, un espace jaune clair, généralement moins durci que le reste du jaune et parfois encore liquide. On appelle cette partie *latébra*. Le latébra a la forme d'un petit entonnoir, ses contours dessinent assez bien en coupe ceux d'un rail de chemin de fer. L'ouverture de cet entonnoir semble s'épanouir vers la surface du vitellus, au-dessous d'une tache opaque blanchâtre d'environ quatre millimètres de diamètre. Cette tache se voit sur le vitellus à l'œil nu et de face, sous forme d'un petit disque : c'est la *cicatricule*, ou *couche proligère* ou *blastoderme*. Elle constitue la partie essentielle de l'œuf, l'ébauche première du jeune embryon naissant. Avant de l'examiner plus minutieusement, analysons le vitellus.

Le vitellus, jaune chez la plupart des animaux, mais souvent coloré différemment, est réellement la partie constitutive de l'œuf la plus indispensable, puisque c'est directement, et à ses dépens, que l'embryon se développe. Aussi voyons-nous souvent l'albumen faire défaut, tandis que le vitellus fait partie intégrale de tout œuf animal. Nous le comparerions volontiers, eu égard à ses fonctions, à l'endosperme qui remplit le sac embryonnaire des plantes phanérogames pendant les premiers temps du développement intraovulaire. Tellement il est vrai que la marche des phénomènes similaires dans la nature a toujours lieu sur un même plan général.

Le vitellus de l'œuf de Poule est composé principalement de matières grasses, tandis que l'albumen est caractérisé par la prédominance des matières protéiques, de l'albumine surtout. On y distingue le vitellus *jaune* et le vitellus *blanc*. Le premier est formé d'une multitude de vésicules arrondies de $0^{mm},1$ à $0^{mm},2$ de diamètre, remplies de fines granulations et dépourvues de noyau.

Après la coction, ces vésicules, très délicates, se rapprochent et se serrent les unes contre les autres jusqu'à prendre une forme polyédrique.

Elles sont fréquentes à la périphérie du globe vitellin, puis disposées par couches alternant avec des couches de vitellus blanc. Elles sont rares dans la zone du latébra. Celui-ci est surtout formé du vitellus blanc, plus fluide et plus difficile à coaguler. Sa substance se compose d'une infinité de petites sphérules probablement cellulaires, très petites et remplies de sphérules nucléolaires encore plus réduites. C'est dans la partie du latébra qui se trouve immédiatement au-dessous de la cicatricule, partie connue sous le nom de *noyau de Pander*, que se trouvent accumulées surtout les matières grasses. Cette partie de l'œuf est donc la plus légère, et quand on place un œuf frais dans l'eau, on le voit toujours prendre la même position, ayant la cicatricule tournée en haut en raison du déplacement du centre de gravité.

L'analyse chimique du jaune d'œuf de Poule a donné :

	Pour 100
Eau.	48,550
Graisses	31,846
Caséine.	13,932
Albumine soluble	2,841
— précipitée.	0,892
Matières minérales.	1,521
Membranes.	0,459

La cicatricule est située à la surface du globe vitellin sous la membrane vitelline. Elle a l'aspect d'une tache arrondie opaque et blanche, mais en y regardant attentivement, on voit tout autour de la tache un anneau opaque tandis que le centre est transparent. On a appelé le premier *aire opaque*, le second *aire transparente*. Cependant cette différenciation n'existe que dans l'œuf fécondé. Elle est due à l'opacité de la substance vitelline située au-dessous de la cicatricule : l'aire opaque reposant sur du vitellus blanc paraît blanchâtre, l'aire transparente au contraire recouvrant le sommet évasé du latébra, semble diaphane.

La cicatricule ou blastoderme est déjà un organe tissulaire. L'anatomiste habile, en employant toutes les ressources de son art, arrive à faire une coupe mince à travers le blastoderme sans en déranger les parties constitutives. Sur une telle coupe on voit que le blastoderme est formé de deux couches de cellules parfaites, l'une supérieure résultant de l'accolement latéral d'une assise unique de cellules régulières, l'autre inférieure composée de cellules plus libres ou désagrégées, nombreuses et plus fortes de taille que les premières. On donne parfois aux plus volumineuses le nom de cellules *formatives*.

Ces deux feuillets du blastoderme sont le point de départ de l'organisme complexe qui, à l'éclosion, portera le nom de jeune Poulet.

Ainsi un œuf de Poule, au moment de la ponte, ou peu après, se compose de trois systèmes superposés : le système du jaune ou *vitellus*, du blanc ou *albumen* et de la coquille. Chacun de ces systèmes est séparé de l'autre par une membrane enveloppante. Le vitellus est marqué de la cicatricule et l'albumen s'éloigne de la coquille vers le gros bout, en laissant une chambre à air.

Voilà un appareil déjà bien compliqué. Comment toutes ces parties se sont-elles développées successivement et quelles sont les destinées ultérieures de chacune d'elles? Les deux questions peuvent être résolues suffisamment aujourd'hui, grâce à de magnifiques travaux dont l'importance justifie bien les enseignes de deux branches nouvelles de la vaste science biologique : ovogénie et embryogénie.

Remontons donc à l'origine de l'œuf.

L'ovule naît dans un organe appelé *ovaire*, au milieu d'une substance active ou *stroma* (fig. 64). Il n'est au début qu'une simple cellule qui bientôt se différencie en un contenu, le globe vitellin, et en une membrane vitelline très mince. Au centre du globe vitellin apparaît une vésicule très distincte, la *vésicule germinative* ou de *Purkinje*, et dans celle-ci, une tache ou nucléole, nommée *tache germinative*. Mais la vésicule germinative quitte bientôt le centre du globe vitellin pour se loger à la périphérie. En grandissant, l'ovule boursoufle la paroi de l'ovaire qui, par suite de la présence d'un grand nombre de ces corps, prend l'aspect d'une grappe de tumeurs. Puis la capsule ovarique, qui retenait l'ovule captif, se fend et le laisse tomber dans le canal appelé *oviducte;* à ce moment, la vésicule germinative disparaît. L'ovule descend ensuite dans le canal de l'oviducte et se revêt successivement de ses enveloppes supplémentaires. Jusqu'alors l'ovule s'est transformé par suite de sa propre vitalité ; dans la partie supérieure de l'oviducte, il reçoit l'influence de la semence qui l'imprègne, le féconde et imprime à son disque germinatif une nouvelle force évolutive. Chez beaucoup d'animaux on a constaté que l'enveloppe de l'œuf était percée d'une ouverture très petite, appelée *micropyle*, par où les éléments de la semence peuvent aller se mettre en contact intime avec le globe vitellin ; pour l'œuf du Poulet cette ouverture n'a pas encore été mise en évidence, cependant son existence est rendue très probable par analogie.

L'œuf fécondé commence alors à se développer. Il s'entoure d'abord d'une couche d'albumen. A cet effet, les parois épaisses de l'oviducte sont garnies d'une infinité de glandules albuminipares qui déposent des couches successives d'albumine. Les chalazes se forment de bonne heure, mais ne deviennent distinctes que plus tard, quand la rotation de l'œuf autour de son

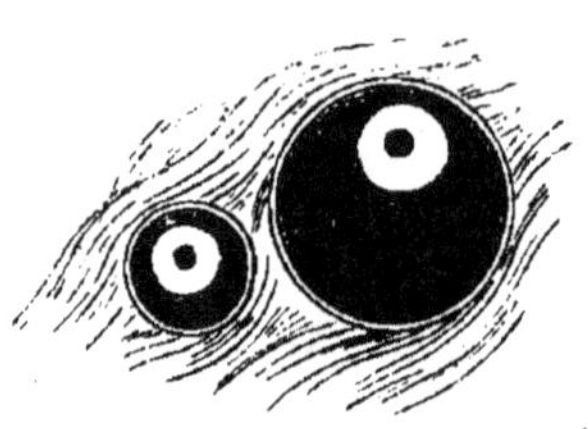

Fig. 64. — Ovules non fécondés naissant dans le stroma de l'ovaire, avec leur vésicule et leur tache germinative.

axe longitudinal et les replis en spirale de la paroi de l'oviducte leur ont donné cette apparence de fils tordus caractéristique. Cette rotation imprime également aux couches de l'albumen une forme spiralée. Au fur et à mesure que l'œuf descend dans l'oviducte, le gros bout s'épaissit, le petit s'épointe ; puis la « chambre coquillière » de l'oviducte lui sécrète une coquille calcaire et une tunique coquillière (fig. 65).

Entre temps le disque germinatif, après avoir reçu le principe fécondant mâle, est entré en activité. Au moment où l'œuf est arrivé dans la chambre coquillière, le disque se segmente ; il se divise d'abord en deux par un

sillon transversal, puis en quatre, en huit, etc., de façon
à former finalement dans toute sa masse un grand nombre de cellules qui vont se disposer en deux couches. Ces
deux couches, nous les avons trouvées dans l'œuf pondu
sous le nom de feuil-
lets du blastoderme.
La segmentation du
disque germinatif est
le phénomène le plus
important dans l'évo-
lution de l'œuf; elle
est le premier indice
de l'activité embryogé-
nique et caractérise
l'œuf de tous les ani-
maux (fig. 66). On
peut l'observer facile-
ment dans les œufs
transparents des ani-
maux invertébrés, mais
on l'a bien suivi éga-
lement sur l'œuf des
Vertébrés, y compris
l'œuf des Mammifères.

Fig. 65. — Formation de l'œuf dans
l'ovaire de la Poule et marche à travers l'oviducte, où l'œuf s'entoure du
blanc et de la coquille.

Toutes ces évolu-
tions de l'œuf, à partir
de l'ovaire, s'accom-
plissent en l'espace
de quelques heures.
L'œuf est ensuite ex-
pulsé, toujours le pôle
pointu en avant, par

les contractions violentes de la dernière partie de l'oviducte.

N'est-il pas merveilleux de voir tous les animaux
descendre d'une cellule invisible à l'œil nu, de voir Élé-

phant, Baleine, Ver et Infusoire sortir ensemble du sein de la vie sous la même forme, avec les mêmes droits à l'existence et manifestant tous leur vitalité de la même façon! Cependant que de différences dans leur état final

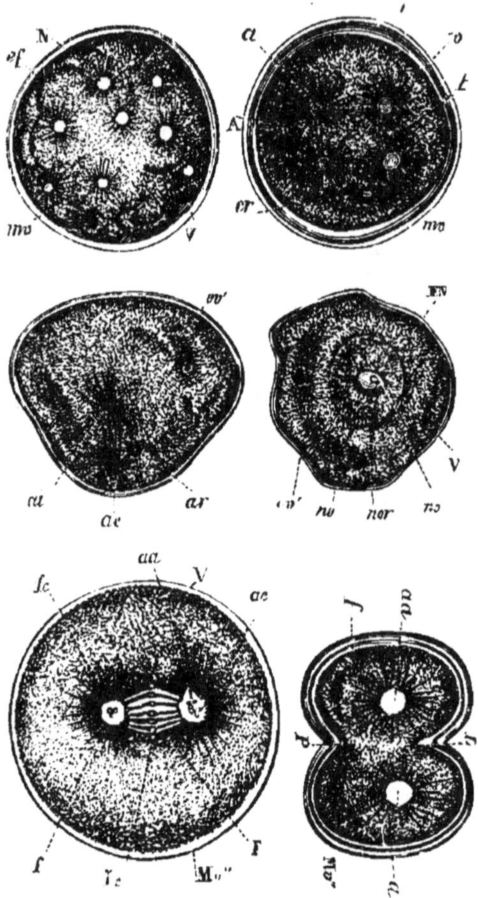

Fig. 66. — Segmentation d'un œuf d'Oursin.

et dans leurs destinées! L'hérédité a imprimé à chaque espèce, à chaque individu, une même impulsion; le fils marche dans la voie de son père, il apporte au monde un trésor de force vitale évolutive qu'il dépense le long du chemin jusqu'à ce qu'il ait atteint le sommet de son développement. Mais Éléphant et Animal microscopique se confondent dans une même forme primordiale, ils sont tous les deux fils de la grande famille animale où tous les membres reçoivent le même cachet originel, qu'ils gardent plus ou moins longtemps à travers les étapes de leur première évolution comme pour témoigner de leur origine commune.

Cependant, de bonne heure déjà s'introduisent des différenciations dans la composition du vitellus dans les différentes classes d'animaux. Le vitellus est composé de deux sortes de corpuscules ayant des rôles physiologiques très différents à jouer : les uns, ce sont les *corpuscules plastiques*, sont employés directement à la formation de l'embryon ; les autres, les *corpuscules vitellins*, sont destinés à lui servir de nourriture. Or, suivant que les corpuscules vitellins sont abondants au point de constituer une réserve alimentaire pour l'époque où l'embryon a quitté sa mère, on aura des œufs *complets* ou *complexes :* tels sont les œufs de la plupart des Ovipares. Si, au contraire, les corpuscules vitellins ou nutritifs sont relativement peu abondants et que l'embryon doit se nourrir directement aux dépens de l'organisme maternel, les œufs sont dits *incomplets* ou *simples :* tel est l'œuf des Mammifères, des Poissons vivipares, etc.

Les œufs complets se différencient à leur tour selon que la cicatricule envahit une plus ou moins grande partie de la superficie vitelline, et l'on distingue les œufs complets *à grand vitellus* des Oiseaux, des Mollusques céphalopodes, etc., des œufs *à petit vitellus* des Reptiles, des Batraciens, de la plupart des Poissons et de presque tous les Invertébrés, à l'exception des Protozoaires.

Mais revenons au blastoderme que nous avons laissé divisé en deux feuillets au moment où l'œuf est pondu. Suivons les progrès de l'embryon, isolé de sa mère, mais bien décidé à vivre et à se développer du moment que le

milieu ambiant lui offre une chaleur de 40° centigrades et
que rien ne s'oppose à l'arrivée de l'oxygène jusqu'à lui.
La ponte, par suite du changement subit de température, a
bien suspendu pendant quelques instants le travail embryogénique, mais ce travail reprend dès que la couveuse
a communiqué à l'œuf une chaleur d'environ 40 degrés.

Le blastoderme, en se développant, va donner naissance
successivement à tous les organes de l'embryon. Divisé
d'abord en deux minces feuillets membraneux, il se « cli-
vera » plus tard en un troisième feuillet moyen, le feuillet *vasculaire*, d'où procéderont tous les organes du
système circulatoire. Le feuillet supérieur va former les
organes du système osseux, nerveux, tégumentaire, etc. ;
on l'appelle feuillet *séreux*. Le feuillet inférieur, en contact avec la sphère vitelline, est destiné à donner successivement les organes de la cavité viscérale ; on l'appelle
feuillet *muqueux*.

Dès que les feuillets du blastoderme entrent en activité,
une différence importante se manifeste entre ce qui va
devenir un embryon d'un animal supérieur et un embryon
d'animal inférieur. Chez les Vertébrés, en effet, c'est toujours la région dorsale qui se constitue en premier lieu
et c'est par la région inférieure, ventrale, que l'embryon
se trouve en rapport avec le vitellus. Chez les Invertébrés
tels que les Articulés, c'est l'inverse. Ces rapports différents de position et de développement ont même suggéré
l'hypothèse que la région apparemment dorsale, des
Insectes par exemple, pourrait bien être réellement la face
ventrale et, qu'à vrai dire, les Insectes seraient des animaux marchant sur le dos !

Huit à douze heures après le début de l'incubation apparaît à la surface du feuillet supérieur une ligne longitudinale, semi-lunaire, appelée *ligne primitive* (fig. 67).
Jamais cette ligne n'apparaît chez un embryon d'Inver-
tébré ; elle y est remplacée, chez les Articulés entre autres,
par des bourrelets ou des stries marquant les anneaux

futurs du corps. A peine cette ligne est-elle apparente, qu'elle se creuse d'un sillon, le *sillon primitif* (fig. 68), dû au développement de deux bourrelets parallèles, longitudinaux, appelés *lames dorsales.* Ces bourrelets tendent à se rapprocher supérieurement et finissent par se toucher, puis se réunissent par leur crête. Ils viennent délimiter ainsi une sorte de canal, vraie chambre tubulaire, dans laquelle se constituera le système nerveux cérébro-spinal. A la partie antérieure de ce sillon apparaitra un repli, le *repli céphalique,* avec un renflement à l'intérieur duquel se logera le cerveau, le tout devenant la tête du jeune Poulet. A la partie postérieure un repli semblable, *repli caudal,* marquera l'extrémité postérieure.

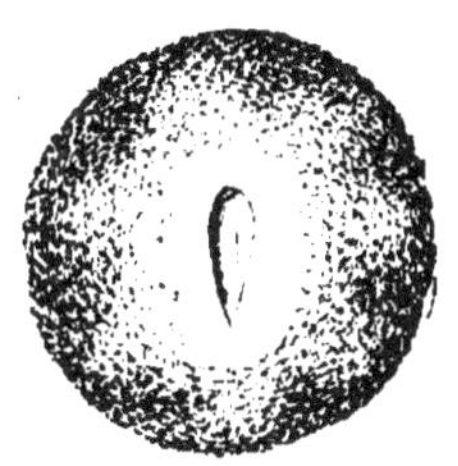

Fig. 67 — Blastoderme avec la ligne primitive d'un œuf de Poule.

Des traînées transversales apparaissent bientôt le long du sillon primitif dorsal et ne tardent pas à se constituer au-dessous du canal du système nerveux en vertèbres primitives.

Voilà ce qui se passe à la surface externe du blastoderme; c'est là ce qu'un habile anatomiste peut voir sans dissection (fig 69), sans coupe à travers l'embryon, mais par une simple inspection de face après avoir délicatement enlevé la coquille, la membrane coquillière et l'albumen d'un œuf couvé depuis quinze heures.

Fig. 68. — Sillon primitif du blastoderme avec les deux capuchons et l'indice des protovertèbres, fortement grossi.

Que se passe-t-il au côté opposé du globe vitellin? Les deux feuillets du blastoderme s'étendent de plus en plus à la périphérie du vitellus; ils l'embrassent sur une étendue de plus en plus grande et circonscrivent une deuxième cavité sous l'embryon, cavité remplie en partie de la substance vitelline. Il se peut que toute la masse du vitellus se trouve à la fin renfermée dans la cavité inférieure par suite du rapprochement des bords opposés des feuillets ventraux ; mais, si cette masse est trop considérable, elle s'étrangle : une partie reste incluse dans la cavité ventrale, l'autre reste en dehors, suspendue à la face ventrale de l'embryon sous forme d'une poche pédonculé ; c'est la *vésicule ombilicale* qui communiquera avec la cavité interne au moyen de son pédoncule ou *cordon ombilical.* Par les progrès du développement de l'embryon, la substance nutritive de la vésicule ombilicale est absorbée peu à peu, et diminue par conséquent tous les jours de volume en raison directe de la croissance de l'embryon. Finalement, elle se trouve entièrement résorbée et disparaît. Elle disparaît assez tardivement chez l'embryon du Poulet, mais il y a sous ce rapport de grandes différences selon les espèces animales, et tout le monde a vu de l'alevin de Saumon, éclos, vif et alerte, où chaque petit Saumoneau porte à sa face ventrale une pochette ombilicale qui lui tient lieu de sac à provisions.

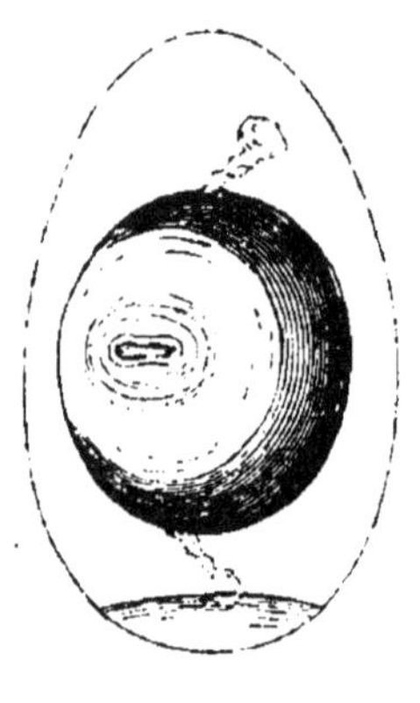

Fig. 69. — Blastoderme vu de face, peu de temps après la fécondation.

Ainsi la vésicule ombilicale existe partout, mais elle n'est pas toujours un organe extérieur. Beaucoup d'autres organes se trouvent également, au début, en dehors de la cavité viscérale et n'y rentrent par la région ombilicale qu'à la suite des progrès du développement.

Au moment où les bords du feuillet interne s'étendent pour circonscrire la cavité centrale, l'extrémité céphalique se détache de son coussinet vitellin. Mais aucun

des organes qui caractérisent la face n'est encore ébauché.
Les yeux ne tardent pas à apparaître sous forme de deux
excroissances globuleuses (fig. 70). A la région frontale,
entre les deux yeux naît ensuite un tubercule qui se dirige
en bas, entre les deux yeux, et délimite une cavité irrégulière : la cavité buccale. En même temps s'élèvent de
chaque côté de la région cervicale des séries paires de mamelons qui s'incurvent en avant, vont à la rencontre les
uns des autres et se soudent pour former la mâchoire supérieure, les orbites, le palais, les fosses nasales, etc.

Le tube digestif avec ses appendices glandulaires s'est
déjà formé aux dépens du feuillet interne du blastoderme, mais ce n'est qu'après la formation d'une cavité buccale par les *arcs faciaux* qu'il vient s'ouvrir, en
avant dans la bou-che, en arrière dans le cloaque.

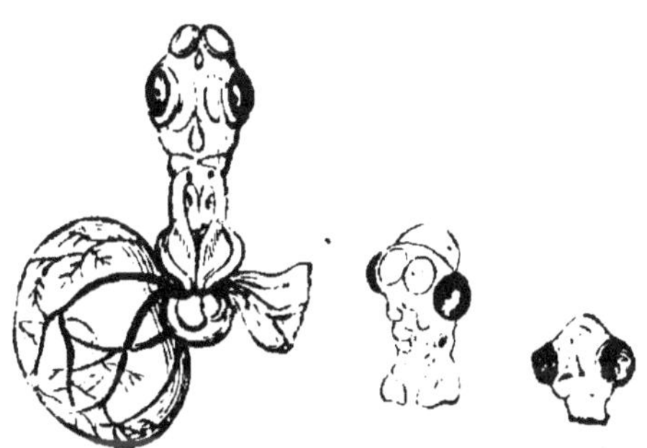

Fig. 70. — Embryon du Poulet. Développement des yeux et des arcs faciaux.

Nous avons vu le feuillet supérieur du blastoderme
produire le système nerveux, le feuillet inférieur donner
naissance aux organes digestifs ; le feuillet intermédiaire,
à son tour, développera le système vasculaire. Dans l'embryon des animaux supérieurs, ce feuillet intermédiaire
se distingue de bonne heure, et puisqu'il y a un certain
rapport entre l'importance d'un organe et le moment de
son apparition dans l'embryon, nous devons assigner au
système vasculaire une valeur capitale. Chez les animaux
inférieurs, l'appareil irrigatoire n'a nulle part ce degré
de perfectionnement. L'œuf du Poulet met un intervalle
de vingt et un jours entre la ponte et l'éclosion, et déjà
au deuxième jour, on peut distinguer les organes parti-

culiers de l'appareil circulatoire. De la vingt-quatrième à la trentième heure de l'incubation, le feuillet blastodermique se consolide en certains points et délimite des sortes de minuscules réservoirs remplis d'un liquide qui se colore bientôt et qui est du sang en voie de formation. Les globules sanguins font leur apparition vers la trente-cinquième heure de l'incubation.

Le cœur naît vers la première moitié du second jour sur la ligne médiane céphalique de la face inférieure de l'embryon. C'est d'abord une sorte de traînée, de cylindre creux où rien n'indique ni sa forme ni sa structure future. Dès qu'il est formé, il commence à battre, et certes, peu de spectacles peuvent rivaliser d'intérêt et d'émotion avec celui que présentent les premiers battements du cœur. Le liquide qui remplit le cylindre cardiaque est d'abord ballotté indifféremment dans deux sens, à peine voit-on une légère excursion dans une direction prédominante. Mais bientôt il hasarde ses courses jusque dans les cavités d'alentour, puis, comme chassé par une explosion subite, il est projeté avec violence en avant et alors commence un tourbillonnement fantastique où l'œil, à peine, peut suivre le courant précipité et saccadé du torrent sanguin : le cœur a commencé à battre. La vie est entrée impétueuse dans ce corps inerte en apparence ; la machine organique a mis en branle tous ses rouages et ne s'arrêtera désormais que quand les défauts de l'un d'eux, ou l'usure, auront détruit l'harmonie merveilleuse qui en règle le mouvement.

En face d'un spectacle aussi grandiose, on comprend l'admiration d'Aristote devant ce « point sautillant » qu'il avait vu dans l'œuf de l'Oiseau, on applaudit à la joie impatiente de Harvey, médecin de Charles Ier, qui, dans son ravissement, courut chercher son roi pour lui faire contempler cette merveille.

Simples spectateurs, nous assistons aux manifestations les plus intimes de la vie sans en connaître les mobiles, nous admirons les effets les plus puissants, sans en connaître les ressorts.

Pour moins d'obscurité, nous avons omis de parler jusqu'ici de deux organes embryonnaires très importants : l'*amnios* et l'*allantoïde*.

L'*amnios* (fig. 71) est un organe protecteur de l'embryon. Il naît du feuillet blastodermique externe qui, après avoir formé le *capuchon céphalique* en avant et le *capuchon caudal* en arrière, se recourbe en haut et forme voûte au-dessus de l'embryon naissant. Cette voûte, d'abord ouverte, ne tarde pas à se fermer, par la soudure des deux bords qui se sont rencontrés au-dessus de l'embryon, et ainsi s'établit une poche dans laquelle celui-ci se trouve désormais renfermé jusqu'à l'éclosion. Cette poche se remplit d'un liquide, le *liquide amniotique*, au milieu duquel l'embryon peut flotter librement sur sa vésicule ombilicale.

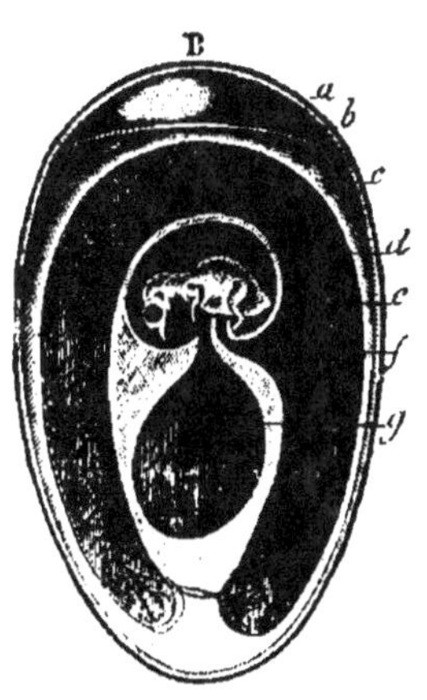

Fig. 71. — Vue d'un œuf d'Oiseau montrant l'embryon en plein développement.

a. Coquille ; *b.* Chambre à air ; *c.* Albumen ; *d.* Amnios ; *f.* Allantoïde et ses arborisations sanguines *e* ; *g.* Vésicule vitelline ou ombilicale.

L'*allantoïde* est un organe transitoire, destiné surtout à remplir des fonctions de respiration. Il naît assez tardivement, car, durant les premiers temps, le travail respiratoire se fait par les parois du corps de l'embryon et par la vésicule ombilicale. L'allantoïde naît comme un petit bourgeon en doigt de gant sur le feuillet interne du blastoderme, à la région abdominale de l'embryon. En se développant, il passe entre les parois du corps, se porte au dehors par l'ouverture ombilicale et vient s'appliquer largement au-dessous de la membrane vitelline. L'allantoïde se développe au fur et à mesure que la vésicule ombilicale se résorbe. Couvert d'un réseau vasculaire très riche (fig. 72), il permet l'échange gazeux entre le sang et le milieu ambiant. L'allantoïde acquiert un grand développement chez tous les animaux *allantoïdiens* où la vésicule ombilicale est résorbée de bonne heure. Chez les Mammifères, il se développe en *placenta*, organe des plus importants parce que c'est par lui que l'embryon se met en rapport avec l'organisme maternel afin de recevoir le supplément de nourriture direct, supplément que l'insuffisance de la masse vitelline rend absolument indispensable. Le placenta devient ainsi à la fois le siège de phénomènes nutritifs et de phénomènes respiratoires.

La présence ou l'absence de ces deux organes accessoires, *amnios* et *allantoïde*, fournit un caractère de classification de premier ordre dans l'embranchement des Vertébrés. Mammifères, Oiseaux et Reptiles, c'est-à-dire les Vertébrés supérieurs, possèdent, tous, ces deux organes, et sont appelés *Allantoïdiens* ou *Amniotes*. Les Batraciens et les Poissons en sont dépourvus et forment le groupe des *Anallantoïdiens* ou *Anamniotes*.

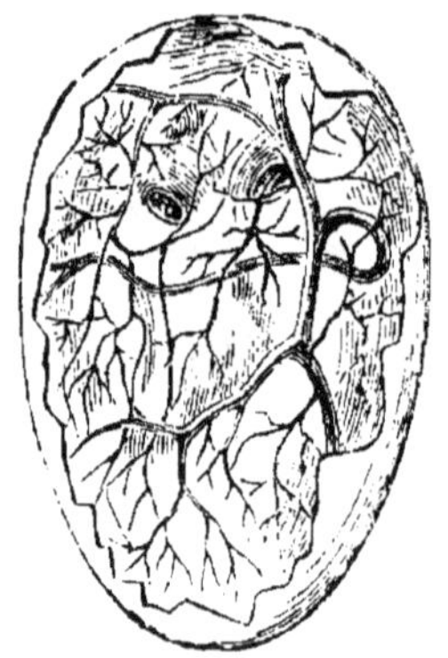

Fig. 72. — Vue de face des arborisations de l'allantoïde d'un embryon de Poulet du dixième jour.

Les traces des replis amniotiques apparaissent dès le premier jour de l'incubation, celles de l'allantoïde dès le troisième jour (fig. 73, 74 et 75). Le quatrième jour, l'allantoïde devient tout à fait manifeste.

Les membres latéraux de l'embryon se forment avant le sixième jour. Ils ont l'aspect de lobes, de palettes qui deviennent des ailes, des pattes, etc. En se développant, ils se fractionnent, s'articulent, se couvrent de nouveaux bourgeons qui seront les doigts, etc. A la fin du sixième jour le jeune embryon est complet, il peut se mouvoir et n'a dès lors qu'à développer des organes déjà existants pour atteindre sa forme finale (fig. 76).

Avant que les études approfondies et détaillées d'em-

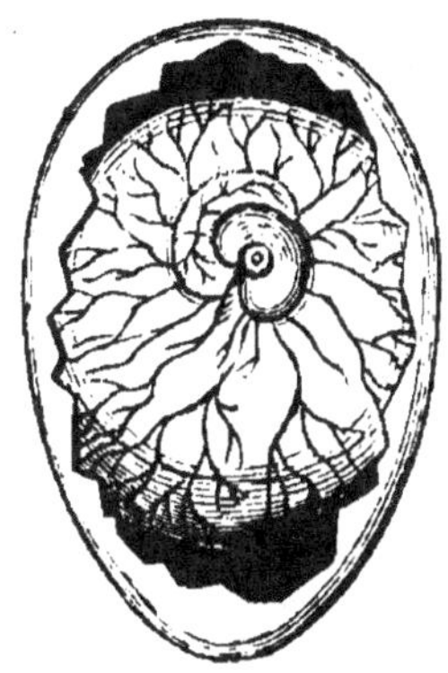

Fig. 73. — Embryon de Poulet du troisième jour.

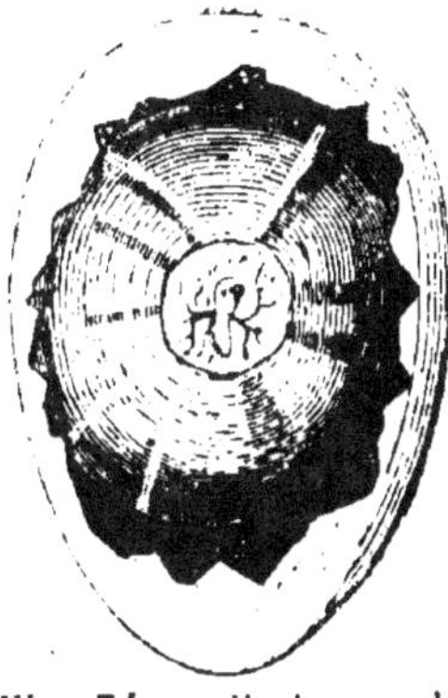

Fig. 74. — Embryon de Poulet du cinquième jour.

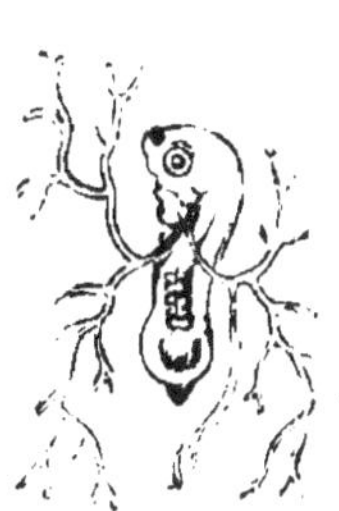

Fig. 75. — Le même isolé et grossi.

bryogénie eussent pris un essor si grand au commencement du siècle, on admettait volontiers que l'embryon était contenu déjà dans l'œuf, avec tous ses organes réduits à leur plus faible volume et que, pour naître, cet animal-miniature n'avait qu'à développer des organes préexistants. Quelques philosophes, poussant cette hypothèse jusqu'à sa dernière limite, avaient imaginé la théorie de l'*emboîtement des germes*. D'après leurs idées, tous les représentants d'une génération seraient contenus à l'état de germe dans le premier individu-souche et, pour se dérouler en

Fig. 76. — Embryon isolé de Poulet du dixième jour; les membres sont ébauchés

nombre à travers les siècles, n'auraient qu'à évoluer, qu'à développer des parties toutes faites, toutes préparées pour la croissance, sans adjonction d'aucune partie nouvellement créée. Nous avons suivi la vésicule em-

Fig. 77. — Embryon de Poulet du dix-huitième jour.

Fig. 78. — Embryon de Poulet du vingtième jour, quelques heures avant l'éclosion.

bryonnaire devenant embryon végétal, nous avons vu le disque germinatif se changer en blastoderme, puis en embryon animal, et nous avons constaté que tous les organes du nouvel être se sont ajoutés les uns aux autres, pour former finalement un édifice complexe dont le modèle réside virtuellement dans la tendance héréditaire de l'espèce et non pas à l'état réel, et en miniature, dans l'ovaire du parent. Depuis longtemps, la théorie de l'*épigénèse*, tel est le nom qu'on a donné à ce mode de développement embryonnaire, a remplacé les anciennes idées sur l'emboîtement des germes.

Fig. 79. — Coquille d'un œuf de Poule bêchée par le jeune Poulet au moment de l'éclosion.

Après quatorze jours d'incubation (fig. 77 et 78), l'embryon du Poulet, déjà capable d'imprimer des mouvements à son corps délicat, se déplace dans l'œuf et s'allonge dans le sens du grand axe, le bec tourné vers le gros bout. Six jours après, son activité vitale indépendante se manifeste par un deuxième acte : à l'aide de son bec, il perce les membranes qui le séparent de la chambre à air et vient, pour la première fois, respirer l'air qui s'y trouve emmagasiné. Quelques heures seulement le

Fig. 80. — Les premiers pas.

séparent encore de sa délivrance, mais avant qu'il puisse prendre son vol, jetons un regard sur la maisonnette qu'il va quitter après vingt et un jours de captivité. L'albumen a complètement disparu, mangé peu à peu par le petit prisonnier ailé ; le vitellus est résorbé et la vésicule ombilicale est flasque et vidée ; la poche amniotique est déchirée et ne forme plus que quelques lambeaux ; l'allantoïde se ratatine, se dessèche et disparaît ;

la chambre à air est vaste et perforée ; enfin, la membrane vitelline seule, avec les débris de l'amnios, de l'allantoïde, tout cet ensemble de membranes appelé le *chorion*, revêt le petit corps du Poulet de lambeaux devenus inutiles. Car voici déjà le jeune Poulet occupé à entamer à coups de bec répétés la paroi de sa prison de pierre (fig. 79). Bientôt, cédant sous les coups de piochette du tubercule corné qui surmonte à cet effet le bec de l'Oiseau, la coquille se fend. Un flot de lumière blanche envahit soudainement le berceau du nouveau-né, qui ouvre de grands yeux ébahis et ne voit que le ciel bleu. Mais déjà la mère est là, poussant son cri d'alarme, car son œil vigilant a découvert dans le bleu du ciel une tache mobile qui se rapproche, plane, resserre les cercles de ses évolutions et s'apprête à fondre sur une proie délicate qu'elle portera à ses petits Aiglons affamés, nichés là-haut dans une fente de rocher.

IV

L'ŒUF DES PROTOZOAIRES ET DES ZOOPHYTES

I. Protozoaires.

I. *Protozoaires.* — Plante ou animal? — Sarcode. — Scissiparité
des Amibes. — Foraminifères. — Spores et conjugaison des Grégarines et des Noctiluques. — Infusoires proprement dits. —
Une goutte d'eau. — Multiplication par scissiparité..Colonies. —
Spores des Colpodes. — Conjugaison des Vorticelles. — Fécondation du noyau par le nucléole. — Sphères embryonnaires et
œufs des Infusoires.

II. *Zoophytes. a, Cœlentérés.* — Œufs des Éponges. — Larve spongiaire. — Formation des colonies. — Gemmation. — Kystes des
Spongilles. — Pêche et culture des Éponges. — Coralliaires. —
Nature animale du Corail. — Structure. — Greffe. — Le zoanthodème. — Bourgeonnement des fleurons. — Formation des œufs. —
Larves et métamorphoses. — Scissiparité des Actinies. — Hydroméduses. — Générations alternantes. — Multiplication et reproduction de l'Hydre d'eau douce. — Générations alternantes de
l'Aurélie rose. — Larve, planule, scyphistome, strobile, méduse.
— Polypes hydraires. — Campanulaires. — Division du travail
physiologique. — Colonies des Siphonophores.

b. Échinodermes. — Œufs des Oursins. — Larve, pluteus, forme en
chevalet, bourgeonnement de l'Oursin. — Larves d'Ophiures. —
Astéries et l'instinct maternel. — Larves bipinnaires. — Larves
et chrysalides des Holothuries. — Faculté restauratrice du corps
des Astéries et des Holothuries.

Plante ou animal? Voilà la question qu'on se pose à
la vue de ces êtres microscopiques qui pullulent dans
une goutte d'eau corrompue. Les uns nous rappellent
par leur forme les zoospores des Algues, les autres les
anthérozoïdes, ceux-ci les Diatomées, ceux-là un plas-

mode de fleur de tan. La limite approximative à tracer entre les deux règnes organiques et à leur base, est tellement incertaine, qu'aujourd'hui encore certaines espèces, telles que les *Volvox*, les *Protomyxa*, etc., sont revendiquées par les zoologues, tandis que les botanistes les ont classées parmi les Algues et les Champignons. C'est que les formes débutantes de la vie sont tellement simples, la division du travail a si peu accusé une différenciation d'organes que la classification ne trouve aucune prise pour assigner à ces êtres primitifs une place plutôt dans l'une que dans l'autre grande section des Organisés.

Mais cette incertitude ne s'étend que sur un nombre assez restreint de formes inférieures, et bientôt, dans les Foraminifères, les Radiolaires et les Infusoires, les caractères de l'animalité deviennent assez importants pour lever toute hésitation.

Nous constatons donc que les deux règnes, animal et végétal, se touchent et se confondent dans leurs formes les plus simples. Mais notre esprit est tellement habitué à rechercher partout la méthode et la juxtaposition que, voyant la scission entre Plantes et Animaux s'accuser de plus en plus vers les formes élevées, il est enclin à la prolonger jusqu'à la racine, ne sachant pas à quelle hauteur du tronc découvrir la première bifurcation.

Nous ne suivrons pas ici, comme nous l'avons fait dans un premier chapitre pour les formes végétales inférieures, les progrès de l'asexualité et l'apparition graduelle de la sexualité chez les animaux inférieurs. Qu'il nous suffise de constater que la marche du perfectionnement est parallèle et que les modes de reproduction divers que nous avons éclairés par des exemples choisis dans les Thallophytes, se retrouvent dans le même ordre chez les animaux inférieurs et se maintiennent souvent, à côté l'un de l'autre et concurremment, jusque dans des formes animales très élevées.

Les Protozoaires ont été l'objet de minutieuses recherches, surtout depuis que nos idées sur l'origine des espèces ont imprimé à ces recherches une direction si féconde en beaux résultats.

Laissant de côté ici toute spéculation imaginative sur l'universalité du vieil adage de Harvey : *Omne vivum ex ovo*, nous voyons les Protozoaires apparaître en foule, comme par enchantement, dans tous les liquides où des matières organiques en décomposition leur offrent un milieu favorable. Les germes s'y introduisent du dehors comme nombre d'expériences, surtout celles de M. Pasteur, nous l'ont irréfutablement appris.

Voici un verre d'eau dans lequel séjourne depuis quelques jours un bulbe d'Oignon à moitié décomposé. Avec une aiguille plate je racle un peu de matière à la surface du bulbe et je la porte avec une goutte d'eau sous le microscope. Au milieu de débris de cellules, apparaît un petit amas de matière granuleuse, grisâtre, de forme arrondie. J'y attache le regard et bientôt je vois la masse s'étirer, s'allonger, se bosseler, lentement et dans une seule direction. L'être, car c'est un corps animé de vie, se déplace, rampe à la surface de la lame de verre : c'est une Amibe. C'est une cellule nue, formée uniquement d'un petit amas de protoplasma, un *sarcode*. Il pousse à droite et à gauche des expansions élargies, des *pseudopodes* et ne laisse voir, comme différenciation d'organe, qu'un noyau arrondi plus pâle, marqué lui-même d'une petite tache ou nucléole. Mais voici l'Amibe qui s'étire, un étranglement se forme au milieu, le noyau s'est dédoublé et bientôt la séparation est devenue complète; au lieu d'une masse sarcodique, il y en a deux, de volume à peu près égal. Le Protéen s'est multiplié et chaque moitié devient un nouvel individu indépendant. Nous connaissons déjà ce mode de multiplication pour l'avoir suivi dans la tannée fleurie, au premier chapitre. Ainsi se multiplient par scissiparité les non-classés de l'empire organique.

Un peu plus haut se trouvent placés des êtres, encore fort simples de structure, unicellulaires, mais dont le corps, au lieu d'avoir une forme changeante et indécise, s'entoure d'une membrane solide et s'incruste de matières étrangères. Tels sont les Foraminifères qui, malgré leur exiguïté, ont joué un rôle important dans la structure de l'écorce terrestre et dont les coques, accumulées en quantités prodigieuses, forment aujourd'hui à l'état fossile des couches compactes qui sont exploitées comme pierre à bâtir. Tels sont encore les Radiolaires, êtres microscopiques marins dont le corps sarcodique est hérissé de spicules siliceuses. Chez eux, le premier perfectionnement organique se manifeste par l'apparition d'une cavité générale qui se creuse dans l'intérieur du corps protoplasmique. Ils se reproduisent asexuellement, et probablement par des corpuscules multiplicateurs qui ont la valeur des spores.

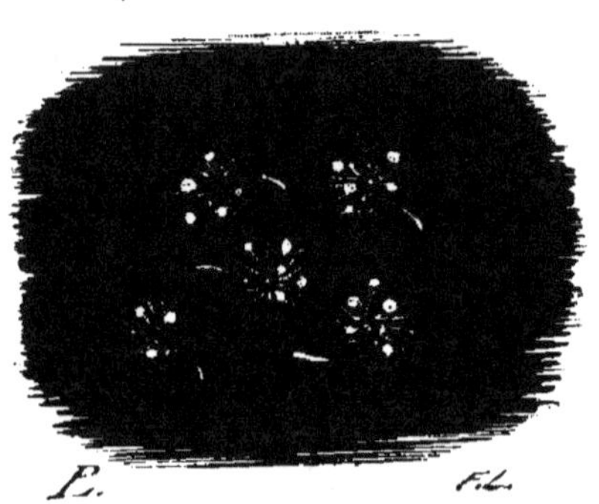

Fig. 81. — Noctiluques.

Un mode de reproduction en tout fort semblable à ce que nous avons vu chez certains Algues et Champignons est celui des Grégarines et des Noctiluques (fig. 81); ce sont des animalcules d'une grande simplicité de structure dont la place parmi les Protozoaires est encore incertaine, mais qui semblent se rapprocher, les premiers des Infusoires les plus simples, les autres des Infusoires plus élevés. Ces animaux se reproduisent par des spores qui se développent à la suite d'une conjugaison dans une sorte de kyste dont nous avons trouvé l'équivalent chez certaines Moisissures.

On a donné pour cette raison le nom de Sporozoaires à ces singuliers organismes qui, par leur mode de multiplication, rappellent plutôt les plantes inférieures.

Les Noctiluques doivent leur nom de « brillants de la nuit » à la phosphorescence de leur corps qui produit ce spectacle unique qu'on appelle phosphorescence de la mer. Elles se multiplient par scissiparité et par spores. Celles-ci se développent dans une sorte de zygospore, produit de la conjugaison de deux individus.

Les Infusoires proprement dits occupent le rang le plus élevé parmi les Protozoaires. Leur organisation est en effet bien plus parfaite, leur mode de multiplication se perfectionne et atteint jusqu'à la reproduction sexuelle. Pour la première fois, nous voyons apparaître dans le règne animal *l'œuf* comme un produit de la sexualité.

Les Infusoires, qui tirent leur nom de ce qu'ils se développent et se multiplient de préférence dans les « infusions » de matières organiques, se plaisent dans les liquides que les matières chargent des produits de leur décomposition. Ils finissent quelquefois par envahir l'infusion à tel point, qu'ils lui communiquent leur coloration, verte, rouge ou brune.

La consommation totale de l'oxygène en liberté peut mettre fin temporairement à l'existence de ce monde des invisibles, car, comme tout être organisé, les Infusoires ont des besoins respiratoires à satisfaire.

Jetons un regard dans une colonie de ces animaux : une seule goutte d'eau impure nous en offre des centaines. Quelle activité, quelle précipitation ! Dans un fantastique tourbillonnement tous ces monstres (ne nous effrayons pas, notre microscope grossit 400 fois) se précipitent, se faufilent, rampent, courent, s'entre-choquent et se poussent ; on dirait l'effarement de toute une population fuyant à l'aventure devant l'approche d'une catastrophe. Voici des Colpodes, des Oxytriches : l'un deux a buté dans son effarement apparent contre un obstacle imprévu. Tout abasourdi du coup, il reste immobile pendant quelques instants, puis reprend sa course folle. A côté, des Vorticelles, fixées sur un pied, font tourbillonner dans une danse rapide tout leur voisinage.

Des *Ceratium*, au corps cuirassé, étrangement effilé en corne aux extrémités, laissent flotter deux cils mobiles. Au milieu de ce peuple, une Anguillule, de race différente celle-là quoique de taille minime, fait onduler son corps diaphane, et un gros Rotateur, flanqué de deux roues de cils vibratiles, contracte son corps en engloutissant goulûment toutes les proies que lui amène le remous de ses disques tournants. Maintenant, quand tout ce monde remue, s'occupe, se promène et jouit de la vie, exerçons une légère pression sur la lamelle qui aplatit la goutte d'eau, ou laissons tomber une gouttelette d'acide : instantanément la vie s'arrête, l'immobilité succède au mouvement, à l'activité, la goutte d'eau est devenue le tombeau de ses habitants. Ainsi les cataclysmes marquant les périodes géologiques, le Vésuve vomissant la mort sur Herculanum, le Krakatoa soulevant la mer sur la plage de Java, ont arrêté la vie à des êtres innombrables, insouciants, vivant de toutes leurs forces. A vrai dire l'homme n'est guère plus puissant que l'Infusoire, ce n'est qu'une question de proportion.

Les Infusoires se multiplient très facilement par scission ou par bourgeonnement, c'est-à-dire asexuellement, ou bien se reproduisent sexuellement par des œufs rudimentaires.

La multiplication par scissiparité divise le corps de l'Infusoire, soit longitudinalement comme chez les Vorticelles, soit transversalement comme chez les Stentors (fig. 82) et beaucoup d'autres, soit dans les deux directions à la fois. Généralement les fragments, ainsi détachés, deviennent libres et se développent en individus nouveaux; quelquefois ils restent attachés les uns aux autres, ou sur un pédoncule commun et le parent forme ainsi avec sa progéniture des colonies élégantes. Ces colonies ressemblent souvent à de minuscules plantes étalant à leur sommet des grappes de fleurs.

Le Colpode et d'autres produisent des spores. L'Infusoire commence par s'enkyster en s'entourant d'une membrane opaque et solide à double contour. Les cils vibratiles qui garnissaient le corps ont disparu ainsi que le noyau. La masse interne du kyste se divise alors en deux, quatre, huit, etc., fractions qui s'isolent l'une de

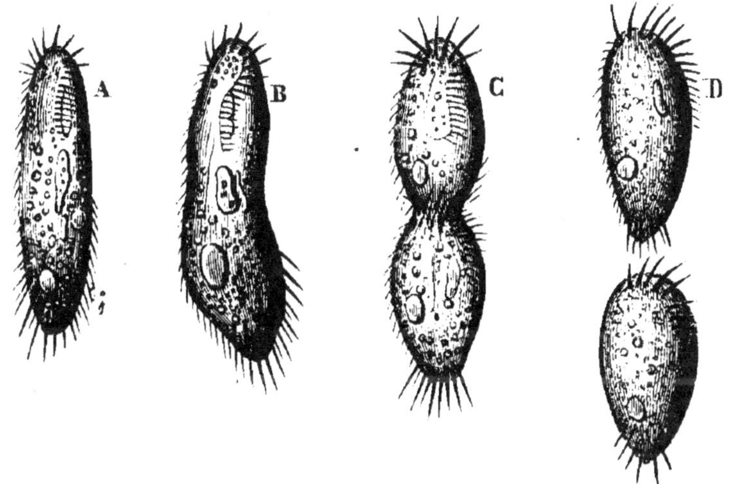

Fig. 82. — Scissiparité transversale d'un Infusoire.

l'autre, acquièrent chacune un petit noyau et forment les spores. Celles-ci vont se transformer de suite en petit Colpode, mis en liberté par la rupture de la paroi générale du kyste. Dès sa sortie de la cavité où il a pris naissance, le petit Infusoire est garni de cils vibratiles et d'une inflexion buccale; il se met à nager sans tarder dans le liquide ambiant.

Le noyau, qu'il ne faut pas confondre avec la vésicule pulsatile des Infusoires, joue un rôle des plus importants dans la division du corps, comme d'ailleurs dans la division de toutes les cellules. Il se segmente en moitiés égales et souvent avant que la division du corps ne soit encore accusée à la périphérie. Chez quelques espèces, le noyau a la forme d'un ruban allongé, recourbé ou enroulé en spirale. Ailleurs il est arrondi ou réniforme, marqué d'un nucléole.

Chez les Vorticelles, ce noyau paraît développer par division successive des corpuscules qui sont expulsés ensuite. Devenus libres, ces germes se qualifient comme autant d'embryons mobiles qui se développent en individus nouveaux.

Un mode de reproduction pareil à celui que nous ont présenté les Zygomycètes des Champignons et les Conjuguées des Algues, se retrouve chez certains Infusoires, comme les Vorticelles par exemple. Deux individus, placés côte à côte, se réunissent en se touchant, s'entourent d'une membrane foncée commune, en un mot, produisent une zygospore. Cependant, d'après les dernières recherches, les phénomènes qui se passeraient à l'intérieur de cette zygospore seraient plus compliqués que ceux qui font naître directement un nouveau thalle d'une zygospore de *Mesocarpus*, ou bien qui en font un nid de zoospores ou de spores simples comme chez les Moisissures.

On s'accorde aujourd'hui à reconnaître aux Infusoires une structure assez compliquée, comme l'avait observé Ehrenberg dans sa monographie des Infusoires. Ainsi le noyau ou nucléus, de forme si variable, logé dans la couche pariétale du corps, jouerait le rôle d'ovaire et serait fécondé par le nucléole, logé dans le voisinage ou dans l'intérieur même du nucléus. Ce nucléole produirait à cet effet des filaments allongés qu'on a assimilés à des corpuscules fécondateurs. En tout cas, le développement des germes, issus d'un véritable œuf sexuel, ne se fait qu'à la suite de la conjugaison de deux individus. Le nucléus fécondé se segmente en plusieurs masses germinatives qui se transforment en *sphères embryonnaires*. C'est de ces petites sphères transparentes, qu'on peut considérer comme les véritables œufs, que naissent les embryons de nouveaux Infusoires. Rendus libres à l'intérieur du corps de la mère, ou bien ils sont expulsés pour se développer au dehors, ou bien ils complètent leur développement avant leur expulsion et naissent vivants.

On a vu les noyaux survivre à la mort de l'animal, ce qui prouverait qu'à ce moment ils contiennent déjà des germes nouveaux jouissant d'une vie indépendante de celle de la mère. Ainsi, lorsqu'une Euglène verte s'est contractée en boule et entourée d'un kyste, ce qu'elle fait au moment de sa mort, le noyau, avec son nucléole, se conserve intact pendant longtemps encore, avec tous les caractères d'un corps animé de vie. Mais il se pourrait que cet enkystement ne fût qu'une période transitoire dans la vie de l'Euglène qui lutterait ainsi, comme nous l'avons constaté souvent chez les Thallophytes, contre les mauvaises conditions vitales du milieu.

Il est donc démontré aujourd'hui que les Infusoires ont, pour la plupart, une organisation complète et que si les Rhizopodes et les Protéens se multiplient exclusivement par scissiparité, les Ciliés et les Flagellés peuvent produire de véritables œufs.

II. Zoophytes.

a. Cœlentérés. Les Zoophytes ou « animaux-plantes » sont presque tous des animaux marins. La variété et l'élégance de leurs formes, la beauté de leur livrée et l'étrangeté de leurs modes de multiplication ont tour à tour attiré l'attention et soulevé l'admiration des curieux des choses de la nature.

Quoi de plus étrange que ces squelettes d'animaux que nous employons sous le nom d'Éponges et qui servent depuis les temps les plus reculés aux mêmes usages domestiques que de nos jours! Aucun travail humain, fût-il du Chinois le plus habile, ne saurait atteindre à l'élégante finesse du tissu d'une Éponge siliceuse, de l'*Euplectella*. Puis ces arborisations sanguines, étonnantes végétations pierreuses de l'océan qu'on appelle du Corail, et qui sont les supports d'innombrables colonies de petites fleurs animales qui s'épanouissent sur leur tige en épis serrés! Par milliards ils s'associent et affrontent, sur leurs récifs, les assauts de la mer en fureur. Puis encore les Anémones, les Actinies, les Méduses, les Béroé, les Velelles, etc., les Siphonophores, qui peuplent de leurs corps diaphanes, gélatineux, nébuleux, les immensités des mers. Ce sont les fleurs de la mer, et leurs colorations tendres, leurs nuances indécises, parfois leurs irisations miroitantes, jusqu'à leur mode de fructification, les rendent dignes d'être comparés aux merveilles des floraisons terrestres.

On a divisé les Zoophytes en Cœlentérés et en Échinodermes.

Les Cœlentérés ont le corps mou, parfois soutenu par des pièces solides; il n'y a qu'une cavité générale avec une seule ouverture, à l'intérieur de laquelle se passent presque toutes les opérations nutritives et reproductrices de l'animal. Le système nerveux, s'il est différencié, est rudimentaire, ainsi que les organes des sens.

La multiplication emprunte souvent le mode asexuel concurremment avec le mode sexuel, quelquefois dans un ordre déterminé, toujours le même, et qu'on a désigné par le nom de « génération alternante ». Les embryons qui éclosent des œufs, naissent dans un état imparfait, comme les larves, et subissent des métamorphoses avant d'arriver à leur état adulte.

Il serait très difficile d'exposer ici en traits généraux le mode de multiplication de ces animaux. Les variations sont tellement grandes d'un groupe à l'autre, les détails tellement nombreux, qu'il serait malaisé de se faire une

idée générale de la formation et des destinées de l'œuf
au milieu de cette multitude de représentants de l'embranchement des Zoophytes.

Commençons par examiner l'œuf chez les Spongiaires
(fig. 83). On sait que, les Éponges sont des colonies animales qui se logent dans une substance cornée, siliceuse
ou calcaire (c'est l'Éponge du commerce), et que chaque
individu de cette colonie a une structure fort simple
qui ne l'éloigne guère de l'Infusoire. Rarement l'Éponge
n'est formée que d'un seul individu. On y voit une
cavité interne qui communique au dehors par une ouverture appelée *oscule*, ou par autant d'ouvertures qu'il
y a de colons dans une association spongiaire. C'est par
là que les matières alimentaires sont introduites dans la
cavité interne, puis englobées dans la substance sarcodique de l'Éponge. Tout le corps de l'Éponge est ainsi
parcouru par un système de canaux aquifères où l'eau,
circulant à tout moment, amène les substances nutritives.
L'ovule se développe sur les parois de ces canaux aquifères, tombe dans la cavité générale pour être expulsé par
les oscules. Il a au début une forme sphérique, une apparence finement granuleuse ; on y voit un gros noyau avec
un nucléole. La fécondation a pour effet de dédoubler le
noyau et toute la masse de l'œuf ; les deux moitiés se
subdivisent entièrement à leur tour et donnent un amas
de petites sphérules arrondies. Celles-ci vont se ranger
en ordre parfait en deux couches, l'une externe garnie de
cils vibratiles, l'autre interne, non ciliée, et ainsi se constitue la larve ciliée. Après avoir nagé pendant quelque
temps, la larve, arrondie, s'allonge, devient ovalaire et se
creuse d'une cavité interne qui se perce au sommet d'un
petit oscule. Toute garnie de nombreux cils longs et
flottants, comme velue, la larve se fixe alors par son
extrémité opposée à l'oscule et, dès ce moment, perd ses
organes locomoteurs, les cils, devenus sans emploi. La
petite Éponge dès lors est constituée, et elle n'a plus qu'à

se développer. Son corps se consolide par l'adjonction

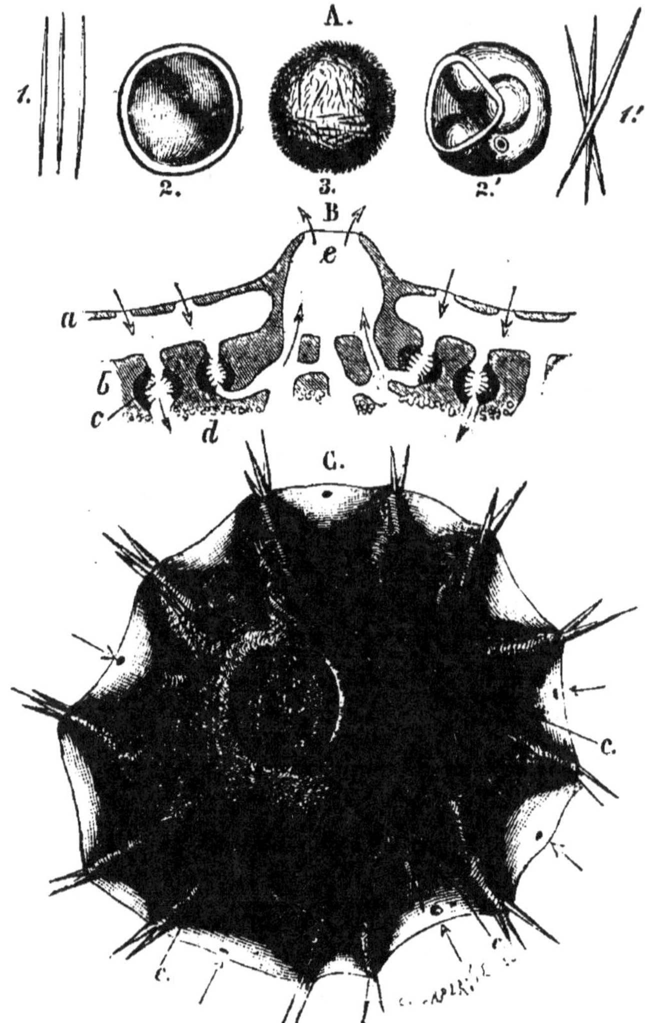

Fig. 83. — Développement et structure d'une Éponge
d'eau douce (Spongille).

A. Larve ciliée. 1. Spicules. B. Coupe à travers la paroi de l'Éponge. Les
flèches indiquent le sens du mouvement de l'eau. C. Éponge développée.

de spicules cornées, calcaires ou siliceuses, suivant les

genres, et se creuse de pores aquifères. Si l'Éponge est
monozoïque, c'est-à-dire composée d'un seul individu, le
développement est complet après cette première phase,
mais dans les Éponges polyzoïques, le développement
de la colonie est dû au bourgeonnement de la forme
simple. M. Hæckel, qui a fait de ces animaux primitifs
une étude des plus importantes au point de vue de la
philosophie naturelle, a désigné chacune de ces étapes
par une dénomination spéciale. Ainsi l'œuf passe par
l'état de *Morula*, de *Planula*, de *Gastrula*, d'*Ascula*,
avant d'arriver à sa forme parfaite, et ces étapes, il les a
retrouvées plus ou moins accusées chez les animaux plus
élevés. Nous avons déjà constaté chez les végétaux cette
unité de plan qui préside au développement de tous les
représentants du règne.

Les Éponges se multiplient asexuellement, surtout par
des gemmules : c'est donc la gemmiparité. On a observé
que, sous l'influence de conditions de milieu défavorables,
les cellules qui composent l'association, quittent le squelette commun et se répandent dans l'eau ambiante. Loin de
périr, chaque cellule se divise, bourgeonne et devient une
nouvelle Éponge. Ces cellules ont donc la valeur de spores
qui, par rénovation, continuent l'existence de l'espèce.

Les Spongilles ou Éponges d'eau douce offrent quelque
chose de plus remarquable encore. A la fin de l'automne
ou vers le commencement de l'hiver, le corps sarcodique
qui remplit les interstices du squelette se contracte en
masses sphériques en laissant le squelette à nu. Chacune
de ces masses ou gemmules s'entoure d'une capsule jaunâtre ou brune, s'enkyste et se prépare à passer l'hiver.
Le squelette restant complètement abandonné, quelquefois se détruit, d'autres fois conserve sa forme et sa solidité. Au printemps, avec le réveil de la vie sous toutes
les formes, le kyste renaît ; la capsule se déchire et laisse
passage à la cellule spongiaire qui va se nicher de nouveau
dans son ancien habitacle ; ou bien, si celui-ci a disparu,

elle se comporte comme une larve ou une spore, et reproduit un nouveau Spongille.

On fut longtemps sans pouvoir assigner aux Éponges une place définitive dans la classification. La tendance à l'association, le polyzoïsme, ainsi que le mode de développement de l'œuf sexuel, ont fait placer ces animaux à la base des Zoophytes, parce qu'ils accusent déjà les tendances que nous allons trouver nettement manifestées chez les Coralliaires.

Les Éponges constituent un article de commerce assez important. Telle Éponge fine atteint jusqu'à 100 et 150 francs de valeur. Or, comme la pêche des Éponges est faite aujourd'hui par des populations à moitié barbares sur les côtes de la Syrie, de la mer Rouge, du Mexique, etc., il est tout indiqué que l'exploitation rationnelle et surtout la culture des Éponges en des endroits appropriés de nos côtes ou de celles de nos colonies, deviendraient rapidement rémunératrices. On a déjà fait des expériences en France, malheureusement sans résultats encourageants. D'autres tentatives faites sur les côtes de la Dalmatie ont au moins démontré que la culture artificielle était possible. Le principal obstacle paraît être le transport des Eponges destinées à la multiplication, de leur pays d'origine jusqu'au lieu de leur destination. Quant à la multiplication, on l'obtient facilement en divisant l'Éponge souche en fragments qui, attachés à une pierre, sont abandonnés au fond de l'eau. On fait de la scissiparité artificielle.

Les Coralliaires qui comprennent, outre les Coraux proprement dits dont le Corail rouge nous est le plus connu, les Madrépores, les Actinies ou Anémones de mer, etc., ont été considérés longtemps comme des plantes. Cette croyance était tellement accréditée qu'en 1727, la découverte de la nature animale du Corail par le médecin français Peyssonnel, rencontra partout une moqueuse incrédulité. Vingt ans plus tard seulement, son travail reçut les honneurs de la publication en Angleterre. Depuis lors, des recherches approfondies et surtout l'admirable *Histoire du Corail* de M. Lacaze-Duthiers ont confirmé pleinement les opinions de Peyssonnel et nous ont donné les détails les plus circonstanciés sur la structure et le développement de beaucoup de ces animaux.

Le Corail rouge, connu des anciens Grecs qui lui ont donné le nom de « fille de la mer », habite les régions chaudes de la Méditerranée et de la mer Rouge. Vivant en société nombreuse avec d'autres Polypes : Actinies, Éponges, etc., le Corail brut est retiré de la mer en masses informes, agglomérées en espèces de gâteaux que les pêcheurs de la Méditerranée appellent « macoïottes ».

Le Corail est formé d'une tige centrale ou polypier, autour de laquelle, comme support, se groupent dans un tissu général qui en constitue l'écorce, un certain nombre d'individus. Le Corail est donc une colonie, une association vivant sur un pied commun, où chaque fleuron représente un animal. Ces fleurons sont plus nombreux aux extrémités des ramifications qu'à la base. Il peut arriver aussi que deux pieds de Corail, en se touchant, se soudent et se greffent « par approche ».

Un mot, celui de zoanthodème, traduit cette idée de « association de fleurs animales ».

Or, si nous suivons pas à pas le développement du zoanthodème, nous voyons apparaître successivement ces fleurons qui se multiplient sur le support au fur et à mesure qu'il grandit (fig. 84).

Cette multiplication se fait par bourgeonnement de l'écorce et les petites fleurs animales s'épanouissent d'un bouton comme le ferait une corolle végétale. La similitude n'est d'ailleurs qu'apparente, car voici apparaître sur une branche de Corail vivante rouge, déjà garnie de Polypes, un point blanc autour duquel se montre une légère tumeur en bourrelet. Cette tumeur se développe et se creuse d'une cavité interne qui se met en rapport avec le réseau général. Bientôt une ouverture apparaît au sommet de la tumeur et autour de la margelle se dessinent huit lignes rayonnantes. Le bourgeon fait de plus en plus saillie au dehors, l'ouverture s'agrandit, les lignes rayonnantes se développent en tentacules. Puis le fleuron s'épanouit; l'ouverture garnie des huit tentacules radiés devient une bouche qui mène à la cavité interne, et dès lors le zoanthodème compte un individu de plus. Peu de temps après, celui-ci a atteint la taille de ses congénères.

Les Polypes peuvent ainsi bourgeonner sur toute l'étendue de la branche de Corail, mais, dans les conditions normales, le bourgeonnement se localise vers les extrémités plus vivaces, abandonnant peu à peu la base. Par suite de blessures ou dans des conditions de milieu particulières, les bourgeons naissent à un niveau quelconque convenable.

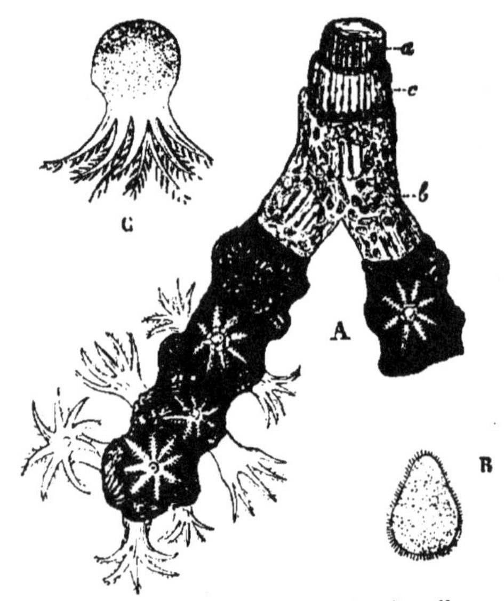

Fig. 84. — Une branche de Corail (Zoanthodème).

a. Le polypier. B. Larve ciliée nomade. C. Un jeune individu déjà polype et prêt à se fixer.

Le zoanthodème multiplie donc asexuellement le nombre des individus de la colonie. Chaque individu à son tour, s'il est hermaphrodite ou femelle, peut reproduire un zoanthodème au moyen d'œufs. Chose curieuse, les sexes sont répartis avec une grande inconstance. Ainsi

tel zoanthodème n'est composé que d'individus mâles,
tel autre d'individus femelles disposés, soit sur un même
pied, soit sur des pieds différents. Ailleurs, les zoantho-
dèmes portent des individus hermaphrodites, ou bien le
même pied peut porter des individus hermaphrodites et
des individus unisexués. On dirait un état de transition
où l'unisexualité, qui est un progrès, a pris la prépondé-
rance sur l'hermaphrodisme, sans l'avoir complètement
remplacé.

L'époque de la reproduction du Corail s'étend du printemps jusqu'en automne et s'arrête en hiver.

La facilité de voir les œufs du Corail est si grande, dit
M. Lacaze, qu'on doit s'étonner que les naturalistes ne
les aient pas signalés plus tôt. Pendant la belle saison, en
coupant assez profondément le tissu de Corail, on voit
flotter dans l'eau des globules très arrondis, traînant souvent après eux un long pédoncule. Ainsi ouvert, le
Polype paraît bourré de germes.

Un ovule de Corail, sphérique et de couleur blanchâtre,
se compose des mêmes parties que l'ovule des animaux
supérieurs. On y voit une sphère vitelline ou jaune, remplie de nombreux globules huileux et marquée d'une vésicule transparente ou de Purkinje contenant elle-même
une ou parfois deux taches germinatives très apparentes.
Autour du jaune, une enveloppe vitelline et, comme enveloppe générale, une capsule bien développée constituent
les téguments de l'œuf. Cette capsule est composée
d'une douzaine de couches cellulaires superposées dont
la plus externe est garnie de cils vibratiles.

La fécondation s'opère à l'intérieur de l'animal, puisqu'on trouve déjà des œufs fécondés, des embryons, dans
la cavité générale du corps. Il faut pour cela que les courants d'eau qui traversent constamment l'organisme pour
les besoins de la nutrition, amènent également la laitance
répandue dans les environs et la mettent en contact avec
les ovules. N'avons-nous pas vu la pollinisation de beau-

coup de fleurs exposée aux hasards non moins grands des courants aériens?

Le premier indice de fécondation est la bipartition répétée de tout le contenu de la sphère vitelline. D'arrondi qu'il était, l'œuf devient ovoïde, s'épaissit à une de ses extrémités. Dès ce moment il est devenu embryon. Celui-ci s'allonge encore et bientôt acquiert l'apparence d'un petit Ver en forme de ballon : c'est la larve. Le Corail, en effet, subit des métamorphoses et l'embryon n'arrive à l'état adulte définitif qu'après des étapes marquées chacune par une forme du corps différente.

Aussi longtemps que le jeune animal n'a pas atteint sa forme larvaire, il reste enfermé dans la cavité du corps, qui devient ainsi chambre digestive, chambre respiratoire, circulatoire et incubatrice.

« On sera sans doute frappé, dit M. Lacaze à ce propos, d'une coïncidence remarquable; ici, dans une même cavité s'accomplissent deux phénomènes tout à fait opposés : une matière est dissoute par l'acte de la digestion, tandis qu'une autre, tout à côté, dans le même milieu, prend de l'accroissement et se développe. N'est-ce pas le cas d'avouer une fois de plus que les phénomènes intimes de la vie nous échappent le plus souvent dans leur essence même? »

Les Polypes du Corail sont donc vivipares, car ils ne se départent de leurs petits qu'après qu'ils sont éclos et devenus larves mobiles. Mais les larves ne quittent pas leur berceau maternel de bonne heure, car on les voit, à travers le corps transparent du Polype, se mouvoir dans tous les recoins de la cavité interne et même s'engager dans les replis des tentacules d'où elles ont parfois de la peine à se dégager.

Les larves sont expulsées par la bouche du Polype; elles sont vomies. C'est sur des larves obtenues de Coraux captifs dans un aquarium qu'on a pu suivre le développemen ultérieur.

Dès sa délivrance, la larve nage activement dans l'eau
du bocal. Son corps, qui est celui d'un petit Ver blanc,
est recouvert d'un duvet de cils vibratiles (fig. 85). Tantôt
allongée, ou contractée, ou tournée en spirale, la larve
nage à reculons, car elle s'est creusée d'une ouverture
buccale à son extrémité effilée et s'avance toujours le
gros bout en avant. Au repos, et c'est là aussi un signe de
bonne santé, elle se tient droite, l'extrémité buccale et
amincie en bas, remontant d'ailleurs souvent à la surface
de l'eau comme le font ordinairement les larves aquatiques de tous les animaux.

Dix ou quinze jours après leur expulsion, les larves
se fixent. Très curieuse est sous ce rapport l'influence

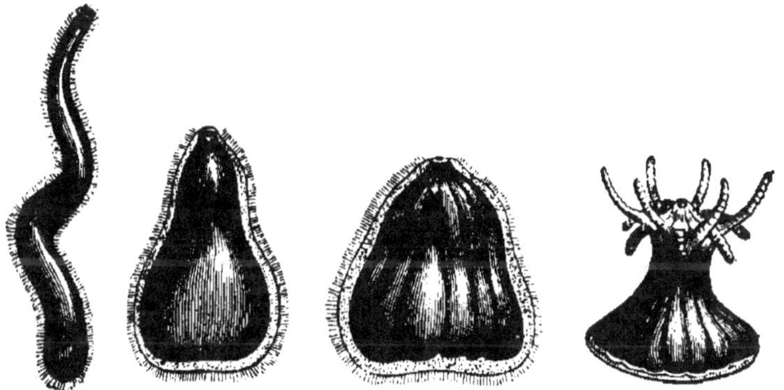

Fig. 85. — Développement d'une larve de Coralliaire.

accélératrice du sirocco, vent chaud du midi. Au bout de
quelques heures, presque toutes les larves, après s'être
fixées, ont changé de forme : elles se sont aplaties,
élargies et sont devenues discoïdes. La larve ressemble
alors à une minuscule toupie. Elle perd ses cils vibratiles, devenus sans emploi, se creuse d'une cavité interne,
développe des corpuscules calcaires rouges, puis des
spicules et enfin étale ses tentacules. Dès ce moment, le
premier individu de la colonie future est à l'œuvre; il
bourgeonne, commence la construction du polypier qui

bientôt va se garnir au pourtour d'une grappe de fleurons, de Polypes.

On sait que les polypiers de certains Coralliaires s'accumulent dans la mer jusqu'à former de véritables îles ou des récifs.

Tel banc madréporique australien a jusqu'à 1800 kilomètres de longueur ! Leur développement est très rapide : on a vu la cuirasse d'un navire, dans le golfe Persique, recouverte au bout de vingt mois d'une couche de Coraux de deux pieds d'épaisseur.

Les Zoanthaires, auxquels appartiennent les Actinies ou Anémones de mer, se reproduisent également par des œufs d'où sortent des embryons ciliés qui naissent dans la cavité gastrique et se meuvent à reculons comme les larves de Corail. Cependant ils ne subissent pas de métamorphoses comme ces dernières et, nés vivants, développent directement la forme de l'animal adulte. Les Actinies (*Actinia lacerata* par exemple) peuvent se reproduire par scissiparité, comme on l'a constaté au moyen de petits fragments détachés du bord du pied.

Une troisième classe des Zoophytes Cœlentérés est celle des Hydroméduses, qui comprend des animaux tels que l'Hydre ou Polype d'eau douce, les Méduses, les Campanulaires, le groupe des Siphonophores, etc., tous, sauf l'Hydre, animaux marins.

Dans cette classe, les phénomènes de reproduction offrent une variété inconnue jusqu'alors : génération sexuelle et asexuelle vont de pair, soit isolément, soit dans un cycle rythmique qu'on appelle « génération alternante ». Des exemples feront mieux comprendre l'engrenage de ces alternances et la valeur de chaque mode de reproduction considéré séparément.

L'Hydre d'eau douce, ou Polype à bras, est un animal fort petit, transparent, qui vit attaché aux plantes aquatiques, notamment aux radicelles des Lentilles d'eau. C'est tout simplement un petit tube, fixé par sa base contre un support et terminé supérieurement par un panache de bras tentaculaires minces et ondulés (fig. 86). Au centre de ce panache, une ouverture donne accès à la cavité du tube. Trembley les étudia au siècle dernier et ses découvertes étaient bien de nature à exciter une curiosité universelle. Il a trouvé entre autres que l'Hydre peut être retournée complètement à la façon d'un doigt de gant sans périr, la surface extérieure du corps pouvant digérer comme la surface intérieure. Chose non moins étonnante, Trembley coupa une Hydre en plusieurs fragments et vit chaque portion reproduire, restaurer un individu entier, et cela en très peu de temps, en deux jours. Même que, d'après une expérience de Rœsel, une partie du tentacule peut reformer un animal complet.

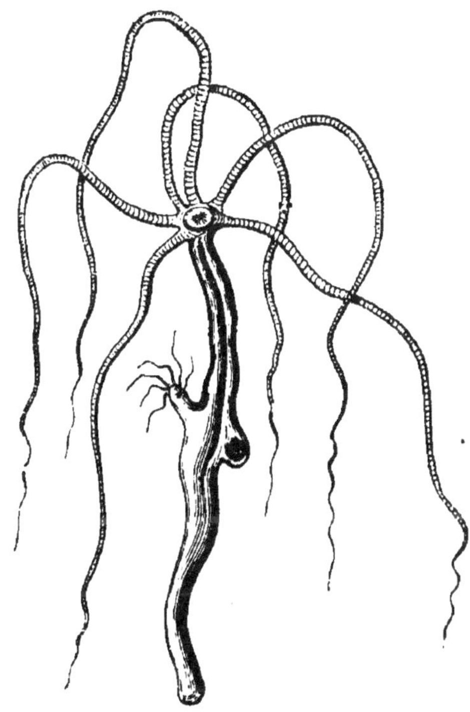

Fig. 86. — Hydre d'eau douce portant un œuf et un nouvel individu développé par gemmation.

Cependant ce mode de multiplication est rarement employé par l'animal; ce n'est peut-être qu'un pis-aller. Il l'emploie plus rarement que le deuxième mode de multiplication asexuelle dont il dispose : la gemmiparité. Pendant l'été, quelquefois en hiver, le corps de l'Hydre se couvre de bourgeons, ordinairement de trois ou de quatre, qui naissent près du pied, jamais sur les tentacules. Chaque bourgeon reproducteur apparaît comme un petit mamelon qui se creuse bientôt d'un canal en communication avec le canal central de l'animal souche. Le mamelon grossit, développe des tentacules à son extrémité libre, amincit sa base en pédicelle et ferme la communication de la cavité avec celle de la mère. La jeune Hydre, elle en a maintenant la forme, se détache ensuite et va s'établir sur quelque radicelle de Lentille du voisinage; ou bien, restant fixée au pied souche, elle s'y développe, se nourrit comme la mère et se reproduit comme elle par de nouveaux bourgeons. On a vu jusqu'à dix-huit jeunes Hydres issues de bourgeons et provenant l'une de l'autre, réunies ensemble sur le même pied souche. Chose curieuse, la formation des bourgeons semble être provoquée par une excitation mécanique des parois de la cavité gastrique au point de pouvoir être déterminée volontairement par l'observateur. Il suffit de nourrir le Polype à bras de larves un peu anguleuses qui, dilatant inégalement les parois du canal, font venir des bourgeons aux endroits où elles le distendent le plus.

Enfin l'Hydre d'eau douce se reproduit par des œufs. Vers l'automne, le pied se gonfle en quelques endroits en forme de bourrelet sous lequel s'amasse de la substance vitelline. Autour de ce vitellus se dépose une membrane assez épaisse, puis une couche gélatineuse. La membrane vitelline envoie aussi des prolongements qui lui donnent une apparence dentelée. Le parenchyme du corps crève ensuite et laisse sortir l'œuf qui va se fixer sur un corps quelconque. On dit que les individus qui en proviennent sont plus petits que les produits de la gemmiparité.

Ajoutons qu'on a vu le corps d'une Hydre d'eau douce se dissocier spontanément, se résoudre en fragments qui se conservent pendant des mois entiers vivants en rampant comme des Amibes. Ils s'entourent parfois d'une capsule.

Nous venons de voir que la jeune Hydre fille qui naît d'un bourgeon sur le pied de l'Hydre mère a toutes les propriétés de celle-ci, qu'elle vit et se reproduit absolument comme elle par des bourgeons comme par des œufs. Eh bien, supposons un instant que l'Hydre mère, l'Hydre souche issue d'un œuf, ne dispose que du premier de ces modes de reproduction, qu'elle ne puisse former d'œufs, mais que l'Hydre fille, elle, se charge de la reproduction sexuée en produisant des œufs. Supposons ensuite que de ces œufs naissent de jeunes Hydres qui n'aient, comme la première mère, à leur disposition que le seul mode de reproduction asexuelle, mais que leurs filles de nouveau se reproduisent par des œufs : nous aurons ainsi un cycle reproductif dans lequel, toujours à une génération d'individus se multipliant par gemmiparité, succéderait une génération fille se reproduisant par des œufs. Imaginons enfin que les Hydres de deuxième génération diffèrent considérablement de forme et d'apparence de leur mère, et nous aurons une idée de ce qu'on appelle une *génération alternante*.

Une fort jolie espèce de Méduse de nos côtes, l'Aurélie rose (*Medusa aurita*), va nous fournir un exemple typique à l'appui de ce qui précède. L'Aurélie-Méduse est un de ces disques floconneux que nous voyons flotter par milliers à certains états de la mer, au milieu des vagues tourmentées par des remous profonds, ou bien qu'une lame furieuse a laissés sur la côte en se retirant. Son corps, bombé en dessus, concave en dessous est gélatineux, il a la forme d'une ombrelle garnie à son bord d'une frange filamenteuse. Au centre et en bas, retombent quatre bras, quatre tentacules pareils à des racines, qui entourent une ouverture donnant accès dans une cavité centrale. Cette cavité rayonne dans toute l'étendue du disque ; elle remplit presque tous les offices et reçoit les œufs qui lui tombent de quatre traînées glandulaires, les ovaires, disposées en rosette autour d'elle.

. Les œufs sont sphériques, composés d'un vitellus blanchâtre (chez d'autres violet) et entourés d'une membrane fort mince. A l'époque de la reproduction l'Aurélie femelle se distingue fort bien de l'Aurélie mâle par de nombreuses poches qui garnissent les replis des tentacules et renferment pendant quelque temps des œufs et même des jeunes récemment éclos. Ce sont de véritables poches d'incubation où la mère prend soin pendant quelque temps de l'éducation de la larve.

La fécondation des œufs est confiée, comme chez le Corail, aux courants d'eau qui passent dans la cavité gastrique.

L'éclosion de l'œuf met en liberté un jeune embryon ovoïde, garni d'un duvet de cils vibratiles. Il est expulsé par l'ouverture buccale et nage dans l'eau, tournant autour de son axe; il ressemble tout à fait à un Infusoire; mais, en regardant bien, on constate l'absence de bouche et de cavité interne.

Après avoir nagé pendant quelque temps à l'aide de ses cils vibratiles, le jeune embryon larvaire se fixe contre un rocher ou un corps sous-marin quelconque avec son extrémité antérieure (fig. 87).

Il grandit, l'extrémité libre opposée se creuse en calice et se garnit de bras entre lesquels s'ouvre une bouche donnant dans une cavité interne.

Arrivé à cet état, le jeune adolescent nous rappelle la forme de l'Hydre d'eau douce. Il en a également les propriétés sauf une, celle de se reproduire par des œufs. En effet, il lui pousse des bourgeons sur le pied comme à l'Hydre et chaque bourgeon représente un nouvel individu. Mais il en naît aussi à la partie supérieure et concave. Car l'animal s'allonge et se divise successivement de haut en bas, du calice vers le pédoncule, en un certain nombre de segments ou rondelles, disposées en piles et emboîtées apparemment comme une série de cornets à dés. Chacune des rondelles de cette colonne vivante, développe sur son bord huit prolongements bifides, à commencer par la supérieure, puis se sépare de la souche et devient libre. Ensuite, tout en nageant librement, la rondelle complète son organisation et revêt peu à peu la forme définitive d'une Aurélie-Méduse. Celle-ci est libre, femelle ou mâle telle que nous l'avons vue tout à l'heure produire des œufs. Ainsi le cycle est fermé et,

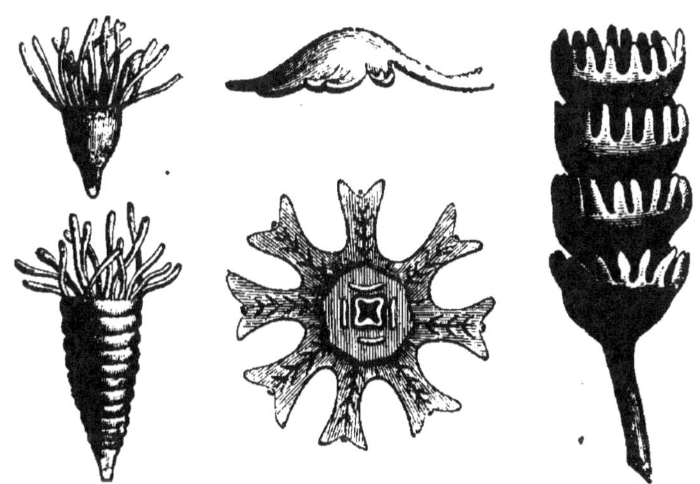

Fig. 87. — Scyphistome, Strobile et Éphire-Méduse d'une Aurélie ; au milieu, une jeune Méduse vue de profil et de face.

après avoir passé par trois formes différentes, nous sommes arrivés à la forme de départ.

Avant de connaître cette singulière filiation de formes, on avait donné à chacune d'elles un nom particulier, croyant avoir affaire à des animaux différents. Ainsi on avait appelé la larve ciliée, éclose de l'œuf, *planula ;* la forme fixée, avant le début de la segmentation en rondelles, reçut le nom de *scyphistome,* la colonne de rondelles celui de *strobile,* et enfin la Méduse libre, avant son état parfait, le nom d'*Ephira.* Comme la plupart des Polypoméduses offrent, sinon toujours tontes, du moins une de ces formes transitoires, on a conservé les noms après avoir écarté l'idée de l'autonomie spécifique de chacune des formes. On dit le strobile d'une *Cyanea* par exemple, pour indiquer la forme caractérisée par une souche divisée en rondelles superposées. On dit également des formes intermédiaires et transitoires, telles que le scyphistome et le strobile, que ce sont des *Méta-zoaires*, tandis que l'Éphire portera le nom du *Typozoaire*, voulant indiquer par là que les unes sont dérivées et évolutives et que la dernière est fixe, qu'elle a réalisé pour ainsi dire le type évolutif final.

.. A côté de ces Hydroméduses comme l'Aurélie, dont l'évolution, parcourant quatre phases ou quelquefois moins, ne produit que des individus simples, il y a tout un groupe dont les formes intermédiaires, s'émancipant davantage, se multiplient par gemmation et forment de véritables colonies. Tels sont les animaux appelés Polypes hydraires (Campanulaires, Sertulaires, etc.).

Prenons comme exemple un animal dont la forme strobile est connue sous le nom de *Campanularia gelatinosa* La Campanulaire rappelle tout à fait par sa forme une grappe de fleurs, portée au bout d'un long pédicelle. Une tige creuse, garnie au sommet de petites clochettes diaphanes pareilles à des calices, d'où sortent, puis rentrent à volonté, des panaches de tentacules figurant à s'y méprendre une élégante corolle laciniée. Ces animaux-plantes habitent la mer et sont fixés par leur base à quelque corps sous-marin. En réalité cette grappe est une colonie d'individus vivant l'un sur l'autre et mis en communication de besoins nutritifs par une cavité gastrique commune qui les parcourt tous sans interruption. Cependant, en examinant chacune des branches de l'arbuscule animal, on voit qu'elles ne se ressemblent pas toutes et que certains calices en forme de bouteille ventrue renferment plusieurs corps arrondis agglomérés : les bourgeons reproducteurs. Ces bourgeons n'ont ni tentacules, ni ouverture buccale, ils sont exclusivement reproduc-

teurs, tandis que leurs voisins sont uniquement nourriciers. Il y a là un exemple de division de travail étonnante,
non moins merveilleuse que celle que nous constaterons
dans certaines colonies d'Insectes, comme chez les
Abeilles, par exemple.

Suivons le développement de la Campanulaire. L'œuf,
sphérique comme celui de l'Aurélie, provient d'une
Méduse errante, fille de la colonie fixe. Il donne un embryon cilié, une larve libre qui, après avoir nagé pendant
quelque temps, se fixe contre un corps sous-marin. L'embryon s'allonge et développe un pédicelle qui se couronne d'une clochette et d'un bourgeon nourricier tenta-
culé. Bientôt le pédicelle développe à des hauteurs différentes des bourgeons latéraux qui acquièrent le volume
et la forme de l'animal souche. Ainsi se sont développés par gemmation les individus latéraux de l'Hydre
et du scyphistome de l'Aurélie. Seulement, au lieu de se
détacher de la souche comme chez ceux-ci (fig. 88), les
individus bourgeonnant sur le scyphistome de la Campanulaire restent en continuité de substance avec la
souche et mettent leur cavité en communication avec la
cavité générale centrale. Au bout d'un certain temps,
après quelques générations successives, les nombreuses
branches latérales poussées sur la branche primaire
auront donné à la colonie de la Campanulaire cet aspect
de végétation touffue que nous lui avons trouvé à première vue.

Jusqu'alors tous les individus nés sur la branche
sont asexués et ne fonctionnent que comme appareils
nourriciers; mais bientôt apparaissent, entre les calices
en clochettes, des organes allongés, ovoïdes, à l'intérieur desquels se développent des bourgeons prolifères.
Ceux-ci se détachent comme les rondelles de l'Aurélie
et vont au loin reformer une Méduse libre de Campanulaire. Cette Méduse à son tour est sexuée, elle produit des œufs d'où naîtront de nouvelles colonies qui

nous ramènent au point de départ de notre description.

Les formes éphires ou médusaires ne se détachent pas ainsi de la colonie chez tous les Polypes hydraires.

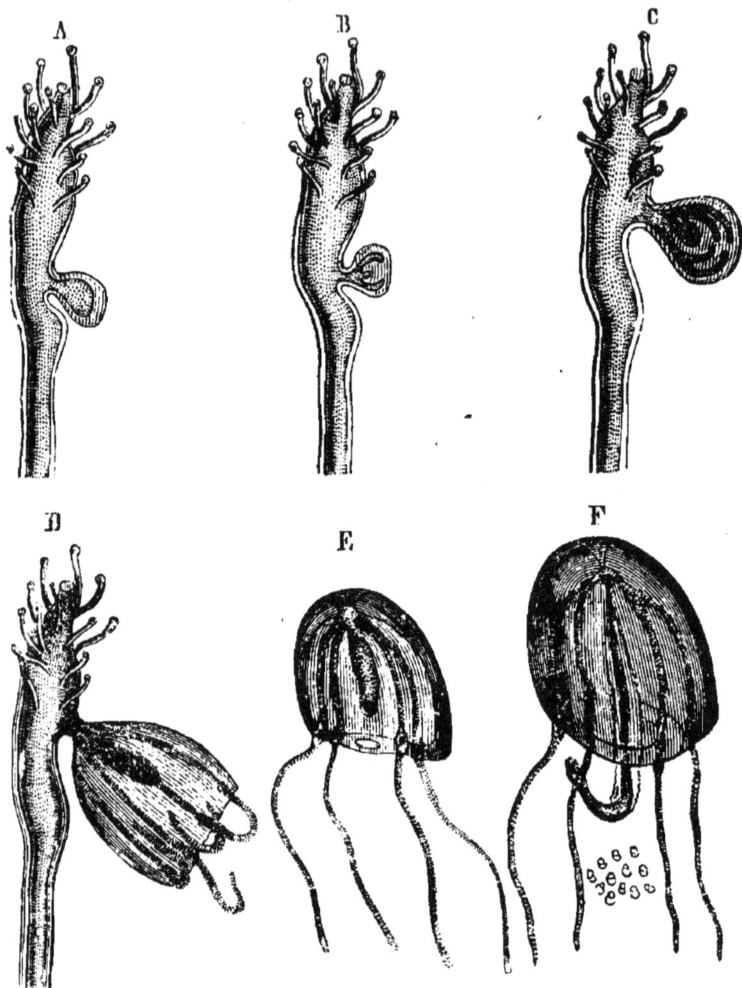

Fig. 88. — Polype hydraire produisant une Méduse F.

Dans la Campanulaire géniculée, espèce voisine de la précédente, les bourgeons reproducteurs ébauchent la forme médusaire tout en restant attachés à la colonie.

Celle-ci devient nourricière, multiplicatrice et reproductrice à la fois.

Dans certaines espèces telles que le *Paryphaea crocea*, les jeunes bourgeons médusaires sont suspendus en guirlande autour de la région céphalique de la souche. Chez d'autres, les petites Méduses naissent pour ainsi dire dans l'estomac commun, car c'est dans la cavité centrale, autour d'un appendice de la paroi, qu'elles bourgeonnent en grand nombre.

Nous venons d'assister à la génèse des singulières colonies campanulariennes, nous avons vu s'établir entre les membres une remarquable division de travail qui assigne aux uns un rôle nourricier, aux autres un rôle reproducteur.

Cette division du travail est poussée encore plus loin chez ces étranges créatures marines qu'on appelle Siphonophores ou Acalèphes hydrostatiques (fig. 89). La colonie, qui provient du bourgeonnement successif de l'animal souche, se compose des individus nourriciers asexués qui pourvoient à l'alimentation de toute l'association; des individus médusaires sexués qui assurent la reproduction; d'individus médusaires sexués transformés en organe de natation, et enfin d'un appareil hydrostatique appelé *vessie aérienne*, qui maintient l'équilibre de la colonie dans l'eau. Car toute cette agglomération d'organes enchevêtrés, superposés, juxtaposés, parfois alignés en longue chaîne, rappelant quelque chevelu de racines à la dérive ou quelque ceinture fantastique d'une Néréide, n'aurait qu'un équilibre fort instable, si les vessies et les cloches ne la maintenaient plus ou moins verticalement.

Il y a cependant des Siphonophores, tels que les Velelles, qui abandonnent leurs formes médusaires. Celles-ci, détachées de la colonie, errantes, produisent ensuite des œufs comme les Méduses de l'Aurélie rose, qui deviendront l'origine de nouvelles colonies asexuées hydrostatiques (fig. 90).

b. Échinodermes. Les Échinodermes ou animaux « à peau garnie d'épines » sont tous marins. Ils comprennent des animaux tels que les Oursins, les Astéries ou Etoiles

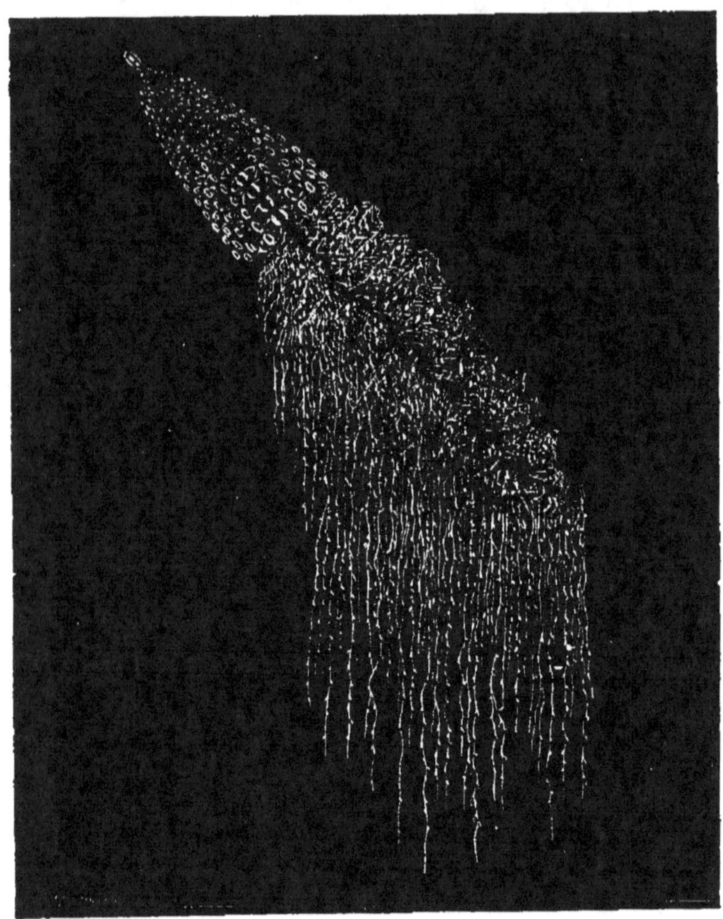

Fig. 89. — Un Siphonophore.

de mer, les Pentacrines ou Têtes de méduse et les Holothuries. Un grand nombre de leurs représentants se trouvent sur nos côtes et quelques-uns, tels que les Oursins et l'Holothurie, sont recherchés comme aliment : les premiers par les gourmets qui imitent en cela les anciens Romains, la deuxième par les gens pauvres, car elle n'offre guère un morceau appétissant ni bien nutritif. Dans l'extrême Orient cependant, d'autres espèces d'Ho-

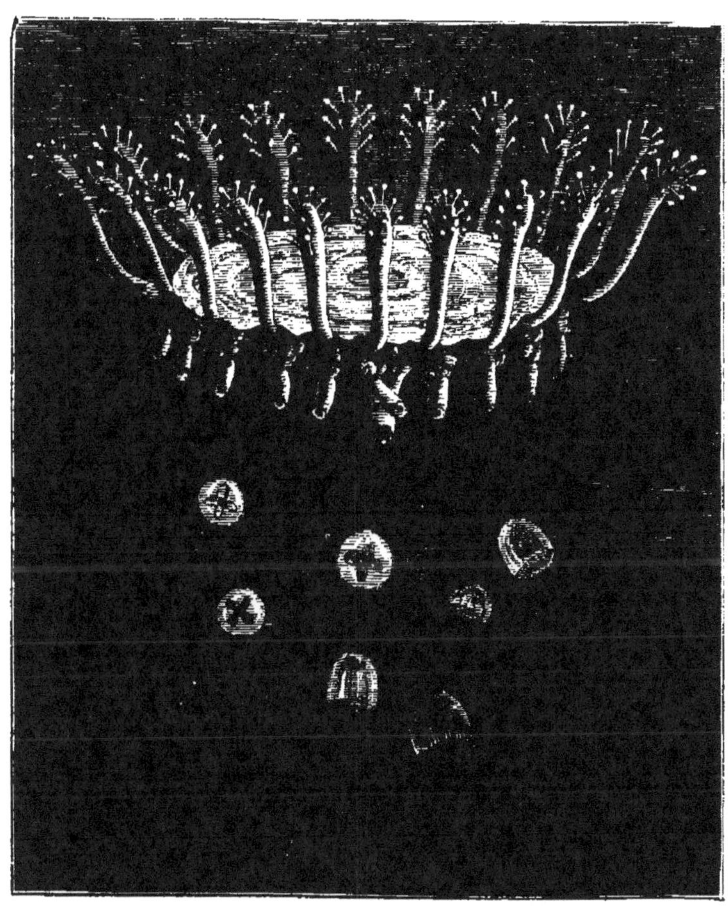

Fig. 90. — Naissance et essaimage des Méduses.

lothuries sont assez prisées sous le nom de « Trépang ».

Ouvrons un de ces animaux hérissés de pointes ou de baguettes obtuses, un Oursin : au centre, disposés en rosette, cinq traînées d'une substance framboisée, rouge, occupent une grande partie de la cavité. Ce sont les ovaires, la partie comestible de l'Oursin femelle, car les sexes sont séparés. Au printemps les ovaires grossissent et se remplissent d'œufs qui vont être fécondés après leur sortie du corps de l'Oursin.

L'œuf de l'Oursin est composé d'un vitellus rempli de fines granulations et vivement coloré en rouge, puis d'une membrane vitelline et d'une couche mucilagineuse transparente externe, qui n'apparait que plus tard quand la fécondation est opérée. L'œuf est d'une grande transparence. Au moment de la fécondation, on le voit presque toujours entraîné dans un singulier mouvement de rotation sans que ce mouvement cependant soit un signe de fécondation accomplie. Le signe non trompeur en est, comme dans tout œuf animal en travail, la segmentation Elle atteint ici toute la sphère vitelline qui, en se divisant un grand nombre de fois pour former l'embryon, accuse encore un mouvement oscillatoire spécial et comme saccadé. Après quinze ou vingt heures l'embryon éclôt et se dégage de la fente de l'œuf pour nager librement au dehors. Il a conservé son mouvement oscillatoire et on lui voit tout le corps recouvert de cils vibratiles. C'est une larve sphérique comme celle du Corail, mais douze heures plus tard elle a changé de forme. Elle se creuse d'une cavité gastrique et se perfore d'une ouverture buccale (fig. 91). Puis commence la série des métamorphoses qui, à travers des formes tout à fait singulières, vont conduire une jeune larve à symétrie bilatérale à un état parfait, l'Oursin, à symétrie rayonnante. Jusqu'alors la larve s'est tenue, dans ses excursions, près de la surface de l'eau ; au moment des métamorphoses, elle s'aventure à des profondeurs de plus en plus grandes, de sorte qu'à la fin, elle termine son évolution au fond où elle demeure désormais pour toujours. Le septième jour après l'éclosion, la larve a changé de forme au point de ressembler grossièrement à un éteignoir dont les bords se prolon-

geraient en quatre pointes obtuses ou mieux à une de
ces coiffures égyptiennes, appelées *pcha* que l'on voit
caractériser les portraits des rois sur les monuments de
l'époque. Prise pour un animal parfait d'espèce distincte,
la larve ainsi faite avait reçu autrefois le nom de *pluteus*,
comme la forme polypoïde des Méduses celui de strobile.

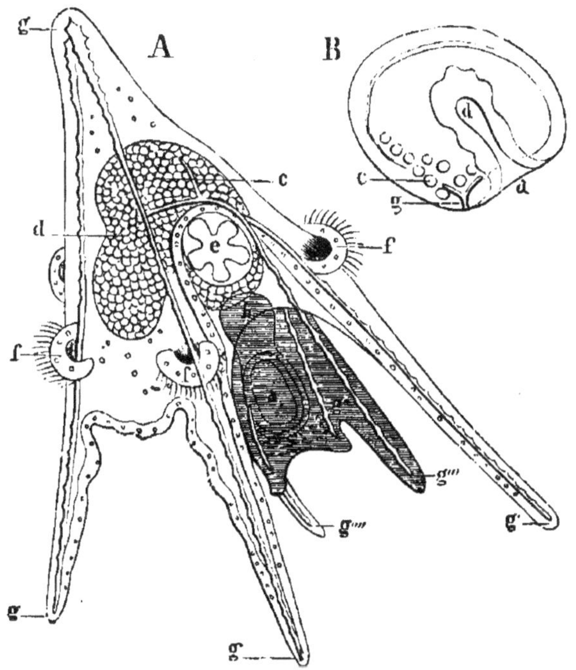

Fig. 91. — Larves d'Oursins.

A. Larve mobile grossie 166 fois. *g.* Charpente calcaire.
B. Larve de deux jours. *a.* Bouche.

Plus tard encore, la larve allonge ses quatre bras, se
garnit de quatre touffes de cils vibratiles et se fortifie
au moyen de longues baguettes calcaires disposées à la
façon du trépied d'un appareil de photographe. C'est la
forme en « chevalet » (Staffelei), qui précède immédiatement la métamorphose définitive. A ce moment il n'y a
encore aucun indice de piquants. La larve nage ayant son

sommet tourné en bas et les pieds du chevalet en haut.
Entre la paroi du corps et l'estomac se trouve une cavité
remplie de liquide : c'est là que l'Oursin définitif se développe comme un bourgeon qui s'étend peu à peu dans
la cavité, entourant l'estomac et envahissant le reste du
corps de la larve.

Celle-ci se fond pour ainsi dire autour du jeune Oursin,
et finalement il n'en reste que quelques débris qui disparaissent également, laissant la forme adulte comme produit définitif après l'avoir nourri littéralement de sa substance. Pourvu d'une bouche et d'organes digestifs,
l'Oursin se suffit dès lors à lui-même. Il y a donc là un
phénomène de gemmiparité comme celui que les Méduses
nous ont offert, et c'est pour cela que les Échinodermes,
si différents de forme, ont été rangés dans la classification
à la suite des Cœlentérés ; à vrai dire ce sont des colonies.

Les larves d'Ophiures ou Etoiles de mer à longs bras
évoluent d'une façon analogue. Elles produisent à la face
concave du chevalet un groupe de bourgeons tuberculeux
qui se constituent en corps étoilé. C'est pour cela qu'on
a donné aux larves le nom de « Ammen » ou de « nourrices ».

Les Astéries ou Étoiles de mer se reproduisent au printemps. Les œufs, petits, sphériques, ont un vitellus vivement coloré en rouge, un peu d'albumen transparent et
un chorion incolore. Les œufs et les jeunes larves ne
quittent pas la mère dès la ponte. Ils sont reçus dans
une sorte de chambre incubatrice que la mère sait arran-
ger en rapprochant fort étroitement ses bras à la face
ventrale autour de la bouche.

On ne connaît pas d'autre exemple d'un animal qui
fasse pour ses petits ce que l'Astérie mère fait pour les
siens. En effet, le rapprochement des bras pour former
la chambre incubatrice ferme en même temps la bouche ;
il est impossible à l'animal de prendre toute nourriture,
au moins pendant les onze jours qu'il passe dans un état

d'immobilité complète. Les œufs éclosent par couvées successives dans la chambre incubatrice. Tout le vitellus se segmente et donne une larve ciliée ; puis, sur la partie antérieure, naissent quatre tubercules qui serviront d'organes de fixation contre la paroi de la chambre maternelle ; mais ces organes ne sont que transitoires et disparaissent quand la larve est devenue ciliée. Chez certaines Astéries la larve ciliée se transforme en *Bipinnaria*, c'est-à-dire en une forme larvaire qu'on avait prise autrefois, sous cette dénomination, pour un animal distinct. On remarque l'absence de la charpente calcaire et l'irrégularité des formes qui ne rappellent plus le chevalet du pluteus.

Il en est de même des larves des Holothuries qui sont caractérisées en outre par la présence de plusieurs petites roues calcaires fort élégantes. Ces larves portent le nom d'*Auricularia* à cause de leurs expansions en forme d'oreilles. Avant de passer à l'état définitif, la larve d'Holothurie se métamorphose en une sorte de chrysalide qui a la forme d'un tonneau cerclé de cinq bandes ciliées.

Nous ne pouvons passer sous silence l'étonnante facilité que possèdent les Astéries et les Holothuries de restaurer les parties enlevées de leur corps. Les rayons des Astéries, fragiles et cassants, se reconstituent, très rapidement, comme Bernard de Jussieu et Guettard l'avaient déjà vu en 1741. Un seul rayon, pourvu qu'il soit détaché assez près de la base, est même capable de reconstituer tout un animal (fig. 92).

L'Holothurie est encore plus bizarre, car elle est capable de se reproduire par ses intestins et à la suite d'un suicide. Par des contractions convulsives, elle arrive à détacher son tube digestif et l'expulse au dehors. Cet acte *héroïque* lui coûte la vie, mais le tube digestif se restaure et développe un nouvel individu complet. Il faut croire qu'elle considère cet effort suprême comme une dernière chance de survivance dans sa lignée et qu'elle n'y a recours que dans les dangers extrêmes, où la conservation de l'espèce lui semble compromise.

La plante, chétive et mal nourrie dans un sol avare, se

Fig. 92. — Un bras d'Astérie en train de restaurer un nouvel individu.

hâte de fleurir, puis meurt. Certains animaux, se voyant en danger de mort, se hâtent de pondre avant de périr.

Admirons cet instinct désintéressé d'un animal qui donne sa vie pour celle de sa progéniture et avouons que les animaux nous donnent quelquefois de beaux exemples.

V

L'ŒUF CHEZ LES VERS

Nous désignons vulgairement sous le nom de Vers des animaux à corps allongé, mou, contractile, à mouvements lents et rampants. Le Ver de terre nous est le mieux connu et résume, dans notre idée, les propriétés et les caractères qu'à tort ou à raison nous attribuons ordinairement à cette catégorie d'animaux. Ainsi le Ver est pour nous l'emblème de la faiblesse, du dénûment et de l'assujettissement. Il est vrai que l'existence d'un pauvre Ver de terre n'est guère enviable. Il possède tant d'ennemis qu'on le dirait créé à seule fin de servir de pâture aux autres. On le disait même il n'y a pas très longtemps, comme on pensait aussi que le blé et la pomme étaient destinés à ne pas laisser mourir l'homme de faim et la verdure du paysage à ne pas lui fatiguer les yeux!

Mais la division des Vers est une des plus vastes et comprend une infinité de formes qui échappent le plus souvent à l'attention journalière par la petitesse de leur taille ou par leur genre de vie dans un milieu caché, le plus souvent à l'intérieur d'autres animaux : ce sont les Vers parasites. La mer en héberge encore un grand nombre, et les Annélides, au lieu de montrer l'abjecte passivité, à notre avis, du Ver de terre, montrent au contraire une grande initiative offensive et défensive, se parent de belles livrées et font preuve d'une grande habileté d'industrie. L'antipathie que nous éprouvons à l'égard du pauvre paria se change alors peut-être en pitié pour lui et en admiration pour ses congénères marins, plus favorisés par la nature.

Les Vers les plus simples d'organisation sont les Vers plats, qui vivent pour la plupart à l'état de parasite à l'intérieur des organes d'animaux plus élevés. Leur corps plat est tantôt arrondi, tantôt rubané et composé d'un grand nombre d'articles, disposés en chaîne et représentant chacun un individu. Le ruban peut acquérir jusqu'à vingt mètres de longueur.

Presque tous sont hermaphrodites, se reproduisent par des œufs, se multiplient par gemmation et par scissiparité en donnant souvent des exemples très curieux de génération alternante.

Le premier que nous choisirons sera le Ténia ou Ver solitaire (*Tœnia solium*), qui habite l'intestin de l'homme (fig. 93). Ce nom est incorrect pour deux raisons : d'abord le Ver est souvent accompagné de plusieurs autres, et ensuite chaque Ver est une réunion d'un grand nombre d'individus placés bout à bout.

C'est un ruban plat, parfois long de plus de 10 mètres, très fin à l'extrémité antérieure, élargi à l'extrémité postérieure. Il est comme articulé et détache successivement, à l'extrémité plus large qui représente la queue, des segments déjà indiqués qui vivent d'une manière indépendante et sont animés de mouvements assez rapi-

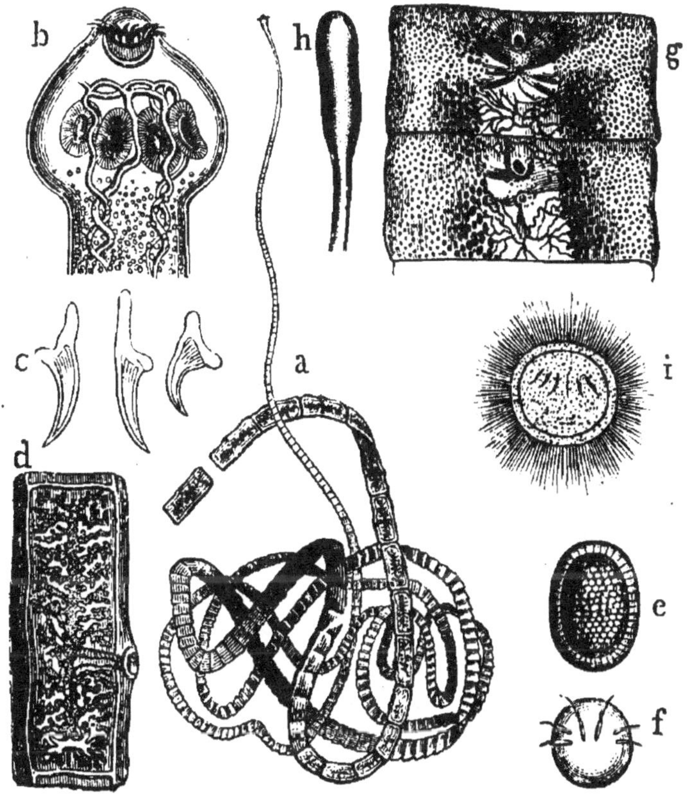

Fig. 93. — Ténia et Bothriocéphale.
a. Ténia ou ver solitaire. *b.* La tête. *c.* Crochets. *d.* Un proglottis. *e.* Œuf *f.* Embryon avec ses six crochets. *g.* Deux proglottis du Bothriocéphale. *i.* Larve ciliée du même.

des. Au fur et à mesure que les segments se détachent, le Ver, en s'allongeant, en produit de nouveaux vers la région céphalique. C'est une multiplication par scissiparité transversale. La région céphalique, la plus mince, est terminée par un petit renflement qui est la tête, du volume d'une tête d'épingle. Au microscope on la voit garnie de quatre ventouses arrondies, puis, tout au sommet, d'une double couronne de petits crochets. Ventouses et crochets sont des organes de fixation au moyen desquels le Ver s'attache solidement à la paroi intestinale au point de ne lâcher prise que sous l'influence des plus violentes drogues vermifuges. Immédiatement au-dessous de cette tête commence la gemmation, qui renouvelle les membres de la colonie et les augmente.

Le Ver solitaire est donc une forme strobile comme celle que nous avons décrite chez la Méduse et celle-ci est l'équivalent d'un segment. Au fur et à mesure que les segments se détachent, ils sont expulsés du corps tandis que le ruban continue à se nourrir aux dépens des aliments destinés à son hôte. Chaque segment, qu'on appelle *proglottis* ou *cucurbitain*, est un individu à sexe double, capable de reproduire un Ténia au moyen d'œufs.

Au microscope le *proglottis* apparaît littéralement bourré d'œufs arrondis, extrêmement petits, entourés d'une triple enveloppe incolore assez résistante, car l'œuf doit subir une série d'épreuves où son contenu périrait s'il était imparfaitement protégé. Tandis que chez le *Tœnia solium* l'œuf est arrondi et à triple enveloppe, chez d'autres espèces l'enveloppe est double et la forme ovale. L'enveloppe externe se prolonge parfois en deux appendices longs et grêles, ou déchiquetés ou arrondis en forme de vessie. Les œufs sont pondus libres ou bien réunis au nombre d'une dizaine dans une substance gélatineuse commune.

La fécondation inaugure ensuite le travail de segmentation d'une partie du vitellus, mais bientôt les cellules, se développant aux dépens de celui-ci, l'ont envahi en entier et l'embryon se constitue. Alors on voit apparaître à l'un des pôles de l'embryon six petits crochets animés de mouvements très vifs de rétraction et de protrusion.

Les œufs, contenant l'embryon, sont évacués et tombent sur le sol ou dans l'eau. Ce n'est pas là qu'ils éclosent, mais bien dans le tube intestinal d'un autre animal. L'embryon du Ver solitaire doit arriver dans le tube digestif du Porc. Il y sort de l'œuf et se fixe à l'aide de ses six petits crochets à la paroi de l'intestin, la perfore et va se loger à l'intérieur du tissu musculaire ou dans les autres organes. Là il s'enkyste, c'est-à-dire se niche dans une vésicule qui se remplit d'eau, se replie sur lui-même et attend. Il attend que la destinée de son hôte le transporte dans une autre résidence, car, quoique ayant déjà les formes ébauchées du Ver solitaire rubané, il ne pourra se développer tout à fait que dans le tube digestif de l'Homme où nous l'avons rencontré au début. Ainsi enkysté dans les tissus du Porc, on lui donne le nom de *Cysticerque* et pas n'est besoin de dire qu'avant la connaissance exacte et irréfutablement démontrée par l'expérience directe de cette singulière migration, on avait pris la forme cysticerque pour un Ver spécifiquement différent du Ver solitaire de l'Homme. Ingéré avec la viande de Porc infestée, le Cysticerque complète son développement dans l'intestin de l'homme, devient un *Ténia* et se multiplie incessamment par scissiparité transversale en donnant la chaîne des *Proglottis*. Chacun de ceux-ci produit à son tour des œufs et le cycle évolutif se trouve fermé. Il est facile de tirer les conclusions pratiques de cette biographie du Ténia : les dangers d'infection pour l'Homme ne viennent pas des proglottis, mais bien du Cysticerque, épargné, dans la viande de Porc « ladrée », par une cuisson insuffisante ou l'absence de toute cuisson.

L'histoire de tous les Ténias, qui sont nombreux, n'est pas encore connue, mais les faits déjà observés par l'expérimentation directe et voulue, car celle-là seule peut nous convaincre entièrement, laissent supposer que tous les Ténias font des migrations analogues. Ces migrations nous rappellent vivement les singuliers phénomènes

d'hétérœcie que nous avons constatés chez les Champignons, chez la Puccinie des herbes entre autres.

On sait que les Moutons sont fréquemment atteints
d'une maladie incurable, connue sous le nom de « tournis » parce que, pris comme d'une folie subite, ils se

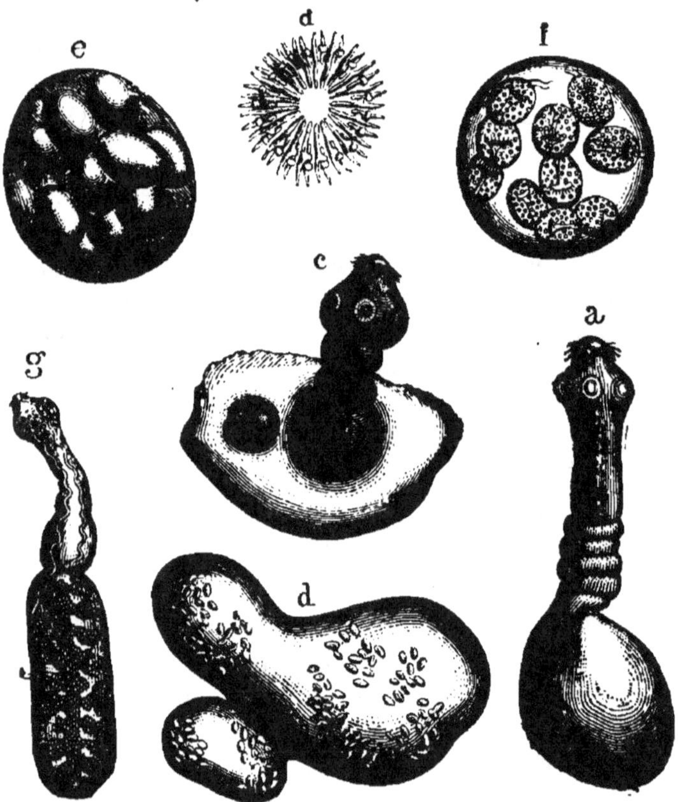

Fig. 94. — Développement du Cénure du Mouton. —
Sporocyste et Cercaires.

mettent à tournoyer rapidement autour d'eux-mêmes
jusqu'à tomber d'épuisement. L'autopsie découvre dans
le cerveau de ces animaux de grosses vésicules hydati-
ques remplies d'un grand nombre de petits Vers associés
à peu près comme ces faisceaux de Champignons qu'on

11

trouve au pied des vieux troncs d'arbres. Ces Vers ne peuvent se multiplier que par gemmation, on les appelle *Cœnures* pour cela et aussi pour les distinguer des Cysticerques qui restent toujours simples et n'ont qu'une seule tête. Mais leur histoire est celle des Cysticerques, car, introduits dans les voies digestives d'un chien ou d'un loup, les Cœnures se développent en Ténias donnant des Proglottis sexués. Les œufs pondus par ceux-ci sont expulsés, tombent à terre et, par un moyen ou un autre, arrivent dans les fosses nasales ou dans la voie digestive d'un mouton, d'où les petits embryons vont gagner la substance cérébrale pour s'y nicher et provoquer les accidents nerveux du « tournis » (fig. 94).

Tous ces exemples de migration ou d'hétérœcie démontrent clairement le grand principe de l'adaptation au milieu et du changement des fonctions et des organes qui n'en est que la conséquence. Il est évident en effet que tous ces parasites, soit de l'Homme, soit des animaux au-dessous de lui, n'ont apparu avec leurs formes actuelles qu'au moment où les animaux ont fait usage du régime carnivore spécial qui leur transmet les Cysticerques de ces parasites.

L'ordre des Trématodes va nous fournir quelques exemples du même genre et ce furent même ceux-là qui, les premiers, mirent sur la piste des migrations des autres Vers hétéroïques tels que les Ténias, les Filaires, les Trichines, etc.

Les Vers du groupe des Trématodes ont le corps plat, aux contours arrondis, souvent foliacé et pourvu en différents endroits d'une ou de plusieurs ventouses comme organes de fixation. Les Douves du foie du Mouton et de l'Homme appartiennent à ce groupe ainsi que celles qui se logent dans le foie du Canard, dans l'intestin de la Grenouille, etc. La biographie de la Douve du foie des Canards est particulièrement intéressante à cause de ses multiples migrations, caractérisées chacune par une métamorphose adaptionnelle. La Douve du Canard ou *Mono-stomum mutabile* produit des œufs qui éclosent déjà avant la ponte dans le canal digestif du Canard ; elle est donc vivipare. L'embryon est un animalcule que sa forme et le duvet de cils vibratiles qui le recouvre font ressembler à un Infusoire (fig. 95). Ce sont des larves qui, expulsées en grand nombre avec les excréments du Canard, se répandent dans l'eau et nagent activement à l'aide de leurs cils. Par une sorte de mue qui constitue une première métamorphose, cette larve se transforme en un petit Ver, un *Sporocyste*, qui arrive par un hasard propice dans le poumon d'un Mollusque, la Limnée des étangs.

Il y passe l'hiver, et produit dans son intérieur, par gemmation, car il ne possède pas d'organes producteurs d'œufs, un certain nombre de petits animalcules qui se développent à ses dépens et s'en servent comme d'une « nourrice ». Rendus libres dans la cavité pulmonaire de leur hôte, ces animalcules, appelés *Cercaires*, se montrent formés d'un corps arrondi, allongé, terminé en avant par une sorte d'aiguillon et

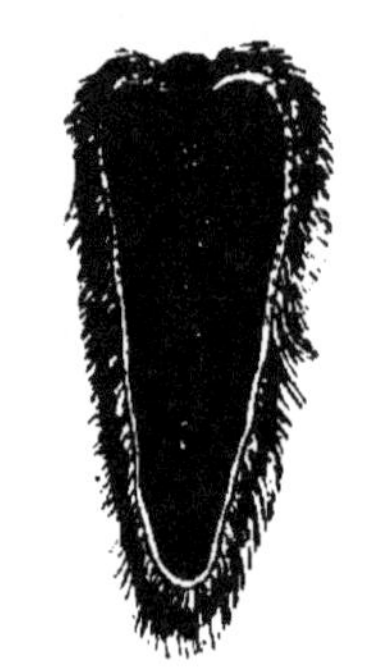

Fig. 95. — Larve ciliée d'une Douve.

en arrière par une queue filiforme qui rappelle le Têtard de la Grenouille. Grâce aux mouvements très rapides et flagellatoires de cet appendice, le Cercaire peut nager avec agilité dans la chambre respiratoire de la Limnée, sa prison. Voilà une deuxième génération de larves, imparfaites encore car elles ne possèdent pas d'organes de reproduction. Mais le Cercaire force bientôt l'enceinte de sa prison : il s'attaque à la paroi de la chambre respiratoire, la perfore et va se loger dans le corps de la Limnée. A peine arrivé, il s'immobilise ; l'aiguillon et la queue, devenus sans emploi, disparaissent et le Cercaire devient chrysalide. Il s'entoure d'une capsule ou kyste exsudé par les parois du corps et attend ses destinées futures qui sont solidaires de celles de son hôte. Or, la mort de l'un est le salut de l'autre, car quelque Canard, friand de Limnées, en avalant le Mollusque, introduit le Cercaire enkysté dans son tube digestif qui fut son premier berceau. Après tant de voyages et de péripéties, le Cercaire éclôt de son kyste protecteur, devient libre et se complète par des organes reproducteurs sexuels. Ce n'est plus un Cercaire alors, mais une Douve qui pond de nouveau des œufs d'où naîtront de nouvelles larves qui vont recommencer à leur tour le voyage de leurs parents à travers l'eau, le poumon et les organes de la Limnée pour revenir à leur point de départ.

On conçoit qu'en présence d'une vie si aventureuse, si remplie de dangers de mort pour les formes adolescentes de l'animal parfait, la Douve combatte les chances d'une destruction de son espèce par la production d'un nombre considérable d'œufs. Plus les hasards destructeurs se multiplient, et plus la nature leur donne prise afin de sauver par le nombre ce qu'elle ne peutsauver par les qualités des individus.

Les migrations de toutes les espèces de Douves (Distomes et Monostomes) ne sont pas encore connues, mais entrevues ou supposées. Les formes cercaires habitent souvent des Mollusques ou des larves d'Insectes aquatiques; les formes adultes, les voies digestives des Oiseaux aquatiques ou des Batraciens.

Tout un groupe de Trématodes, celui des Polystomiens, se reproduisent par des œufs, mais l'embryon ne passe pas par les formes larvaires asexuées qui établissent la géné-ration alternante.

L'ovule des Trématodes se constitue de cellules vitellines et de cellules germinatives qui ont pris naissance séparément dans deux organes différents : le *vitellogène* et le *germigène*. C'est à l'embouchure commune des deux conduits qui amènent les produits de ces deux organes que l'ovule se constitue; un peu plus bas, il s'entoure d'une coque. D'abord mince et flexible, la coque reçoit sa forme des contractions de l'oviducte, et dans certains Trématodes il existe là comme une sorte de moule, appelé *ootype*, où les œufs sont modelés par les contractions des parois comme sous les « coups de piston d'une machine à vapeur ». Plus loin, l'enveloppe devient plus résistante, jaunâtre, puis brune, et les œufs deviennent plus petits. Petits, chez les Douves par exemple, les œufs sont énormes chez d'autres Trématodes et souvent leur coque se garnit d'appendices filiformes simples ou doubles, parfois très longs et enroulés en spirale à une des extrémités. La plupart des œufs s'ouvrent à l'un des pôles par un opercule au moment de l'éclosion.

Quand les sexes sont séparés, comme cela arrive chez quelques Trématodes, des différences de forme fort bizarres font reconnaître parfois le mâle de la femelle. Le *Distoma filicolle* mâle est cylindrique et mince, la femelle large et bourrée d'œufs. Le *Distoma hœmatobium* mâle, qui se loge dans la veine porte des Égyptiens, est cylindrique, allongé et creusé dans toute sa longueur d'une gouttière où se trouve enfermé, soudé au mâle, le Distome femelle beaucoup plus grêle. C'est là une sorte de conjugaison perfectionnée qui diffère de la zygose des Mucorinées et des Vorticelles par la différenciation très accusée des deux gamètes.

Une des conjugaisons les plus bizarres est celle du *Diplozoon paradoxum*, animal double comme le dit son nom, et qui résulte de la soudure par le milieu du corps de deux individus libres au début. La soudure opérée, l'être double qui en résulte prend la forme d'un H et les deux contractants ne peuvent dorénavant se séparer.

Némathelminthes. — Les Némathelminthes sont des Vers à corps cylindrique ordinairement très long, pouvant atteindre jusqu'à 1 mètre de développement. Ils se meu-

vent à la façon des Serpents par des contractions « ver-
miculaires », car ils sont dépourvus d'organes spéciaux
de locomotion. Parasites pour la plupart, ils habitent les
organes digestifs, respiratoires, etc., de beaucoup d'animaux supérieurs et de l'Homme, où leur présence peut
déterminer des accidents plus ou moins graves, quelquefois mortels (Trichines).

Quelques-uns sont remarquables par l'absence de tube
digestif. Ils se nourrissent par l'absorption des matières
nutritives à la surface totale du corps.

On connaît la Trichine, ce terrible Nématoïde qui,
encore dernièrement, a immobilisé des transactions com-
merciales considérables entre la France et l'Amérique du
Nord.

La Trichine nous est transmise par la viande de Porc.
Au microscope, les muscles du Porc se montrent remplis
d'un nombre plus ou moins considérable de petites capsules ou kystes qui renferment chacun un Ver enroulé
en spirale autour de lui-même (fig. 96). Ce sont autant
d'embryons de Trichine qui ont pris naissance dans l'intestin du Porc. Ces petits naissent vivants et, après
l'expulsion, se répandent dans l'intestin. Ensuite, ils
perforent la paroi intestinale et vont, comme les Cercaires, se loger dans les muscles où ils s'enkystent. Ils
s'entourent d'une capsule solide que leur préparent les
parties externes de leur propre corps et s'incrustent,
pour plus de protection, de corpuscules calcaires ; car
leur séjour dans les muscles du Porc peut devenir fort
long. La Trichine spiralée, en effet, n'est mise en liberté
qu'au moment où la chair de son hôte passe comme aliment dans le tube digestif d'un autre animal, de l'Homme
par exemple. Alors chaque kyste renaît à la vie qui n'était
que latente en lui. La jeune Trichine se déroule, acquiert
un ovaire et pond des œufs où l'embryon est déjà éclos
(fig. 97). Les jeunes, à leur tour, vont en grand nombre
traverser l'intestin de l'Homme et s'enkyster dans ses

muscles, où ils produisent les accidents quelquefois mortels de la trichinose.

L'histoire de la Trichine est différente de celle de la

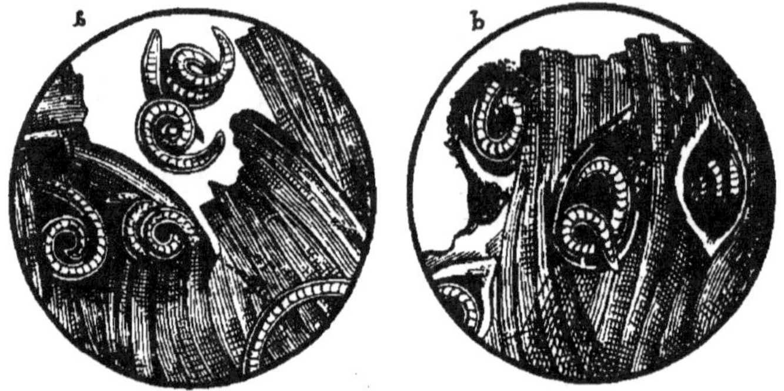

Fig. 96. — Trichines enkystées entre les fibres musculaires du Porc.

Douve-Cercaire, en tant que la forme adulte sexuée aussi
bien que la forme larvaire, enkystée et asexuée, peuvent se
développer indifféremment dans le tube digestif et dans

les muscles de beaucoup
d'animaux, tandis que les formes correspondantes de la
Douve-Cercaire demandent un
milieu spécifiquement déterminé. En effet, on a ren-
contré la Trichine adulte,
pondeuse, avec le mâle,
dans le tube digestif de
l'Homme, du Chien, du Blai-
reau, du Rat, comme on a
trouvé également la Trichine
embryonnaire enkystée dans
les muscles de ces différents
animaux qui peuvent par con-

Fig. 97. — Trichine remplie
d'embryons naissants.

séquent s'infester réciproquement. Les Rats sont de tous
ces animaux les plus infestés. Ils transmettent leur parasite au Porc qui le communique à l'Homme, du mo-

ment que les préparations, telles que salaison et cuisson, qu'on fait subir à la viande de porc ont été insuffisantes pour tuer les kystes musculaires.

Le Dragonneau ou Filaire de Médine, un parasite de l'Homme, a de singulières habitudes. Il se loge sous la peau des habitants des côtes de Guinée, de l'Asie centrale, etc., et détermine des abcès à travers lesquels il sort spontanément, mais avec une lenteur extrême. Pour hâter son départ, les médecins indigènes lui engagent l'extrémité dans la fente d'un petit bâtonnet coupé en fourche et l'enroulent autour en prenant de grandes précautions : car, tous ces Vers sous-cutanés sont des femelles vivipares qui contiennent une infinité de petits embryons. Si, lors de l'opération, le Ver venait à rompre, tous les embryons se répandraient dans les tissus environnants en occasionnant les plus graves désordres. Cependant ces Vers ne pénètrent pas du dehors sous la peau ; ils viennent du tube digestif de l'Homme où, sous la forme larvaire, ils ont été ingérés avec la boisson. On a trouvé en effet que les petits embryons, après avoir quitté leur mère, vont se loger dans de petits Crustacés appelés Cyclopes, fréquents dans les eaux stagnantes et impures. Arrivés avec les Cyclopes dans l'intestin de l'Homme, les Filaires embryonnaires encore asexués se complètent, les uns en mâles et les autres en femelles. Les mâles périssent, les femelles fécondées seules subsistent, traversent la paroi intestinale et, bourrées d'embryons éclos dans leur intérieur, vont élire domicile dans les tissus sous-cutanés où elles accuseront leur présence par les tumeurs éruptives susdites.

Un autre Dragonneau, le *Gordius aquatique*, visite dans son voyage d'adolescent jusqu'à quatre milieux différents, passant successivement par le corps d'une larve d'Insecte, d'un Poisson, d'un Crustacé, pour revenir pondre librement ses œufs dans l'eau. Le nombre de ces œufs est immense : on a calculé qu'une seule femelle pouvait pondre jusqu'à huit millions d'œufs en une journée ! Les œufs de Gordius, arrondis et incolores, sont agglutinés par une substance gélatineuse et pondus sous forme d'un cordon très allongé.

La fécondité de l'Ascaride lombricoïde, qui habite l'intestin grêle de l'Homme, est encore plus prodigieuse, car on a calculé sur le volume des œufs que leur nombre

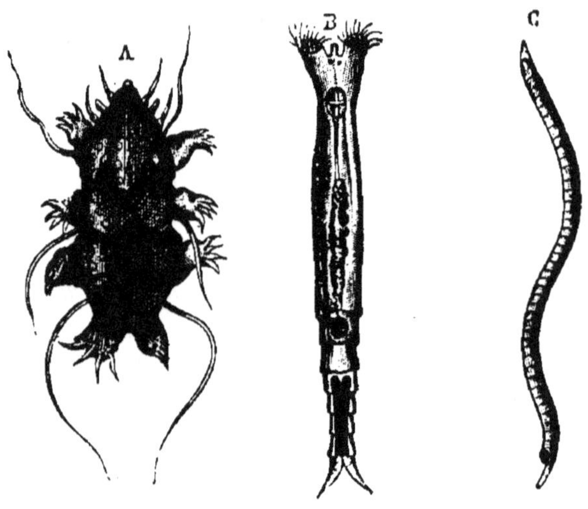

Fig. 98. — A. Tardigrade. B. Rotifère. C. Anguillule.

atteint pour une seule femelle jusqu'à soixante-quatre millions.

Nous pourrions multiplier ces exemples de migrations des œufs et de leurs produits chez les Némathelminthes ; qu'il nous suffise d'en avoir ébauché le genre de péripéties et les principales étapes de la route. Tous les Nématoïdes n'ont pas ces mœurs vagabondes : les Oxyures, les Anguillules, par exemple, pondent des œufs d'où sortent des embryons pareils à leurs parents et qui recommencent, dès le berceau, le genre de vie de leurs parents.

Les Anguillules doivent leur nom à la forme allongée

de leur corps, à leurs mouvements ondulatoires, vifs, qui les font ressembler à de microscopiques anguilles diaphanes (fig. 98, C).

Elles habitent en grand nombre le blé « niellé », d'abord les parents, ensuite toute la nichée provenant d'eux. Les parents attaquent de bonne heure l'ovaire du Blé, les enfants envahissent le grain. Mais là n'est pas tout l'intérêt de leur biographie ; les jeunes Anguillules restent attachées au grain et se dessèchent avec lui après la maturation. Elles ne meurent point : placez de cette poudre blanche de Blé niellé dans de l'eau, et peu de temps après le microscope vous montrera une foule de ces petits Vers s'agitant vivement dans tous les sens. Ils sont ressuscités à la vie par l'humidité après un temps qui peut être indéfini. Et ainsi font les Anguillules « endormies », quand le grain de blé niellé arrive dans le sillon du champ labouré. Elles se réveillent, quittent leur nichée et remontent le long des jeunes tiges. Au moment de la floraison, elles s'introduisent dans l'ovaire, se complètent et se reproduisent, comme l'ont fait, l'année dernière, leurs parents.

Nous retrouvons des faits de reviviscence et de vie latente pareils dans la petite classe des *Rotifères* qui ont été décrits autrefois comme des Infusoires. On trouve souvent dans la poussière des gouttières une espèce de Rotifères appelés « Rotateurs » à cause de la forme et du mouvement apparent de deux disques placés sur les côtés de la tête et garnis de cils vibratiles (fig. 98, B). Les cils, par leurs mouvements ondulatoires, simulent une rotation. Quand on place ces animaux dans une goutte d'eau sous le microscope et qu'on fait évaporer l'eau ensuite, on voit le Rotateur devenir immobile, se tordre, se déformer et, à la fin, ne plus donner aucun signe de vie. Mais ce n'est qu'une mort apparente, car, dès qu'on le mouille de nouveau, on le voit reprendre vie et la continuer comme si rien ne l'avait interrompue. Dans cet état de mort apparente, on peut même soumettre ces animaux à des influences qui leur seraient mortelles dans l'état vital ordinaire. On a vu ainsi des Rotifères commencer leur vie, être forcés de la suspendre, puis la reprendre, le tout durant un temps plus long que le temps moyen de leur vie active. Ne dirait-on pas que les Vertébrés à sommeil hibernal ont conservé quelque chose de ces facultés conservatrices des Rotifères et des Anguillules?

Les Rotifères se reproduisent par des œufs pondus par les femelles, beaucoup plus nombreuses et plus vivaces que les mâles, ce qui longtemps a laissé ces derniers ignorés. Les œufs sont pondus en petit nombre et sont relativement très gros. Ils ont une forme ovale et un contenu incolore entouré d'une enveloppe simple. Plusieurs espèces pondent deux sortes d'œufs : les uns, évacués pendant la bonne saison, sont appelés *œufs d'été* et éclosent de suite ; les autres, pondus en automne, sont des « œufs d'hiver », enveloppés d'une coque cellulaire plus dure et double qui leur permet de passer la mauvaise saison et d'éclore seulement au printemps suivant. Quelques-uns, comme le Rotateur commun, sont vivipares ; d'autres portent leur ponte sur eux, et ceux qui habitent dans des tubes déposent leurs œufs à l'intérieur de ces gaines.

Annélides. — Les Annélides comprennent des animaux déjà bien plus parfaits d'organisation que ceux que nous avons trouvés jusqu'alors parmi les Vers. Les uns sont marins, les autres habitants d'eau douce ou terricoles. Leur corps est nu ou garni de soies qui servent d'organes de locomotion et de respiration. Les représentants les plus connus de cette classe sont les Sangsues, les Lombrics ou Vers de terre, les Naïades, les Arénicoles des pêcheurs, etc.

La Sangsue grise ou médicinale appartient au groupe des Hirudinées. Elle habite, comme on sait, les étangs et les eaux stagnantes de l'Europe orientale, d'où elle s'est répandue peu à peu, grâce à son emploi pharmaceutique, sur toute l'Europe. D'ordinaire elle incommode les Grenouilles en leur soutirant le sang, mais ceux qui ont pris des bains dans les eaux habitées par des Sangsues ou qui ont vu des centaines de Sangsues s'attacher au corps du bétail qui s'est hasardé imprudemment dans l'eau, se rappellent qu'elle préfère le sang chaud des animaux

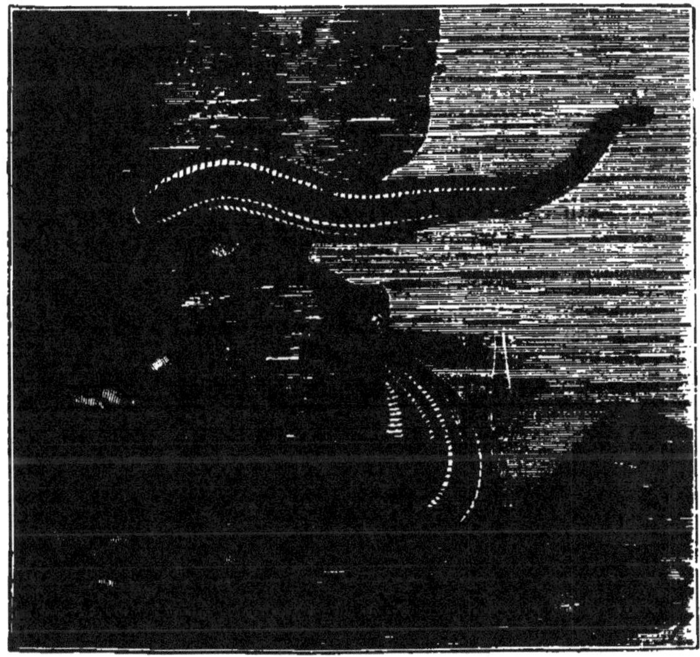

Fig. 99. — La Sangsue.

plus élevés (fig. 99). La ponte des œufs est effectuée longtemps après la fécondation. Au printemps, neuf ou dix mois après la fécondation, la Sangsue se creuse un trou dans le rivage pour y pondre ses œufs dans un cocon. Elle choisit pour cela un terrain humide, exempt de sable dont les grains ne manqueraient pas de la blesser mortellement. Souvent aussi elle profite à ce moment du terrain propice pour gagner souterrainement une mare ou un étang voisin, laissant le propriétaire du premier fort intrigué de sa disparition subite. Après s'être installée dans son nid, elle sécrète, par une série de glandes disposées en ceinture autour de son corps, une capsule mince comme une membrane. Elle recouvre ensuite cette première capsule d'une matière spongieuse rejetée par la bouche sous forme de bave écumeuse. Ce cocon a la grosseur d'une fève et ressemble à une petite Éponge. Il reçoit une dizaine d'œufs incolores, entourés d'un liquide gélatineux. La ponte effectuée, la Sangsue se retire du cocon : elle s'en débarrasse comme d'un anneau et les deux extrémités se referment élastiquement derrière elle, mais pas au point d'empêcher les jeunes Sangsues de prendre le même chemin pour en sortir après l'éclosion. Au bout de six à huit semaines, les jeunes Sangsues écloses gagnent le large et se développent en adultes sans passer par des métamorphoses. Il est facile de faire pondre les Sangsues en captivité et de voir éclore les jeunes. On n'a qu'à réunir au printemps, dans une cruche en terre, remplie à moitié de terre glaise humide, un certain nombre de ces Vers. On remise la cruche fermée à l'aide d'une toile au fond de la cave. Au bout de deux mois environ on casse soigneusement la cruche et l'on peut dégager alors de la terre glaise un certain nombre de cocons dans lesquels les jeunes Sangsues écloses se tiennent cachées. Au contact de l'eau elles sortent et vont immédiatement se fixer contre les parois de l'aquarium.

Parmi les Annélides à corps garni de soies, nous rencontrons d'abord le Lombric terrestre ou Ver de terre. Cet animal singulier, aveugle, vit dans des trous qu'il se creuse dans la terre. Il se nourrit de limon, laissant à son tube digestif le soin d'en choisir les matières alimentaires. On sait que certains Indiens du Nouveau Monde l'imitent sous ce rapport.

La surface du corps est pourvue, comme chez les

Sangsues, de nombreuses glandes, mais au moment de la ponte, vers le milieu de l'été, les glandes qui se trouvent vers le trentième anneau du corps se développent considérablement et entourent le Lombric d'une sorte de ceinture blanche, jaunâtre, qu'on appelle *bât* ou *clitellum*, occupant plusieurs anneaux du corps. En outre, une série de glandes disposées le long du tube digestif entrent alors en action et sécrètent, ainsi que le bât, un liquide blanc et visqueux qui se solidifie et forme une sorte de cocon destiné à recevoir les œufs. Chacun de ces cocons a une forme allongée et une consistance feutrée. Ils diffèrent de ceux des Sangsues par la taille, le nombre et par un prolongement en col à chaque ouverture. Ils restent collés ensemble et reçoivent une demi-douzaine d'œufs très petits Les cocons ovigères des Lombrics sont souvent attachés par leurs appendices aux plantes. Une espèce enferme ses œufs dans des cocons qui ont la forme de gousses.

Le Ver de terre se multiplie en outre facilement par scissiparité. Coupons-le en deux parties (et ce que nous faisons là doit lui arriver bien souvent, lent, mou et sans défense qu'il est) : au bout d'un certain temps, le tronçon postérieur aura acquis une nouvelle extrémité céphalique et le tronçon antérieur une nouvelle extrémité caudale; au lieu d'un Ver entier, nous en aurons deux. Chacun de ceux-ci, à son tour, pourra être multiplié de même et finalement toute une série d'individus issus de multiplication asexuée devra l'existence à la singulière propriété de restauration du premier. Les *Naïs*, qui sont de petits Vers d'un rouge vif, habitant le sol vaseux des mares d'eau douce, donnent des résultats encore plus frappants, et Bonnet, un de leurs nombreux observateurs, a vu se reconstituer en individus distincts vingt-quatre fragments de Naïs réalisant tous la forme de l'animal souche.

Cependant cette scissiparité n'est pas seulement une

garantie contre les accidents, elle est souvent spontanée et devient gemmiparité. Tel est le mode de multiplication normal de plusieurs *Naïs*, et alors la portion caudale se garnit déjà de ses organes céphaliques avant qu'elle se soit encore détachée de la portion antérieure.

Voici enfin un dernier groupe de Vers. Ce sont d'un côté les Tubicoles qui, fixés le plus souvent contre les corps sous-marins, habitent chacun un tube de forme plus ou moins bizarre, de consistance cornée ou pierreuse ; de l'autre, les Vers errants ou Néréides, marins aussi, doués d'instincts carnassiers, nomades et plus parfaits d'organisation. Tous se font remarquer par la beauté de leur livrée et beaucoup par l'élégance de leurs formes. Pareils à des queues de paon étalées, à des crêtes d'amarante ou à des aigrettes soyeuses, leurs panaches de soies branchiales passant du rouge sanguin au carmin le plus tendre, flottent sur la tête ou s'échelonnent le long du dos.

Jusqu'aux œufs qui participent à cette belle coloration, car ils sont le plus souvent vivement colorés en rouge comme les œufs des Aphrodites, ou en jaune ferrugineux comme ceux des Térébelles.

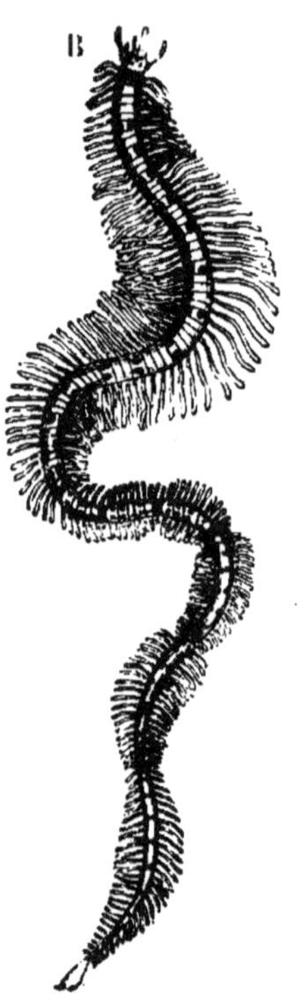

Fig. 100. — Myrianide en voie de multiplication gemmipare ; de nouveaux individus se sont développés en arrière du premier.

La plupart de ces Vers sont ovipares ; quelques-uns donnent naissance à des petits vivants qui se développent à l'intérieur de la femelle et ne peuvent en sortir que par la rupture de la paroi de son corps.

Les œufs sont pondus isolément ou agglutinés ensemble par une matière albumineuse. Les Serpules, qui habitent dans des tubes pierreux, collent leurs œufs, réunis en pelotons, contre les objets qui se trouvent près de l'ouverture de leur fourreau.

Beaucoup d'Annélides nomades prennent grand soin de leur couvée; loin de l'abandonner sur un corps étranger, ils la portent avec eux à découvert ou dans des poches spéciales. Ainsi les Syllides, les Grubies portent leur ponte attachée aux soies qui garnissent leurs « pieds ». L'Exogone dispose ses œufs en séries longitudinales à la face inférieure de son corps. Le *Polynoe* et le *Cystonereis* gardent leur ponte dans de petites pochettes et les Aphrodites en remplissent leurs *élytres*, sortes de boucliers situés à la face dorsale de leur corps. L'Autolyte, un Ver vivipare, porte sur soi une longue poche de forme elliptique où se rendent les œufs pour être couvés; car les jeunes y éclosent et n'en peuvent sortir qu'après la rupture des parois.

Tandis que les sangsues, les Lombric, etc., naissant avec la forme embryonnaire qui caractérise l'adulte, les Térébelles, Arénicoles, Néréides, etc., éclosent à l'état de larve et traversent, avant d'arriver à la forme adulte, plusieurs changements métamorphiques.

Ajoutons que quelques Annélides tubicoles et errants tels que l'Autolyte, la Protule, la Myriane, se multiplient par scissiparité spontanée et par gemmation (fig. 100), offrant de la sorte un exemple de génération alternante.

VI

— Colonies, nourrices, soldats — Les Insectes malfaiteurs à domicile.

Les Crustacés, ou animaux « encroûtés », forment avec les Araignées, les Mille-pieds et les insectes le sous-embranchement des *Articulés*. Les Crustacés sont aquatiques pour la plupart; quelques-uns, comme les Cloportes, les Armadilles, etc., sont terrestres.

Tous les Crustacés se propagent par des œufs qui éclosent après la ponte, dans un abri que la femelle, pour plus de sûreté, a ménagé à sa progéniture sur une partie de son corps.

Les sexes sont presque toujours séparés, et souvent mâles et femelles sont si différents les uns des autres qu'on les prendrait pour des animaux d'espèce séparée. Ces différences portent notamment sur la taille, et tel mâle est vingt fois plus petit que sa femelle. Tel autre est microscopique et parasite de sa femelle, car ce nain dépourvu d'organes digestifs, se fixe contre elle sans la quitter pendant toute la période de son existence, d'ailleurs plus courte que celle de son hôtesse.

Ou bien la différence réside dans la forme des membres, adaptés alors plus particulièrement à l'incubation des œufs. Ainsi le *Praniza* mâle a un corps presque cylindrique et une tête large, tandis que la femelle possède un corselet très large de lamelles membraneuses, suivi d'une queue allongée comme chez les Écrevisses.

La femelle du Crabe est pourvue d'un abdomen plus large où vont se fixer les œufs, et les Gélasimes mâles ont une pince très grande et forte, tandis que les femelles ont deux pinces grêles et courtes.

Les œufs des Crustacés sont le plus souvent vivement colorés en vert, jaune, violet ou bleu, et par là faciles à reconnaître. Cette coloration est due à une infinité de petites gouttelettes grasses qui font partie du vitellus. Très petits chez les Crustacés inférieurs, les œufs atteignent

un volume relativement considérable chez les Crabes,
Homards, Écrevisses, Crevettes, etc., où on peut les voir
facilement avec leur couleur ordinairement rouge ou
orangée. Ils sont arrondis, pourvus d'une enveloppe membraneuse et d'une sphère vitelline assez grosse.

Le nombre des œufs pondus par une femelle de Crustacé est infiniment moins considérable que chez la plupart des Vers. Par contre, la mère prend beaucoup plus
de soins de sa ponte, et n'abandonne sa couvée qu'au
moment où l'initiative personnelle de ses jeunes les
garantit déjà dans une certaine mesure contre les acci-

Fig. 101. — Balanes ou Glands de mer

dents d'une première jeunesse sans défense et contre
les attaques de nombreux ennemis.

Voyons par quelques exemples comment l'amour maternel, éveillé de plus en plus, assure à l'œuf une évolution tranquille.

Les Balanes ou Glands de mer (fig. 101) sont des Crustacés fixes qui recouvrent de leurs coquilles bivalves tous
les corps sous-marins solides : rochers, pierres, coquilles
d'huîtres, etc. Serrés les uns contre les autres, les uns
comme un pois, les autres de la taille d'une noisette, ces
singuliers êtres rappellent les Kermès du figuier et ressemblent certainement plus à un coquillage qu'à un parent

de l'Écrevisse. Inertes à l'air, ils se plaisent à être fouettés de l'écume des vagues et s'épanouissent alors en panaches soyeux comme les Vers tubicoles. Leurs œufs, bleus ou jaunes, sont disposés dans une cavité du manteau. Ils sont réunis entre eux par une matière visqueuse et forment deux larges disques protégés encore par une partie des organes respiratoires. C'est dans cette chambre que les œufs éclosent, que naissent les larves. Libre au moment de son départ, la larve nage pendant quelque temps à l'aide de ses appendices garnis de soies. Rien dans sa forme ne rappelle sa mère. Le corps est mou et porte un œil frontal avec deux petits prolongements en corne. On lui donne le nom de *Nauplius*, qui n'a pas d'autre signification spécifique que celui de *Cercaria* des larves de Douves.

Mais bientôt la larve, par une sorte de mue, se métamorphose en une autre forme plus rapprochée de l'adulte parce que le corps s'entoure d'une coquille molle à deux valves. Toujours libre, la larve ressemble alors à un autre petit Crustacé appelé *Cypris*, d'où le nom de larve *cyprinoïde* réservé à cette deuxième forme. Puis, les mouvements de la jeune Balane se ralentissent ; laissée par une vague à la surface d'un rocher, elle se fixe par le dos. Son manteau l'enveloppe de plus en plus et s'incruste d'un dépôt calcaire. Les yeux disparaissent et finalement la larve s'est transformée en une de ces coquilles tronquées que nous avons vues parsemées à la surface des corps sous-marins.

Les Anatifes cachent leurs œufs dans un capuchon de leur manteau et se développent d'une façon analogue.

Les Cyclopes ou Monocles sont de petits Crustacés d'eau douce qui rappellent un peu la forme des Rotateurs. Ils se développent abondamment dans les eaux stagnantes impures où nous les avons déjà trouvés, porteurs inconscients du Filaire de Médine. Un œil unique, implanté au milieu du front, leur a valu un nom mythologique que l'exiguïté de leur taille désavoue.

La femelle est plus grande que le mâle. Elle porte ses œufs dans deux sacs allongés qui lui pendent sur le côté, comme les deux boules du régulateur d'une machine à vapeur. Ces deux poches sont le produit de deux glandes, et c'est dans leur intérieur que les jeunes embryons vont éclore. Ils naissent à l'état de larve ou de Nauplius, pourvus d'un œil unique ; c est alors un animal ovoïde sans appendices ; puis, chaque larve passe par une longue série de mues et de métamorphoses qui lui ajoutent successivement des anneaux et des appendices garnis de poils jusqu'à la forme définitive. Toutes ces formes larvaires sont nomades ainsi que l'animal adulte.

Les Crustacés supérieurs ne nous offrent pas, quant à l'œuf et à ses destinées, des différences considérables d'avec ce que nous venons de constater chez leurs camarades plus humbles. Bien que plus forts de taille et plus perfectionnés de structure, les Squilles, Mysis, Écrevisses, Crabes, Crevettes, etc., ne font pour leurs œufs et leurs jeunes rien que nous ne connaissions déjà. Les uns abandonnent leurs œufs dès la ponte, les autres, plus nombreux, les gardent sur eux dans des poches incubatrices.

On sait que la plupart de ces animaux ont le corps composé d'une succession d'anneaux plus ou moins confondus qui, de forme et d'usage divers, délimitent en avant la carapace avec la tête, en arrière la queue avec la nageoire. Tous ces anneaux portent le plus souvent des appendices servant à la locomotion ou à la respiration, à la mastication ou fonctionnant comme organes des sens.

Les appendices respiratoires garnissent la carapace ou l'abdomen. Parfois ce sont de simples dépendances des pattes ou des pattes entièrement transformées. Au lieu de se transformer en branchies, les pattes ou leurs appendices peuvent se transformer en pièces protectrices qui, par leur juxtaposition, délimiteront la chambre incubatrice.

Les *Mysis* femelles, dont la forme rappelle celle des

Crevettes, sont pourvues d'une grande chambre incubatrice
sous la carapace. Cette poche résulte du rapprochement
en étant de quatre lamelles garnies de soies et attachées
aux branches des pattes.

Chez les Crustacés macroures tels que les Écrevisses,
les Crevettes, la Langouste, etc., tous pourvus d'un abdomen allongé, les anneaux de la queue sont garnis d'une
infinité de pattes poilues auxquelles les œufs, après la
ponte, viennent s'attacher en grappes (fig. 102). Quoique la queue, faisant office de rame natatoire, ne puisse

Fig. 102. — A. Fausse patte abdominale d'une Écrevisse
femelle. B. La même chargée d'œufs.

se replier et former une sorte de chambre incubatrice,
les œufs restent collés aux poils grâce à une matière
visqueuse sécrétée par des glandes sous-épidermiques.
Cette substance durcit dans l'eau et attache ses œufs
jusqu'à leur éclosion si solidement, que les mouvements
natatoires les plus violents de la femelle ne peuvent les
faire tomber.

Qui n'a pas vu la masse rouge framboisée des œufs
d'une Écrevisse immédiatement sous le bord postérieur
de la carapace (fig. 103), et les œufs rouges ou jaunes
du Homard ou de la Crevette femelles suspendus après
la ponte en nombre considérable sur les poils des pattes
abdominales[1]? Les Crabes femelles replient l'abdomen au-

1. C'est aussi entre ses fausses pattes que la Crevette attache les
quatre à cinq mille œufs qu'elle a pondus au printemps et qui éclosent

dessous de la carapace et aménagent ainsi une chambre ovigère où les œufs, enduits d'une substance collante, viennent s'attacher aux nombreux poils des fausses pattes. Ils y demeurent jusqu'à l'éclosion des embryons et par-

fois ceux-ci ne quittent leur mère que longtemps après leur naissance.

Les embryons de ces Crustacés élevés naissent à l'état de larve (fig. 104). Avant de passer à l'état adulte, ils traversent des métamorphoses plus ou moins bizarres. Peu accusées chez l'Écrevisse et le Homard, par exemple, ces métamorphoses deviennent si caractéristiques chez les Crabes (fig. 105) et les Langoustes, qu'on a longtemps considéré les formes intermédiaires comme des espèces distinctes sous les noms génériques

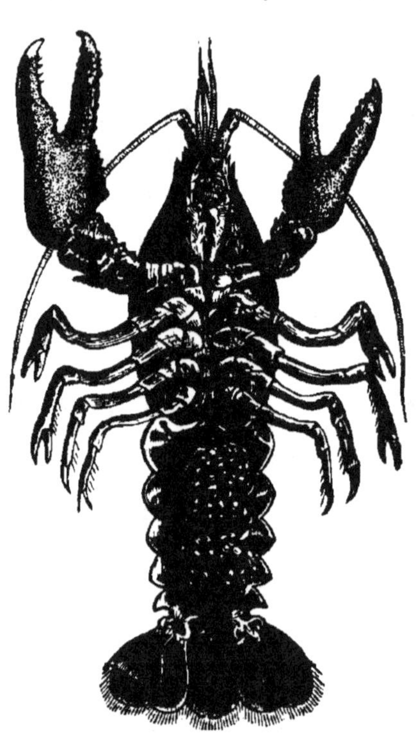

Fig. 103. — Écrevisse femelle vue en dessous pour montrer les grappes d'œufs attachés sous l'abdomen.

de *Nauplius*, *Zoéa*, *Phyllosoma*, *Megalops*, etc.

Ainsi l'être bizarre qu'on appelle vulgairement Bernard

après six semaines. Les œufs sont très petits et les jeunes larves n'ont que trois millimètres de longueur. Malheureusement la culture artificielle de ce Crustacé qui, constitue pourtant un article de commerce assez important, n'est pas réglée et, en pêchant la Crevette en été, on détruit ordinairement l'espoir d'une bonne pêche pour l'année suivante.

l'Ermite et qui loge son abdomen mou dans une coquille après en avoir expulsé le légitime propriétaire,
naît à l'état de *Zoéa*, qui est une larve portant sur le front
une corne pointue fort longue à côté d'un œil grand et
unique. Une queue grêle et des appendices latéraux garnis de soies ajoutent à la bizarrerie de la forme. D'autres
larves *Zoéa* sont munies de deux cornes en épine, longues et dirigées l'une en avant, l'autre en arrière. A vrai

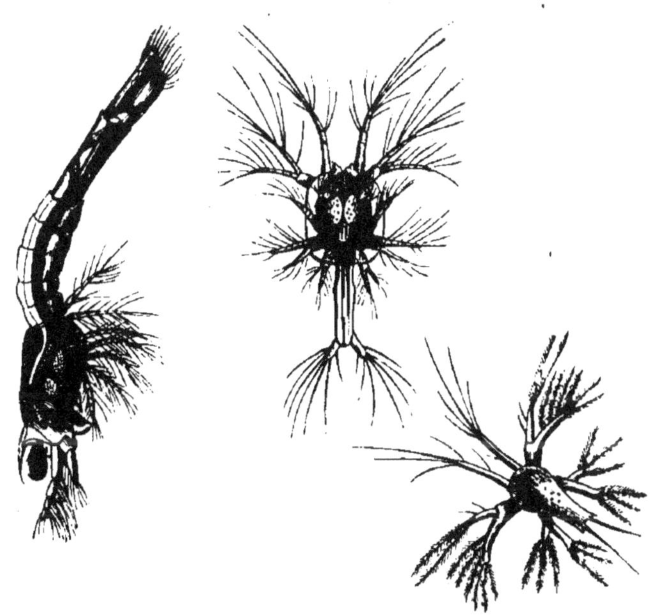

Fig. 104. — Métamorphoses du *Penœus semisulcatus*.
Larves Nauplius et Zoéa.

dire, la forme *Zoéa* est une deuxième étape dans l'évolution de la larve, car quelques espèces naissent à l'état de
Nauplius, comme les Crustacés inférieurs, puis se forment en *Zoéa*, finalement en adulte.

La larve de la Langouste est une forme larvaire plus
particulièrement appelée *Phyllosome* (fig. 106) d'après
son premier biographe, qui en ignorait la provenance et
la destinée.

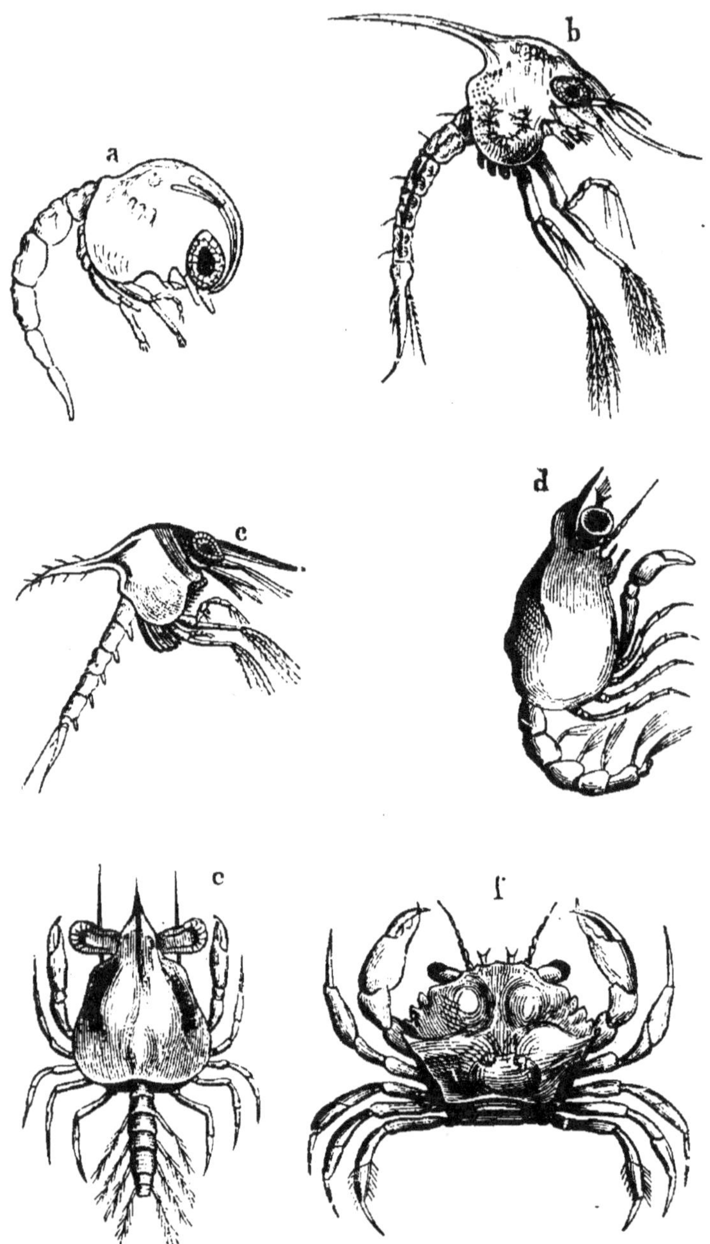

Fig. 105. — Métamorphoses du Crabe.

Pour la première fois nous trouvons chez les Crustacés des exemples de parthénogénèse bien caractérisés, tels que nous en avons relevés chez les plantes inférieures : ce qui veut dire que les femelles sont capables de produire des œufs féconds sans avoir été fécondés. C'est là un effet de rétrogradation de la faculté reproductrice qui rappelle la multiplication par gemmation, mais cette gemmation est localisée cette fois dans l'ovaire au lieu d'être répartie, comme ailleurs, à la surface générale

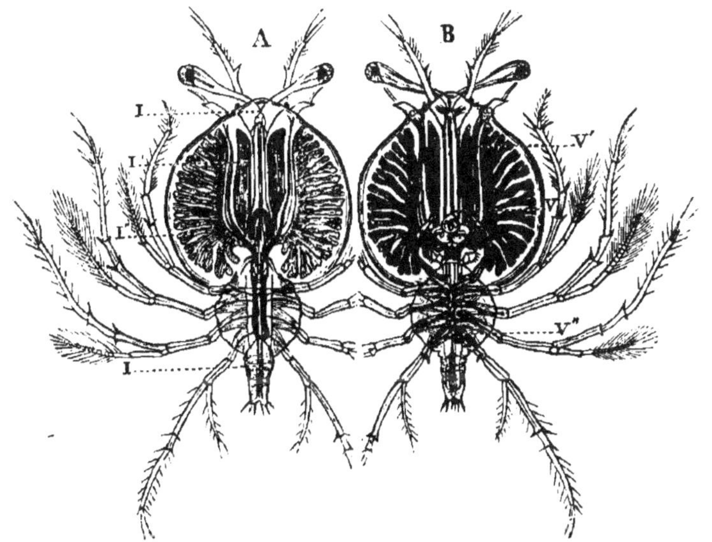

Fig. 106. — Phyllosome de Langouste.

du corps ou sur d'autres organes plus indépendants.

Les Puces d'eau douce ou Daphnies pullulent dans les eaux stagnantes parfois au point de leur communiquer subitement une belle couleur rouge qui est celle de leur corps. L'histoire de leur reproduction est presque la même que celle des Pucerons, que nous étudierons chez les Insectes. Durant tout l'été, on trouve les Daphnies femelles représentant seules leur espèce, ce qui ne les empêche pas de pondre à différentes reprises jusqu'à cinquante œufs à la fois. Ceux-ci vont se loger dans un réservoir que la mère leur a aménagé au sommet des deux valves qui lui entourent le corps comme chez les *Cypris*. Dans cette chambre incubatrice, appelée *selle*, les jeunes embryons éclosent déjà au bout de quatre jours, et comme ils sont tous femelles, ils ne tardent pas à se reproduire par des œufs, comme leur mère, sans être fécondés.

Vers la fin de l'été seulement apparaissent, au milieu des embryons femelles, des embryons mâles, un peu différents de forme. Dès lors la reproduction s'opère normalement, et les produits en sont deux ou trois œufs plus rouges et plus consistants que les premiers. Au lieu d'éclore de suite, comme les autres, ces « œufs d'hiver » sont entourés d'une capsule solide que leur forme la chambre incubatrice ; ainsi protégés contre les intempéries du milieu, ils passent l'hiver dans une sorte de vie latente. Au printemps suivant ils éclosent, longtemps après la mort de leurs parents, et continuent l'espèce par de nouvelles pontes parthénogénétiques. On a vu des Daphnies se reproduire ainsi par des œufs non fécondés pendant six générations successives. Peut-être que d'autres Crustacés inférieurs, dont on n'a pas encore pu découvrir les mâles, continuent leur espèce par un procédé pareil.

II. Arachnides et Myriapodes.

Réellement, nous entretenons envers certains animaux des sentiments d'antipathie très peu justifiés. Le pauvre Ver de terre, la modeste Chenille, le malheureux Crapaud, et surtout notre compagne d'infortune, l'industrieuse Araignée, ont tour à tour à souffrir de notre dédaigneuse injustice, sinon de notre cruauté. Cette inimitié se changera bien vite en sympathie dès que nous saurons que tous ces animaux, loin d'être des ennemis dont il faut redouter la pré-

sence, mettent souvent leur activité au service de nos intérêts ou offrent, dans leurs mœurs et dans leurs industries,
l'image d'un instinct très développé et digne d'admiration.

Je plaide la cause de nos Araignées domestiques, car
le moment de leur découverte est ordinairement le dernier
de leur vie. Il est vrai que leurs parentes des pays chauds,
telles que les Scorpions, les Solpuges, la Mygale avicu-
laire, qui est la plus grande et la plus hardie des Aranéides, etc., n'ont, par droit de réciprocité, aucune grâce
à attendre de nous. Il est vrai encore que lès Mites, les
Tiques, les Garapattes et les Sarcoptes, ces nains parmi
les Araignées, ne méritent aucun ménagement. Mais
l'absence des unes dans nos contrées et la petitesse des
autres ne nous autorisent pas à faire une moyenne taille en
nous vengeant sur les habitants de nos contrées, intermédiaires de taille, des méfaits de leurs parents éloignés

Voici l'Argyronète aquatique (fig. 107). Elle est am-
phibie, vivant sous l'eau, dans une petite maisonnette
qu'elle s'est construite avec beaucoup d'art, mais venant
souvent aussi à la surface de l'eau se « charger » d'une
nouvelle provision d'air. Sa retraite se trouve cachée à
une certaine profondeur, au milieu des Algues et des
plantes aquatiques feuillues. C'est une sorte de nid en
forme de poche arrondie, quelquefois ovale, d'une structure fort simple. Les parois en sont faites d'un tissu
lisse et transparent obtenu par l'enchevêtrement d'un
grand nombre de fils de soie extrêmement fins. Les
Araignées possèdent en effet un appareil de sécrétion
de la soie, composé de glandes. Le produit de ces glandes
est visqueux, durcit à l'air et forme des fils. Ceux-ci
s'échappent du sommet de petits cônes ou boutons appelés *filières*, situés à l'extrémité de l'abdomen.

Pour construire son cocon d'habitation aquatique,
l'Argyronète commence par suspendre aux plantes sub-
mergées un réseau de fils relativement peu nombreux.
La trame en est tellement fine qu'on n'en soupçonnerait

Fig. 107. — L'Argyronète aquatique et son nid.

pas la présence, n'était une petite bulle d'air que l'Araignée
est allée chercher à la surface de l'eau et qu'elle a lâchée
immédiatement sous le réseau. Sollicitée par son poids
spécifique beaucoup plus faible, la bulle d'air remonte
vers la surface, mais se trouve arrêtée comme un ballon
dans ses cordages. Par des apports d'air successifs, le
petit ingénieur en augmente le volume jusqu'à ce qu'elle
atteigne environ un centimètre de diamètre. Entourant
alors la bulle d'air, qui fait l'office de l'œuf dont
se sert la raccommodeuse de bas, de nombreux fils de
soie dans tous les sens, il donne à sa logette la forme et la
solidité définitives en ménageant une ouverture à l'extrémité inférieure. Il est très curieux de voir cette Araignée
retenir, en plongeant, une petite bulle d'air entre ses
pattes de derrière et son corps, puis, arrivée sous le réseau, abandonner cette bulle en serrant les pattes contre
l'abdomen. Toutes ces manœuvres sont faciles à voir sur
des Argyronètes captives dans un vase transparent. Ce cocon aquatique est la résidence habituelle de l'Argyronète ;
mais au moment de la ponte, qui a lieu une première
fois au printemps et une seconde fois au mois d'août,
la femelle construit une deuxième pochette. Elle opère
de la même façon, sauf qu'elle donne aux parois une plus
grande épaisseur et plus de consistance dans le tissu.

Ce deuxième cocon est le nid proprement dit, destiné
à recevoir la ponte et à protéger les jeunes. Il est situé
moins profondément sous l'eau et son sommet en dépasse
la surface. Il est divisé intérieurement en deux compar-
timents séparés par une sorte de diaphragme. Le compar-
timent supérieur reçoit les œufs, et l'inférieur sert de
guérite à la mère, où, en vaillante sentinelle, elle se
porte pour défendre sa progéniture contre les attaques
d'une multitude de maraudeurs aquatiques.

La chambre incubatrice reçoit de quatre-vingts à quatre-
vingt-dix œufs pondus dans une enveloppe commune de
fils de soie très solides qui s'entre-croisent à l'intérieur et

maintiennent les œufs en place. Les œufs sont ovoïdes, d'abord presque incolores, puis colorés en jaune vif. Une mince couche d'albumen s'interpose à la fin entre le vitellus et l'enveloppe lisse extérieure. Ils sont plus denses que l'eau et, abandonnés à eux-mêmes, tomberaient au fond. Après huit ou dix jours de séjour dans leur chambre incubatrice, les jeunes Argyronètes éclosent. Si leur développement embryonnaire a été très rapide après la ponte, il est devenu au contraire très lent les derniers jours qui précèdent l'éclosion.

Mais les jeunes Araignées écloses ne peuvent pas encore quitter leur chambre, devenue prison, sous peine de mort : car leur corps ne possède pas encore ce revêtement pileux qui, en retenant dans les interstices des poils une couche d'air enveloppante, les empêche d'être mouillées et noyées. Une fois sorties de leur berceau, elles se construisent chacune une cloche aérienne et vivent dorénavant indépendantes. Il est curieux de voir les jeunes femelles écloses quitter le nid les premières, laissant, comme dernier habitant, le mâle unique de la ponte, qui ne tarde d'ailleurs pas à suivre ses sœurs.

La plupart de nos Araignées choisissent la fin de l'été ou le commencement de l'automne pour pondre leurs œufs. L'Agélène labyrinthique, une de nos Araignées très communes, effectue sa ponte aux premières heures matinales. Elle habite ordinairement le fond d'une grande toile horizontale qui se prolonge en bas en un tube évasé en entonnoir. C'est au centre de ce tube qu'elle suspend le cocon qui sert de nid à ses œufs et aux jeunes. Elle apporte à la confection de son cocon un art non moins étonnant que celui que nous venons d'admirer chez l'Argyronète.

Elle commence par tisser une toile en cône évasé, de 2 ou 3 centimètres de large, inclinée de 45 degrés environ sur l'horizon, et l'arrime aux parois de l'entonnoir par de nombreux cordages rayonnants. Ensuite elle tisse une toile plane qui représente la base de ce cône et qui est d'un tissu un peu plus lâche. Au centre de ce plancher elle dépose, en un seul paquet, près d'une centaine d'œufs qu'elle recouvre en tous sens d'une infinité de fils de soie, de façon à les envelopper d'une sorte de capsule. Grâce à leur enduit humide, malgré sa forte inclinaison, les œufs restent attachés à la toile. Puis, après s'être reposée un peu de ce travail fatigant pendant lequel elle ne cesse de faire marcher vivement son abdomen dans tous les sens, elle construit au-dessus du plancher qui porte les œufs un deuxième réseau en cône, mais qui sera disposé symétriquement au premier. Les œufs se trouvent ainsi portés par un diaphragme qui sépare deux cavités coniques. Passant et repassant autour de cet échafaudage soyeux, l'Agélène l'entortille dans une infinité de fils entre-croisés qui en assurent la solidité et la protection nécessaires. Ainsi conditionné, le nid se présente sous forme de coque étoilée, d'un blanc éclatant, retenue aux parois du tube par de nombreux cordages.

Les œufs ont de un millimètre à un millimètre et demi de diamètre. Leurs enveloppes transparentes permettent de suivre pendant assez longtemps la formation de l'embryon.

C'est en élevant des femelles pondeuses et des œufs en captivité que MM. Plateau et Balbiani sont arrivés à suivre les progrès de l'industrie nidifiante de ces Araignées ainsi que le développement de l'embryon jusqu'à son éclosion.

L'influence de la température est manifeste et remarquable : les œufs d'Agélène pondus au mois d'août ou de septembre éclosent, sous une température de 20 degrés centigrades, au bout de vingt à vingt-cinq jours ; tandis que les œufs qui se développent pendant l'automne et l'hiver ne sont mûrs qu'au bout de plusieurs mois. On peut à volonté hâter l'éclosion en élevant artificiellement la température du milieu dans lequel se trouvent les œufs. Ainsi Leuwenhoek avança de plusieurs mois l'éclosion d'œufs d'Epeire, une de nos Araignées domestiques, en les chauffant au contact de son corps dans un tube qu'il porta constamment sur lui. M. Balbiani répéta et vérifia cette expérience du célèbre physiologiste. Il observa en outre qu'une température de 30 degrés centigrades, prolongée pendant quinze jours, devenait fatale aux œufs d'Épeire diadème, tandis qu'ils résistent parfaitement à un abaissement de — 19 degrés. Ce froid intense épargne le jeune embryon dans l'œuf et le tue au contraire après son éclosion.

Les œufs d'Araignée ont souvent un aspect velouté qui rappelle la fleur ou pruine des fruits. Ceci est dû à une couche de granules extérieures, sorte de ciment blanchâtre qui agglutine les œufs entre eux et les maintient ensemble durant tout le temps de l'incubation après leur avoir permis d'adhérer à leur support.

La couleur du vitellus est le plus souvent jaune plus ou moins vif, parfois rougeâtre. Il est probable que la couleur peut changer pour une même espèce avec les conditions de climat. La matière vitelline est composée de trois substances : une matière albuminoïde, une substance grasse sous forme d'émulsion, et une matière voisine de l'amidon, le glycogène. Cette composition rapproche l'œuf des Araignées de l'œuf des animaux supérieurs comme la Poule.

L'éclosion a lieu de vingt à vingt-cinq jours après la ponte. Dès le lendemain de la ponte, les traces du travail embryogénique se manifestent, et neuf jours après, les segments du corps se constituent (fig. 108). Tandis que les œufs des Araignées proprement dites ont des enveloppes doubles et assez résistantes, ceux des Faucheurs n'ont qu'un seul tégument mince, qui est la membrane vitelline. Mais chez le Faucheur de nos bois (*Phalangium opilio*) cette membrane est recouverte d'une deuxième enveloppe ou chorion, d'une épaisseur et d'une solidité remarquables. Une particularité de l'embyron du Faucheur est la position de ses pattes. Ces appendices étant fort longs et l'espace pour les loger dans l'enveloppe de l'œuf très restreint, l'embryon replie ses pattes et les croise d'une façon fort curieuse et pas du tout en rapport avec leur position sur l'animal adulte. Après avoir quitté les enveloppes de l'œuf, le jeune Faucheur a une apparence bizarre : il est comme déprimé, dégonflé et deux gros yeux disproportionnés sont posés sur le devant du front. Il mue sans métamorphose. Au moindre attouchement ou ébranlement, il replie ses pattes et fait le mort.

Les Scorpions donnent naissance à des jeunes vivants

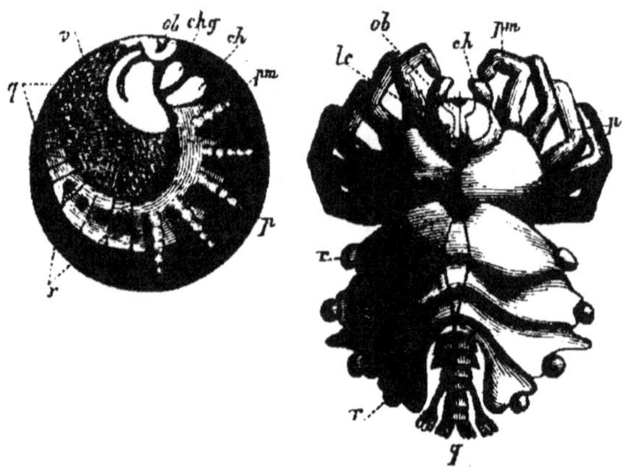

Fig. 108. — A gauche, un œuf d'Araignée avec son embryon à moitié développé.. A droite, un embryon isolé près d'éclore.

au nombre d'une quarantaine. Les œufs, de forme ovale, se développent et éclosent à l'endroit même où ils ont pris naissance. Ils mettent jusqu'à six mois pour éclore. Les Galéodes et les Oribates sont également vivipares.

Quelques Aranéides passent par des métamorphoses avant d'arriver à leur forme définitive. Ainsi les Hydrachnes, qui vivent sur l'eau, sont pourvues à leur naissance d'un bec relativement énorme et de six pattes. Mais plus tard, quand le bec a servi à entamer le corps des malheureux Insectes qui doivent nourrir le parasite, le corps prend un développement prédominant et se garnit, à la suite d'une première mue, de quatre paires de pattes. Ces animaux appartiennent à un ordre inférieur, celui des Acariens, qui emprunte son nom à l'*Acarus* ou Sarcopte de la gale. Les jeunes Sarcoptes éclosent sur la peau des animaux divers dans une vésicule déterminée par le dépôt d'un petit nombre de gros œufs.

C'est cette vésicule qui occasionne les démangeaisons caractérisques de la gale. Les jeunes sont pourvus au moment de l'éclosion de trois paires de pattes seulement; mais à la suite de plusieurs mues ils en acquièrent quatre.

On a appelé Tardigrades à cause de la lenteur de leurs mouvements, et rangé parmi les Aranéides à cause de leur structure, des animalcules microscopiques qui vivent ordinairement, à l'instar des Rotifères, dans le sable des gouttières ou dans la vase des eaux stagnantes et corrompues (fig. 98, A). Ils ont de commun avec les Rotifères la singulière propriété de résister pendant longtemps à la dessiccation dans un état de vie latente, puis de reprendre une vie active en présence de nouvelles conditions vitales convenables. En dehors de cette ténacité à la vie, sorte de garantie personnelle contre l'extinction de leur espèce, ces animaux se reproduisent par des œufs. Chacun d'eux est mâle et femelle à la fois. Les œufs sont relativement très gros, mais en petit nombre. Ils sont nichés parfois dans la peau même de l'animal et s'en détachent à l'époque de la mue, ou bien, libres, se trouvent protégés par une enveloppe très solide et tuberculée.

III. Insectes

Aucune classe d'animaux n'a eu des admirateurs plus zélés ni des biographes plus nombreux que la classe des Insectes ou animaux à corps « entaillé » (*insecare*). La bizarrerie de leurs formes, la beauté étrange de leur livrée, leur commerce poétique avec les fleurs, leur in-

stinct et leur intelligence étonnante ont tour à tour solli-
cité les suffrages d'admiration du savant, du poète et
du philosophe. Aussi, peu de groupes d'animaux sont-ils si
bien connus et étudiés que les Insectes. Cependant tous les
jours encore quelque nouveau représentant de la classe
vient dévoiler ses mœurs intéressantes aux yeux du voyageur ou quelque hardi malfaiteur s'attaque à nos cultures
et exige l'emploi de toutes nos ressources défensives.
Tel est le Doryphore de la pomme de terre, tel est le
Phylloxera de la vigne qui, malheureusement, ne se sont
pas contentés d'ajouter un chapitre intéressant à l'histoire
des Insectes.

La Bibliothèque des merveilles possède déjà un beau volume de M. Girard
sur les Insectes et quelques autres
chapitres en traitent plus ou moins
implicitement, ce qui nous engage à
ne parler ici que de l'œuf Insectes à
un point de vue général et pour ce
qu'il .peut avoir de différentiel avec
l'œuf des autresanimaux. Les faits de
ce genre se pressent sous la plume en
nombre si considérable qu'ils pourraient à eux seuls remplir le cadre
d'un volume.

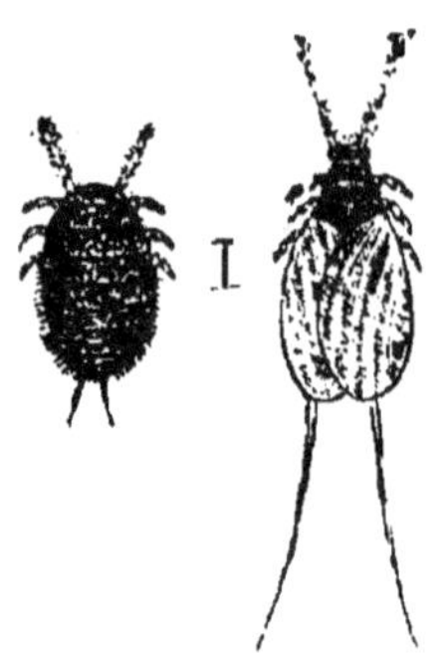

Fig. 109. — Mâle et
femelle de la Coche-
nille.

Chez les Insectes, les sexes sont presque toujours repor-
tés sur des individus différents. Cette différence est le
plus souvent fortement accusée dans la taille, dans la
forme ou dans la livrée.

Ainsi très souvent les femelles sont dépourvues d'ailes
et sédentaires, tandis que le mâle est ailé ou « papillon ».
Tels sont les Kermès, les Cochenilles (fig. 109), dont les
femelles, vivant sur les grandes Cactées du Mexique, sont
desséchées et employées dans l'industrie pour la fabrication du carmin. Chez le Phylloxera, le dimorphisme
est encore plus accentué entre mâles et femelles, sexués

ou agames. Nous reviendrons plus loin sur les mœurs de
ce curieux Insecte.

Les Cigales et les Criquets femelles sont muets, tandis
que les mâles font entendre durant les journées chaudes

Fig. 110. — L'Orgyie mâle et femelle.

un susurrement intense dont les sons métalliques remplissent, en été, les immensités de la steppe embrasée
d'une étrange orchestration.

La femelle de la Géomètre effeuillante est dépourvue
d'ailes et son corps est élargi,
ovale, tandis que le mâle est un
beau petit papillon à corps cylindrique. La même différence
existe entre l'Orgyie antique
mâle et la femelle, l'un étant papillon et l'autre ayant à peine
des rudiments d'ailes (fig. 110).

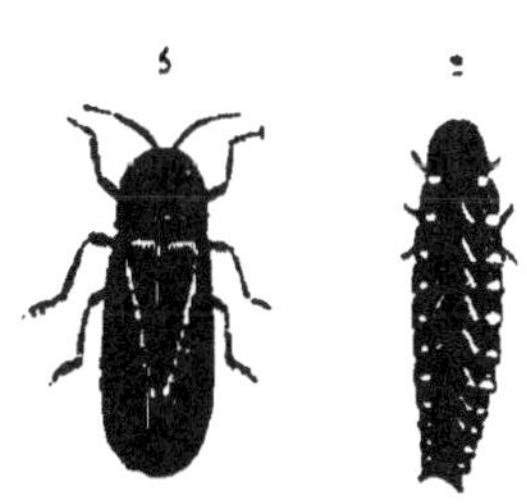

Fig. 111. — Lampyre mâle
et femelle.

Les Lampyres (fig. 111) ou Vers
luisants mâles de nos campagnes
sont ailés et promènent à travers les nuits chaudes printanières deux faibles points lumineux, tandis que les femelles, dépourvues d'ailes et méritant le nom de *ver* luisant
par la forme de leur corps, brillent dans la mousse ou

sur la feuille de l'arbuste d'un vif éclat phosphorescent. Cette lumière est produite dans un organe particulier de couleur jaunâtre situé à la partie postérieure de l'abdomen. Elle est due probablement à une oxydation, quoique la présence du phosphore n'ait pas encore pu être constatée. Une élévation de température en augmente l'éclat. La femelle est déjà phosphorescente dès son état de larve et on a même pu constater une sorte de phosphorescence dans l'œuf. Les Pyrophores de l'Amérique du Sud sont tellement brillants que les indigènes les emploient en guise de lanterne et s'en servent comme de bijoux.

Le dimorphisme sexuel acquiert son plus grand développement chez certains Coléoptères et surtout chez les Hyménoptères vivant en colonies, notamment à l'époque de la reproduction.

On sait que le Lucane cerf-volant mâle est pourvu de deux énormes mandibules bifurquées dont la ressemblance avec le bois du Cerf lui a valu son nom. Les Staphylins femelles acquièrent, au moment de la ponte, un abdomen monstrueux qui gênerait considérablement leur mouvements s'il n'était relevé et porté sur le dos.

Les différences sexuelles les plus variées s'introduisent chez les individus nombreux des sociétés de Fourmis, d'Abeilles, de Termites, etc., mais ces différences sont toujours en rapport avec le genre d'occupation de l'individu, soit qu'en vertu du principe de la division du travail, la république animale lui ait assigné les fonctions de travailleur, de soldat ou de reproducteur mâle ou femelle. Nous reviendrons plus loin sur ces merveilleuses associations animales, nous réservant ici de montrer par quelques chiffres l'énorme différence de taille qui, à un moment donné, peut exister entre les différents habitants d'une termitière. La Termite lucifuge, une espèce répandue sur les bords de la Méditerranée, habite des nids construits dans le tronc des arbres. La population se compose d'un mâle et d'une femelle, de soldats et d'ouvriers.

L'abdomen de la femelle fécondée atteint jusqu'à 30 millimètres de longueur, de sorte qu'il traîne par terre, ce qui n'empêche cependant pas la Termite de faire des mouvements assez vifs (fig. 112).

Fig. 112. — Mâle, femelle, soldat et ouvrière d'une termitière.

La femelle d'une espèce de Termite habitant la côte de Guinée atteint une longueur totale de 77 millimètres. Or, tandis que le thorax et la tête réunis, n'ont que 7 millimètres, l'abdomen seul atteint 70 millimètres de longueur sur 30 millimètres de largeur. Les ouvriers et les soldats n'atteignent, par contre, que 15 millimètres environ de longueur en tout.

Enfin, chez la plupart des Insectes, le dimorphisme porte surtout sur la forme, la composition et le développement des antennes, pattes, cornes et appendices.

Les œufs des Insectes prennent naissance dans un ovaire formé de deux ou de plusieurs tubes ou vésicules ovariques disposés symétriquement et qui se continuent plus loin par un canal ou oviducte souvent garni d'organes accessoires. Les matières constitutives de l'œuf se forment séparément, de telle façon que des cellules vitellines viennent se grouper successivement autour d'une vésicule germinative, puis le tout s'entoure d'une membrane générale ou *chorion*. Souvent les œufs atteignent déjà dans la vésicule ovarique un degré de développement assez avancé, en distendent la paroi et donnent à l'ovaire l'aspect d'une grappe ; ailleurs ils se mettent à la file les uns des autres dans le tube ovarique et ressemblent à un chapelet de boules où chaque œuf est séparé du suivant par une sorte de tampon ou de coussinet qui disparait plus loin. Souvent chaque tube de l'ovaire ne produit qu'un seuf œuf, mais chez les Insectes très féconds, ce nombre est plus considérable et peut aller jusqu'à 100 pour chacune des vésicules ovigères.

Chaque œuf se compose au début d'une vésicule germinative souvent fractionnée et qui disparaît dans la suite, d'un vitellus d'abord incolore, mais qui se colore bientôt en jaune, brun, rouge, bleu, etc., de teintes très variables suivant les espèces. Enfin, une membrane vitelline mince et un chorion ordinairement très solide remplissent un rôle protecteur plus ou moins nécessaire suivant les chances de destructionauquel l'œuf est exposé après la ponte.

La forme des œufs varie considérablement. Leur surface extérieure est souvent sculptée élégamment de côtes saillantes, de bandelettes, de tubercules, de saillies pointues figurant les dessins les plus variés.

Ailleurs, les pôles ou les côtés se prolongent en appendices bizarres, simples ou nombreux. Ainsi les œufs des Ichneumonides portent à l'un des pôles un long filet. Chez les Punaises d'eau, les œufs sont garnis à une extrémité de longues soies qui, chez les Nèpes, sont disposées en couronne.

Parfois, au-dessus de la couronne coiffant l'extrémité de l'œuf, se trouve une chambre à air analogue à celle des œufs de la Poule. Un des œufs les plus curieux est celui de l'Éphémère : coiffé à chaque pôle d'un capuchon arrondi, le chorion est garni en outre sur les côtés de quatre appendices filiformes terminés par un petit disque.

Chez le Phylloxera, la nature de l'individu adulte est déjà indiquée par la taille plus ou moins forte de l'œuf.

C'est pendant la traversée de l'oviducte que l'œuf est fécondé, quelquefois par de la semence emmagasinée dans une poche spéciale. Cependant, le chorion étant déjà formé, pour que la semence arrive au contact du vitellus, il faut nécessairement qu'il y ait quelque ouverture qui lui donne passage à travers la membrane ; aussi voit-on le chorion percé de un ou plusieurs micropyles, tantôt situés à une seule extrémité comme dans l'œuf d'Abeille, tantôt aux deux à la fois.

L'œuf de la Puce est perforé aux deux pôles d'une cinquantaine de micropyles. Chez le Criquet, les ouvertures sont situées sur le pourtour de l'œuf ainsi que chez les Sauterelles et les Éphémères.

Le nombre des œufs pondus par une seule femelle peut devenir énorme. Linné, en parlant de la Mouche vivipare dont les larves se nourrissent des chairs en putréfaction, a pu dire que trois Mouches consomment le cadavre d'un cheval aussi vite que le fait un Lion. Il est vrai que c'est leur progéniture qui se charge de cette besogne, et elle y réussit avec une rapidité étonnante. Le nombre d'œufs le plus considérable est pondu par la femelle « reine » des colonies sociales, car, unique de son sexe dans chaque colonie, elle reçoit seule les hommages de milliers de ses sujets mâles. Une reine d'Abeilles peut repeupler à elle seule des ruches entières, et souvent la population d'une ruche dépasse 20 000 individus. Réaumur a observé des essaims de 40 000 Abeilles, toutes descendant d'une seule reine. De même, la femelle-reine des termitières, dont l'abdomen monstrueux atteint après la fécondation 30 000 fois son volume primitif, peut, à elle seule, donner naissance à toute une population de termitière. Or le nombre des habitants d'une de ces colonies paraît être prodigieux. On estime qu'une femelle de Termite peut pondre plus de 80 000 œufs en vingt-quatre heures, et la fécondité se maintient pendant plus de deux ans!

· Généralement la ponte n'est pas aussi soutenue et les femelles se débarrassent de la totalité de leurs œufs quelque temps après la fécondation. Si la ponte se continue, comme chez les Guêpes, les Termites, les Abeilles, etc., pendant des mois et même des années, cela vient de ce que la semence, emmagasinée dans une poche spéciale annexée à l'oviducte, peut, à tout moment, mettre son contenu au service des œufs qui se présentent successivement et sans interruption au niveau de son siège dans l'oviducte, et les féconder. Il y a bien une interruption, mais elle est déterminée par des causes extérieures, au grand bénéfice de la progéniture : chez ces femelles pondeuses en effet, la ponte s'arrête au commencement de la mauvaise saison pour reprendre au printemps suivant, avec le retour des beaux jours, du chaud soleil, des fleurs et du nectar.

La plupart des Insectes sont ovipares et les œufs n'éclosent qu'après la ponte et loin de la mère. Quelques Insectes cependant naissent à l'état de larve ou même à l'état de *pupe*, qui est un degré de métamorphose déjà plus avancé. Ainsi les Hippobosques ou Mouches-Araignées, insectes parasitaires des chevaux, éclosent à l'intérieur d'une chambre incubatrice de l'oviducte. Ils y séjournent tout le temps que dure leur état larvaire, se changent en *pupe* ou *nymphe*, puis naissent et se transforment en insecte parfait. Quelques autres espèces et genres, parasites de divers animaux, présentent le même mode de développement et ont été réunis dans la division des Mouches *pupipares*, nom qui indique leur principal caractère différentiel. La grosse Mouche verte, la Mouche vivipare ou Sarcophage, qui s'attaque, à l'état de larve, aux chairs en voie de décomposition, éclôt par centaines dans la dernière partie de l'oviducte; elle est déposée à l'état de larve dans le milieu propice à son développement ultérieur. Rédi, le célèbre médecin florentin du dix-septième siècle, reconnut le premier la cause de l'apparition subite d'un nombre prodigieux de « Vers » dans les chairs en putréfaction. Sa découverte de la parenté existant entre les larves et les mouches qui voltigent et s'arrêtent sur les chairs devint un des premiers arguments contre la théorie des générations spontanées.

Les Insectes déposent leurs œufs soit isolément, soit réunis en paquets ou enfermés dans des capsules. Leur mode de pondaison est aussi varié que leurs mœurs et leur genre de vie. Les Insectes parasites pondent sur les animaux ou sur les plantes qui doivent les entretenir plus tard. La Puce, d'après Rœsel, pond une douzaine d'œufs arrondis, un peu allongés, lisses et polis, tellement petits qu'ils tombent dans les plus petites cavités et fentes pour y éclore. Dans l'Amérique méridionale une espèce de *Chique* ou *Puce pénétrante*, parasite de l'Homme, s'attaque aux orteils des pieds et se gorge tellement de sang que son abdomen, devenu monstrueux, laisse à peine deviner le thorax et les pattes. Si la ponte a lieu sous l'épiderme, des accidents graves, même mortels, peuvent en résulter. La Mouche hominivore de la Guyane dépose ses œufs dans les fosses nasales de l'Homme et devient non moins redoutable. Les Hypodermes, Œstres, la fameuse Tsé-tsé de l'Afrique tropicale, les Poux, etc., pondent sur différentes régions du corps des animaux auxquels ils s'attaquent. On sait que les Poux, extrêmement féconds, attachent leurs œufs ou *lentes*, en forme de larme batave aux cheveux et aux poils et se développent au point d'occasionner une maladie redoutable, la phthiriase, qui a tué quelques personnages historiques célèbres.

Certaines espèces de Libellules pondent dans l'eau. On les voit, fines et brillantes, voltiger par saccades au-dessus de la surface d'un ruisseau, puis subitement s'approcher de l'eau et, en recourbant presque verticalement leur abdomen, laisser tomber à chaque fois un œuf.

D'autres espèces de Libellules confient leurs œufs séparément aux tissus internes des plantes aquatiques. Femelle et mâle réunis se posent sur une feuille de Massette par exemple, puis, la femelle recourbe son abdomen en dessous, fait une entaille dans l'épiderme à l'aide d'organes sécateurs particuliers qui garnissent l'extrémité abdominale et dépose un œuf dans le parenchyme de la feuille. Ensuite, descendant de quelques centimètres, elle recommence la même opération et la renouvelle jusqu'à la base de la feuille, sans se laisser arrêter par l'eau qui bientôt l'environne mais ne la mouille pas. Pareille en cela à l'Argyronète, elle a le corps poilu entouré d'une mince couche d'air qui la garantit contre l'asphyxie immédiate et lui permet, dès son retour au-dessus de l'eau, de reprendre son vol pour recommencer sa ponte intelligente sur une feuille voisine.

Les Insectes qui pondent leurs œufs réunis en pelotes ou en paquets, possèdent des glandes spéciales dont le produit est déversé dans la partie terminale de l'oviducte. Ces glandes, appelées *sébifiques* ou *collétériques*, sécrètent une substance visqueuse agglutinative qui se coagule et durcit à l'air ou se gélifie dans l'eau. Elle entoure les œufs et les attache entre eux ou sert à les fixer contre les corps étrangers Quelques exemples nous montreront son rôle.

La femelle du Bombyce disparate, ou Zig-zag, pond plusieurs centaines d'œufs sphériques et grisâtres. Elle en fait une sorte de tas ovale collé contre une branche d'arbre sous forme de plaque. Au fur et à mesure que les œufs agglutinés se présentent, elle les recouvre d'un manteau de poils qu'elle arrache de son abdomen. Ainsi protégée, la ponte peut affronter les froids de l'hiver, mais elle est désarmée contre les attaques d'une petite Guêpe intelligente qui choisit précisément comme berceau de sa propre progéniture l'œuf du Bombyce disparate. Nous trouverons d'autres exemples, plus étonnants encore, du parasitisme de l'œuf dans l'œuf.

Les œufs du Zig-zag, réunis en plaque, ressemblent à des tampons d'amadou; ceux du Bombyce neustrien sont disposés en bandes annulaires autour des rameaux des arbres forestiers.

Quelquefois, comme chez les Demoiselles terrestres, les œufs sont appendus chacun par un mince fil de matière agglutinante aux branches ou aux feuilles.

Les Blattes, appelées vulgairement *Cancrelats* ou *Cafards* et détestés comme voleurs de garde-manger, enferment leurs œufs dans une capsule ou *oothèque*, allongée en forme de haricot, qu'on prend à tort communément pour un œuf unique. Cette capsule est formée par la substance visqueuse des glandes collétériques qui durcit à l'air et prend une consistance cornée. Elle est partagée intérieurement, dans le sens de la longueur, en deux chambres renfermant chacune une douzaine d'œufs allongés et disposés par rangées symétriques dans de petites logettes. La coque atteint la moitié du volume de l'abdomen de la femelle. Elle est pondue lentement, et pendant une quinzaine de jours la femelle la traine avec elle sous son abdomen jusqu'à ce que, ayant reçu toute la ponte, elle s'en détache pour abriter désormais les œufs, puis les larves qui en naissent.

Chez les Mantes, les glandes collétériques sont très développées et servent à la confection d'une sorte de capsule comme chez les Blattes. Au moment de la ponte, la Mante religieuse enduit les œufs d'un liquide visqueux qu'elle pétrit fort habilement à l'aide de son abdomen, et en fait une sorte de nid, ou oothèque, qu'elle attache aux rochers ou aux branches des végétaux. Ce nid a 5 centimètres de longueur, une forme allongée et convexe en dessus. Les œufs, au nombre d'une quarantaine, sont collés au plancher de la capsule et contenus chacun dans une petite logette. Protégés de la sorte, les œufs passent sans danger l'hiver, puis le printemps, et n'éclosent qu'en été; les derniers pondus éclosent les premiers. Trois mois après, la larve revêt sa forme adulte. Déjà durant sa première jeunesse elle commet des actes de « cannibalisme » en dévorant ses compagnons, et ses instincts carnassiers et sauvages ne font que croître lors de sa métamorphose.

Les Insectes aquatiques déposent leurs œufs agglutinés dans l'eau, où l'enveloppe, au lieu de se durcir, se gélifie et prend la consistance du frai de Grenouille. Tels, les œufs de beaucoup de Phryganes. Parmi les Insectes aquatiques, il en est un de particulièrement intéressant à cause de ses mœurs bizarres et des dispositions tout exceptionnelles qu'il prend pour protéger sa ponte : c'est l'Hydrophile brun (fig. 113), fréquent dans les eaux stagnantes de nos contrées. A l'instar des Argyronètes, cet Insecte amphibien charge la surface de son abdomen de bulles d'air et peut se risquer sous l'eau, sans danger d'asphyxie. La femelle dépose sa ponte dans une petite capsule soyeuse pédicellée. Elle s'accroche d'abord, à l'aide de ses pattes de devant, à la face inférieure d'une feuille de plante aquatique. Son extrémité abdominale est garnie de quatre tubercules ou *filières* qui filent chacune un mince filament de soie. Au fur et à mesure qu'ils se présentent, ces filaments sont entortillés et forment finalement un feutrage lisse qui recouvre de plus en plus le corps de l'insecte. Au bout de trois quarts d'heure, ayant tissé le plafond de sa capsule ovigère, l'Hydrophile se retourne, place le dos au contact de la face foliaire, et recommence son métier en reprenant aux bords le tissu déjà exécuté. Bientôt elle se trouve l'abdomen engagé dans une sorte de bourse, et quand celle-ci est suffisamment grande, la ponte commence. Les œufs sont disposés par rangées successives superposées, et finalement rem-

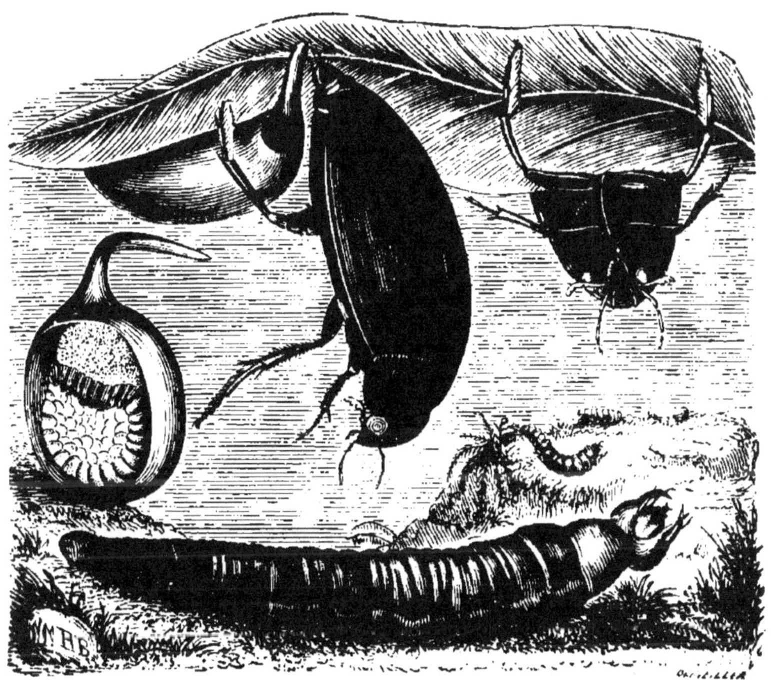

Fig. 113. — L'Hydrophile brun, son nid et sa larve.

plissent la capsule jusqu'au bord. Alors, se dégageant tout à fait, l'Hydrophile saisit de ses pattes les bords libres de la capsule, les rapproche et les réunit au moyen de fils transversaux. Il ajoute à l'extrémité qu'il vient de fermer, un appendice en forme de bec allongé, ce qui donne à son nid une forme caractéristique de cerise terminée par une petite queue. La confection de son nid lui demande quatre à cinq heures ; au bout de ce temps, on voit la capsule flotter librement à la surface de l'eau. Ni le vent, ni les ondulations des vagues ne peuvent faire chavirer ce radeau miniature. Les œufs les plus gros et les plus pesants sont en effet pondus les premiers et tout au fond de la capsule, tandis que l'extrémité amincie est remplie d'air ; le centre de gravité, étant sous l'eau, tend ainsi à ramener tout le système à une même position d'équilibre. Après une quinzaine de jours de navigation, les œufs éclosent, les larves en sortent et s'attaquent immédiatement aux petits Mollusques aquatiques, leurs voisins, avec une voracité telle que Réaumur les a stigmatisés du nom de « Vers assassins ». L'Hydrophile brun est le seul Insecte qui prépare à sa progéniture une coque soyeuse au moyen de filières abdominales. Les cocons de beaucoup de larves ou chenilles sont fabriqués à l'aide de matériaux tirés également de glandes séricipares, mais ces glandes se trouvent près de la bouche et sont les équivalents des glandes salivaires.

Beaucoup d'Insectes déposent leurs œufs dans des trous pratiqués dans la terre au moyen d'instruments spéciaux, adaptés à la partie postérieure de leur corps. Ainsi la Sauterelle femelle est pourvue à son extrémité abdominale d'une longue pièce en forme de sabre turc, appelée *oviscapte*. C'est une espèce de rigole canaliculaire bivalve où les œufs glissent successivement de l'oviducte jusqu'au fond de la cavité pratiquée dans la terre (fig. 114). Cette cavité est ensuite bouchée et les œufs s'y développent et éclosent. Les Sauterelles peuvent se multiplier, sous l'influence de bonnes conditions climatologiques, avec une abondance terrible : les nuées immenses de ces Insectes voraces deviennent, dans certains pays chauds, une plaie redoutable et légendaire, amenant parfois la ruine de contrées entières et la famine sur toute la population.

Ces mêmes pièces qui, chez la Sauterelle, servent à former l'oviscapte, se transforment chez d'autres Insectes

en appareil perforateur d'une puissance extraordinaire
et portent alors le nom de *tarière*. Mais tandis que l'oviscapte des Sauterelles n'est qu'une sonde directrice de
consistance assez molle, la tarière au contraire se com-
plique de stylets, de poinçons, de scies, destinés à entamer des corps d'une grande dureté.

Les Ichneumonides ou Entomophages sont munis d'une
tarière très longue, au moyen de laquelle ils entament le

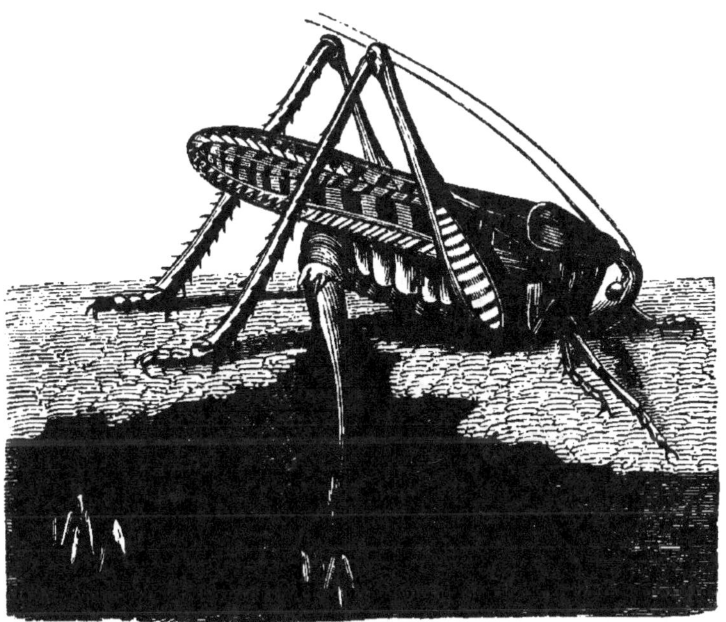

Fig. 114. — Sauterelle au moment de la ponte.

corps de la larve ou de la chenille qu'ils ont choisie comme
berceau futur de leur progéniture. Au moyen de cette tarière, ils insinuent leurs œufs entre les organes internes
de leur malheureuse victime, et les laissent éclore à l'abri
de tout danger qui ne menace pas la larve elle-même.

Les jeunes larves éclosent (fig. 115), se repaissent des
entrailles de leur hôte et le font périr d'une mort lente.
Au moment de la métamorphose, elles acquièrent des

ailes, se percent une ouverture à travers la paroi du corps de leur victime, et s'élancent dans les airs.

Les Tenthrédiniens, ou *Mouches à scie*, ont une tarière disposée pour entailler profondément les pétioles des feuilles, les tissus végétaux, les branches de jeunes pousses, etc. Les mêmes pièces qui, ailleurs, constituent des

Fig. 115. — Larves et cocons d'Ichneumonides sur une chenille.

poinçons, des limes ou des valves, se sont transformées ici en lames dentelées, véritables scies, mises en mouvement par des muscles très développés. Les œufs sont cachés dans les entailles, et les larves y éclosent, trouvant leur nourriture végétale à portée de leurs premiers mouvements.

Ichneumonides, Tenthrédiniens et Cynipsides sont réunis dans le groupe des Hyménoptères *térébrants*. Cette dénomination rappelle le mode de fonctionnement de leur tarière. Mais les Cynipsides ajoutent encore à leur appareil sécateur un appareil glandulaire destiné à infiltrer dans la plaie un liquide irritant. Grâce à cette irritation, les tissus végétaux environnants multiplient démesurément leurs cellules, se boursouflent et se chargent de substances particulières, le plus souvent de tanin. La tumeur ainsi produite sur la feuille ou le pétiole porte le nom de *galle* (fig. 116). La noix de galle du Chêne, employée dans l'industrie à cause de sa richesse en tanin, est due à la piqûre de la femelle d'une espèce de *Cynips*. La galle fleurie rouge, si singulière, du Rosier, appelée *bédéguar*, est produite par une espèce voisine. Certaines galles de Chêne et de Pistachier sont employées dans l'Asie centrale comme narcotiques puissants en guise de hachisch. Toutes

Fig. 116. — Galles du Chêne.

ces hypertrophies végétales ont un rôle double à remplir : elles servent d'abri à la ponte, ensuite de nourriture à la larve éclose.

Les Phylloxéras de la vigne sont également, pendant une des nombreuses phases de leur existence, des Insectes *gallicoles*. Comme l'histoire de l'œuf de ce fameux et terrible ennemi de nos vignobles présente beaucoup de particularités intéressantes, nous en résumerons ici les principaux traits, que les belles études de MM. Balbiani, M. Girard, Planchon, etc., nous ont fait connaître à fond.

L'histoire d'une génération de Phylloxéras comprend
trois phases principales. La première est caractérisée
par l'existence de femelles sédentaires qui se sont in-
stallées sur les racines de la vigne et se nourrissent de ses
sucs. Sans être fécondées, elles pondent un grand nombre
de petits œufs de forme ellipsoïdale, de couleur jaune

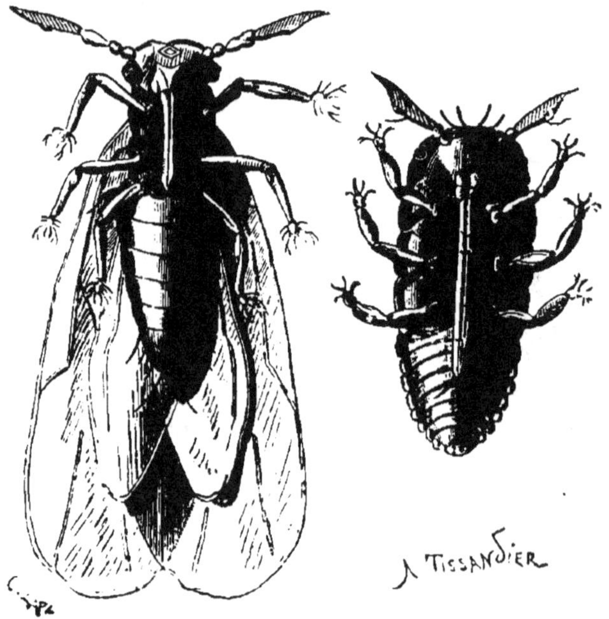

Fig. 117. — Phylloxéra femelle ailé et aptère.

d'abord, grisâtre ensuite, et marqués chacun de deux
points rouges qui sont les yeux de l'embryon. Leur nombre est parfois assez considérable pour faire paraître la
racine comme saupoudrée d'une poussière jaune. Il en
naît des larves, puis des femelles sans ailes (fig. 117).
Mais le nombre toujours croissant de ces Insectes agames
rend de plus en plus nécessaire, à défaut de nourriture,
soit l'émigration de colonies nouvelles, soit la suppression
d'une partie de la population.

La population phylloxérienne a choisi la première alternative, et bientôt certaines femelles traversent une métamorphose et se couvrent de quatre ailes puissantes : elles deviennent *migratrices*. Capables de soutenir un vol de dix à douze kilomètres, ce sont elles qui vont élargir d'année en année la tache phylloxérique de nos cartes géographiques. Vers la fin de l'été elles s'abattent sur les jeunes feuilles et les bourgeons de la vigne, et se mettent incontinent à en sucer les sucs en desséchant les tissus attaqués, d'où le nom de *Phylloxera*, c'est-à-dire *dessécheur de feuilles*. Si la saison est plus avancée ou le temps humide et froid, elles pondent dans les crevasses de l'écorce ou, sans prendre leur vol, dans les couches superficielles du sol. Toujours sans le concours du mâle, par parthénogénèse, ces femelles pondent de six à dix œufs de taille inégale, mais supérieure à celle des œufs de sédentaires aptères. Les uns ont 40 millimètres de long sur 20 millimètres de large, les autres 26 millimètres sur 13 millimètres; de blancs qu'ils étaient au moment de la ponte, ils prennent dans la suite une couleur jaune intense. Là finit la deuxième phase, car, des œufs pondus par les femelles ailées-asexuées vont sortir des formes sexuées, et, pour la première fois, on voit apparaître des individus mâles. Les œufs de grande taille donneront des individus femelles, ceux de petite taille, des mâles. Cette nouvelle progéniture ne vit que fort peu de temps : car, dépourvus d'ailes et de tube digestif, mais, par contre, munis d'organes de reproduction parfaits, mâles et femelles ne sont que des intermédiaires, des traits d'union entre deux générations successives, destinés uniquement à la reproduction. La femelle sexuée pond un œuf unique qu'elle fixe à l'aide d'un crochet contre l'écorce du cep de vigne. Cet œuf est énorme par rapport à la taille de la pondeuse, de forme allongée, arrondi aux deux pôles, de couleur verdâtre, avec des taches noirâtres, ce qui rend sa découverte très difficile. La mère ne survit pas longtemps à sa ponte :

elle s'est vidée en quelque sorte, se ratatine et meurt. Mais son œuf résiste pendant tout un hiver aux intempéries de l'air. Au printemps suivant, il en éclôt un nouvel Insecte qui n'est autre qu'un individu femelle, sans ailes, de même nature que celui que nous avons trouvé à première inspection au milieu d'une poussière jaune sur la racine.

Ainsi se trouve clos le cycle évolutif des formes phylloxériennes : car cette nouvelle femelle, née d'un œuf d'hiver, peut aller de suite regagner les parties souterraines du cep et pondre à son tour, par parthénogénèse, de nouvelles colonies de formes aptères et agames. Elle peut cependant aussi, et c'est là une sorte d'évolution divergente, aller se loger sur une feuille et s'entourer d'une galle protectrice où elle s'abrite avec une nombreuse progéniture sédentaire.

Cependant, à moins de produire des femelles ailées migratrices ou de regagner leur demeure habituelle, ces colonies d'émigrantes foliaires sont vouées à une destruction complète au moment où les chaleurs estivales et l'épuisement des feuilles dessèchent tous les tissus foliaires, y compris les galles.

Le Phylloxéra vient de nous fournir un premier exemple de parthénogénèse. On soupçonne un assez grand nombre d'Insectes de donner ainsi naissance à des générations entières sans le concours du mâle. Réaumur le premier signala, avec défiance, la singulière faculté que possèdent les femelles des Psychés de pondre des œufs féconds sans avoir été fécondées. Des expériences ultérieures ont prouvé la réalité incontestable du fait et ajouté à ce premier exemple un grand nombre d'autres plus ou moins bien observés. Ces exemples se rencontrent surtout dans le groupe des Papillons ou Lépidoptères, mais encore dans celui des Hyménoptères, par exemple chez les Abeilles et dans la division des Hémiptères, entre autres chez les Coccus et les Pucerons. L'Abeille reine, retenue captive ou empêchée d'une façon ou d'une autre d'être fécondée, n'en continue pas moins à pondre des œufs, mais, au lieu d'ouvrières ou de reines, il n'en éclôt que des mâles.

Les Pucerons, qui appartiennent au même groupe que les Phylloxéras, vivent par troupeaux considérables sur les parties aériennes des plantes dont ils extraient le suc. En automne, on trouve des mâles et des femelles; les premiers sont pourvus d'ailes, les femelles sont aptères. L'accouplement est suivi de la ponte d'un grand nombre d'œufs qui n'éclosent qu'au printemps suivant. Mais entre-temps mâles et femelles, vivants en automne, périssent pendant l'hiver, et quand la nouvelle génération printanière éclôt, l'ancienne a depuis longtemps cessé d'exister. Or, de chaque œuf d'hiver éclôt une femelle, aucun mâle. De sorte que cette vermine de nos plantes cultivées disparaîtrait si les femelles printanières n'avaient la faculté de se reproduire parthogénétiquement et en donnant naissance à des petits vivants. Durant toute la belle saison, les générations successives, composées uniquement de femelles, se reproduisent ainsi asexuellement, et ce n'est qu'en automne que les mâles apparaissent avec leurs ailes au milieu des pontes. Dès lors la période asexuelle se termine et se relie à la prochaine par une nouvelle génération sexuée. On a pu obtenir onze générations parthénogénétiques successives de femelles, et un des nombreux observateurs du phénomène a vu ces générations asexuelles se succéder, en l'absence du mâle, pendant quatre années.

Il serait difficile de ne pas ranger tous ces faits dans le domaine des générations alternantes que nous avons vu naguère très étendu chez les animaux inférieurs, et qui s'étend ainsi jusqu'au seuil des Vertébrés.

Le développement des Insectes dans l'œuf se fait sur un type commun à tous les Arthropodes. Il naît un blastoderme d'abord ovalaire qui envahit successivement

Fig. 118. — Le Lucane Cerf-volant et ses métamorphoses. Le mâle et la femelle, la larve et la chrysalide.

toute la sphère vitelline et l'absorbe complètement avant l'éclosion, pour les besoins du développement de l'embryon.

Presque tous les Insectes passent, avant d'arriver à l'état adulte, par plusieurs étapes intermédiaires; ils subissent des métamorphoses (fig. 118). Quelques-uns seulement, dépourvus d'ailes pendant toute leur vie, naissent avec leur forme définitive : tels sont les Poux et les Ricins, tous parasites. Les Insectes à métamorphoses revêtent un nombre de formes plus ou moins considérable et sont divisés en Insectes à métamorphoses complètes et Insectes à métamorphoses incomplètes. Les premiers naissent à l'état de *larves* ou de *chenilles*, muent un certain nombre de fois, puis s'immobilisent, s'abstiennent de prendre aucune nourriture et se revêtent d'une enveloppe plus ou moins résistante et transparente en devenant *nymphes*, *chrysalides*, *momies* ou *pupes*. Enfin, après une mue radicale, ils renaissent entièrement transformés, comme Papillon, Mouche, Guêpe, etc.

Les autres naissent également à l'état de larve, renouvellent leur livrée par des mues successives, mais brûlent pour ainsi dire la deuxième étape par une activité incessante en se transformant directement de larve en Insecte adulte. Telles sont les Sauterelles, les Cigales, les Libellules, etc.

Au moment de se transformer en nymphes, beaucoup de larves font preuve d'un instinct vraiment étonnant. Ainsi les chenilles des Teignes s'abritent dans des feuilles qu'elles savent enrouler fort habilement par les bords en tuyaux, rapprochés en faisceaux et cousus ou liés de diverses manières (fig. 119). Les larves des Phryganes et les chenilles des Psychés (fig. 120) se construisent des fourreaux solides au moyen de fibrilles de bois, de brins de paille, etc. Le Larin du Tréhala s'entoure, à l'état larvaire, d'une coque sucrée où il se transforme en nymphe. Les chenilles de tous les Papillons nocturnes et de beaucoup d'autres Insectes s'entourent, au moment de la métamorphose, d'une capsule feutrée appelée *cocon*, exploitée industriellement chez le Ver à soie, parce que

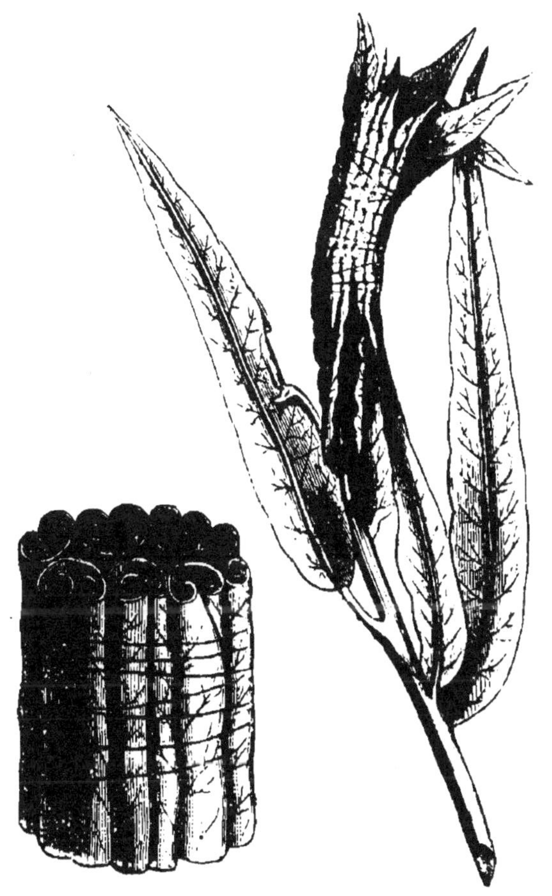

Fig. 119. — Feuilles d'une branche de Saule enroulées en faisceau par des chenilles de Teignes.

c'est le tissu même du cocon qui fournit la soie du commerce.

Le Bombyx du Mûrier, ou Ver à soie, produit, à l'état de papillon, des œufs ovalaires, appelés *graines*, à cause de leur ressemblance avec une petite graine végétale.

Les chenilles qui en éclosent se nourrissent des feuilles du Mûrier et muent quatre fois pendant les trente-quatre jours que dure leur vie larvaire active. Au bout de cette première période, la chenille se tisse un cocon soyeux au moyen d'un grand nombre de fils de soie entortillés et roulés dans tous les sens.

Nous ne pouvons songer ici à entrer dans de plus longs détails sur les métamorphoses des Insectes ; nous renvoyons le lecteur désireux de connaître un des chapitres les plus intéressants de la vie des animaux aux ouvrages spéciaux de MM. Blanchard, Girard, etc.

Nous terminerons ce chapitre par quelques exemples choisis parmi les Insectes les plus élevés en organisation, les plus « intelligents », afin de montrer comment les facultés les plus élevées de l'animal sont mises en jeu dans l'exécution de deux grandes lois naturelles : le bien de la communauté avant le bien de l'individu, et la conservation de l'espèce au prix de tous les dangers, de toutes les peines et même de la mort.

Fig. 120. — Fourreaux servant d'abri aux chenilles des Psychés.

Quoi de plus effroyablement grandiose que de voir des larves de Diptères donner naissance à des petits vivants, mourir et offrir leur corps en pâture à leur progéniture ! Cette action serait sublime si elle était consciente et voulue, mais elle n'est que fatale, sans même être instinctive. Ailleurs, chez les Hyménoptères, des actes ayant pour but la préservation et le bien-être de la progéniture, deviennent instinctifs et même intelligents. Tout le groupe des Hyménoptères porte-aiguillon sollicite notre admiration par l'un ou l'autre trait de mœurs de ce genre. Tous les Insectes femelles de ce groupe possèdent un aiguillon construit des mêmes pièces que l'oviscapte et la tarière. Cet aiguillon reçoit d'une glande voisine un venin très irritant, que ces animaux emploient comme arme de chasse, de guerre ou de défense.

Assistons avec M. Fabre au combat singulier d'un Sphex et d'un Grillon. « Malgré ses vigoureuses ruades, malgré les coups de tenaille de ses mandibules, le Grillon est terrassé, étendu sur le dos. Les dispositions du meurtrier sont bientôt prises. Il se met ventre à ventre avec son adversaire, mais en sens contraire, saisit avec ses mandibules l'un ou l'autre des deux filets abdominaux du Grillon, et maîtrise avec ses pattes de devant les efforts convulsifs des grosses cuisses postérieures. En même temps, ses pattes intermédiaires étreignent les flancs pantelants du vaincu, et ses pattes postérieures, s'appuyant, comme deux leviers, sur sa face, font largement bâiller l'articulation du cou. Le Sphex recourbe alors verticalement l'abdomen de manière à ne présenter aux mandibules du Grillon qu'une surface insaisissable, et l'on voit, non sans émotion, son stylet empoisonné plonger une première fois dans le cou de la victime, puis une seconde fois dans l'articulation des deux segments antérieurs du thorax. En bien moins de temps qu'il n'en faut pour le raconter, le meurtre est consommé et le Sphex, après avoir réparé le désordre de sa toilette, s'apprête à charrier au logis la victime dont les membres sont encore animés des frémissements de l'agonie. » Le vainqueur transporte ensuite son gibier dans son nid souterrain, qui est déjà garni d'œufs desquels naîtront des larves friandes de nourriture animale, mais incapables elles-mêmes d'aller se la procurer.

Le *Cerceris bupresticides* s'accroche au Bupreste étincelant et lui instille, au défaut de sa carapace, un poison subtil qui l'endort sans le tuer. Il transporte ensuite le Bupreste dans son nid souterrain, et le remise comme conserve pour les besoins de sa progéniture carnassière, sur le point d'éclore. Les provisions étant jugées suffisantes, l'entrée du nid est barricadée, les larves éclosent et s'attaquent de suite aux provisions que les soins maternels leur ont mises à portée. Les femelles des *Bombex* apportent à leur nichée de larves, au jour le jour, des Mouches qu'elles ont eu soin d'éthériser au moyen de leur dard à venin.

Les Guêpes solitaires construisent des habitations soit dans la terre, soit dans la tige des plantes. Ces habitations sont des nids cellulaires où chaque cellule reçoit un œuf et une certaine quantité de provisions pour la larve qui en éclora. Parmi les Abeilles solitaires, même instinct providentiel : le Mégachile tapisse l'intérieur de son nid de feuilles de rosier découpées à l'aide de ses mandibules ; l'Anthocope approvisionne le sien de découpures dans les pétales du Pavot. Ils savent aussi tous les deux fort bien boucher leur nid au moyen d'une rondelle de feuille, le restant de l'ouverture étant comblé avec de la terre. Le plus intéressant de tous est le Xylocope, ou Abeille charpentière (fig. 121). Il prépare à sa larve un nid dans le bois mort qu'il creuse à l'aide de ses mandibules, fonctionnant comme une scie. Ce nid a la forme d'un canal ou boyau, recourbé à son extrémité inférieure de façon à se rapprocher de la surface du bois. L'intelligente mère dépose au fond du canal un petit tas de provisions nutritives, et, sur ce tas, un œuf. Si le nid doit servir de berceau à plusieurs larves, elle construit au moyen de sciure imbibée de sa salive une sorte de plafond qui délimite une première cellule. Ce plafond sert de plancher à une deuxième cellule, et ainsi de suite, de sorte que finalement le canal se trouve divisé en plusieurs étages habités chacun par un œuf, muni de son tas de provisions. L'œuf déposé tout au fond éclôt le premier ; mais la larve, après avoir consommé ses provisions et acquis des forces, ne pouvant sortir par l'orifice d'entrée sans détruire la série des locataires plus élevés, se fraye avec ses mandibules un chemin au tra-

vers de la paroi du bois. C'est pour cette raison que la
mère a sagement rapproché l'extrémité de son nid de la
surface extérieure du bois. A mesure que les œufs des
étages supérieurs éclosent, les larves prennent successivement le chemin de leur devancière, et finalement le
nid est abandonné. Mais, à ce moment, la mère est morte

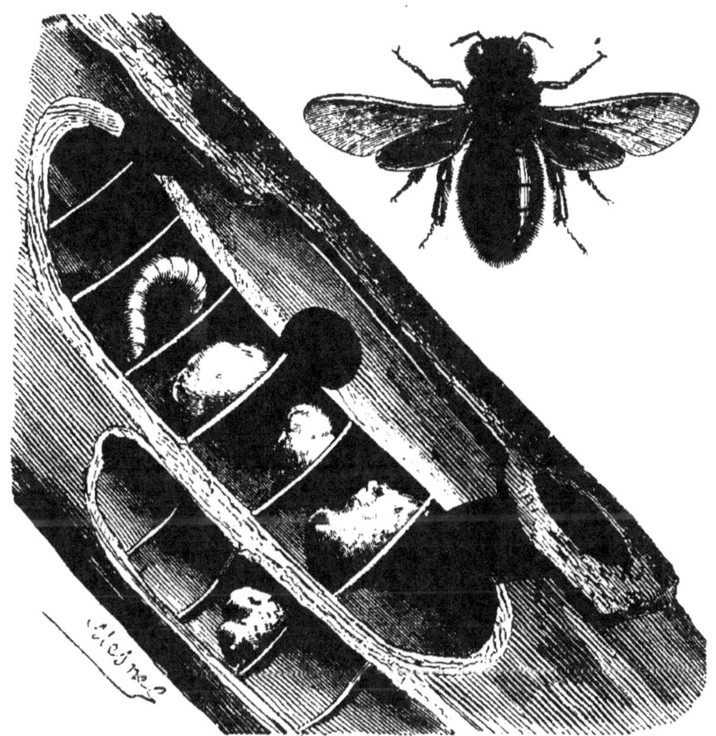

Fig. 121. — Le Xylocope violette et son nid.

depuis longtemps, et elle n'aura jamais assisté à la naissance de sa progéniture ni senti la joie de voir tous les
efforts de son instinct merveilleux couronnés de succès.

Chez tous les Insectes que nous avons considérés jusqu'ici, la mère seule est douée de l'instinct protecteur
et c'est elle seule qui exécute tous les travaux que cet
instinct lui suggère d'entreprendre.

Chez d'autres Insectes, vivant par sociétés nombreuses, la division du travail intervenant avec une immuable précision, une grande partie des travaux à exécuter dans l'intérêt de la conservation de l'espèce est dévolue à une caste spéciale de l'association. La mère, seule et unique, devient reine et fonctionne exclusivement comme génitrice. C'est le grand principe de la division du travail qui règle les sociétés si curieuses des Guêpes, des Abeilles sociales et des Fourmis. Chez les Guêpes par exemple, la femelle prépare au printemps le nid et le pourvoit d'un dépôt de nourriture pour la nichée future. Mais, cette première génération éclose, la mère laisse le soin de l'éducation des générations futures à une partie des jeunes, qui remplissent désormais le rôle de nourrices et qui ont ceci de particulier : ils sont tous neutres, sans sexualité. La même distribution des rôles dans l'économie intérieure s'observe dans les sociétés d'Abeilles. La femelle ou reine unique devient génitrice ; de nombreux mâles jouent le rôle complémentaire d'une seule reine, et toute la population industrieuse, travailleuse et active est représentée par des neutres, en réalité des femelles arrêtées dans leur développement complet. Ce sont ces dernières qui deviennent les nourrices actives remplissant chacune sa tâche déterminée : les unes vont chercher le miel, les autres l'administrent au jeune, d'autres encore travaillent à la demeure, etc.

Chez les Fourmis, les soins maternels sont des plus variés. Elles transportent même les jeunes au soleil, et opèrent leur sauvetage en cas de danger. Elles ont des esclaves et des animaux domestiques. Elles tiennent sur pied de guerre une armée permanente, les *soldats*, toujours au qui-vive et rarement inoccupés, car, si quelque expédition offensive contre une fourmilière voisine ennemie ne les tient loin de leurs casernements, les soldats font le service de gendarmes, veillant à la sécurité de la colonie et chassant ou appréhendant tout maraudeur

ou malfaiteur qui voudrait s'introduire dans la fourmilière. Grâce à cette police, les Fourmis préservent leur
demeure de la visite fatale de beaucoup d'Insectes malfaiteurs qui s'installent souvent en conquérants rusés et
altérés de carnage, au milieu des habitations de leurs
sœurs les Guêpes, Abeilles, Bourdons, etc.

C'est ainsi que les Mutilles s'introduisent dans les nids
des Bourdons, y déposent leurs œufs, afin que les larves
qui en éclosent puissent dévorer celles des Bourdons et
se substituer à leur place. Les Nomadines, Abeilles solitaires, usent de la même perfidie vis-à-vis de leurs sœurs
des espèces voisines. Tous ces traits de mœurs que nous
appliquons et que nous jugeons à l'échelle de nos propres
sentiments, sont autant de petits drames inéluctables dans
le conflit d'intérêts se croisant dans la lutte pour la vie.

Les Guêpes dorées, ou Chrysides, cachent sous une
livrée d'une admirable richesse les plus noirs desseins.
Elles pénètrent dans tous les nids mal gardés et leur
imposent leurs œufs; les larves, profitant du travail de la
propriétaire du nid, se repaissent des provisions amassées
par elle ou, plus souvent, dévorent sa progéniture.

Les Cantharidiens sont également des Insectes malfaiteurs « à domicile ». Les femelles, extrêmement fécondes,
déposent leurs œufs dans la terre au milieu d'un champ
fleuri. Les larves, appelées *triongulins* à cause de leurs
longues pattes crochues, se cramponnent aux Abeilles
solitaires qui viennent butiner sur les fleurs et se font
ainsi transporter au nid de leur victime. Là, elles se
mettent à dévorer les provisions de miel destinées aux
petits de l'Abeille, s'attaquent aux œufs et aux larves
écloses et ont bientôt fini de détruire toute la ponte de
leur victime. Les *Sitaris*, les Volucelles, les Psithyres,
les Méloés, etc., sont également de ces brigands, plus
terribles encore, car la ruse chez eux égale souvent la
férocité. Mais si nous nous apitoyons sur le sort de leurs
victimes, nous ne savons si celles-ci ont plutôt que d'au-

tres droit à une existence prépondérante, et puisque le combat est engagé entre elles et leurs ennemis, c'est en définitive le mieux armé qui en sortira vainqueur.

Quant à tous ces Insectes, travailleurs infatigables à une tâche dont les profits sont à une échéance si lointaine que le seul profit personnel pour eux ne peut être que l'espoir de réussite, ils doivent être pour nous un sujet de constante méditation et de profonde admiration. Car, ce qui chez eux porte le nom d'instinct merveilleux est, chez nous, une vertu : l'altruisme, vertu innée, mais qui devient sublime quand elle est éclairée par la raison.

« Je ne connais, dit M. Milne-Edwards dans une de ses belles Leçons, rien qui soit plus curieux, ni rien qui soit plus propre à nous donner une juste idée de ce que peut être cette impulsion innée qui guide à leur insu ces frêles créatures et leur fait accomplir en aveugles des travaux délicats, complexes et admirablement calculés pour l'obtention d'un résultat éloigné dont ils ne sauraient avoir la moindre notion. »

VII

I. Bryozoaires.

N'avez-vous jamais recueilli des Floridées, des Varechs
ou des Coralliaires au bord de la mer? Si, attirés par l'élégance des formes ou la beauté des teintes, vous examinez
ces Algues en détail, vous trouverez bon nombre, et des
plus belles, recouvertes de minces lamelles blanchâtres
cornées-calcaires, élastiques et marquées de ponctuations

ou de stries très fines et très élégantes. Ce sont des Flustres, des Eschares, etc., des animaux réunis en colonies nombreuses, qui appartiennent à la classe des animaux-mousses ou *Bryozoaires* (fig. 122). Appliquez-y la loupe, et les ponctuations sériées se résoudront en autant de petites pochettes ouvertes ou fermées, peut-être surmon-

Fig. 122. — Flustre.

tées d'un élégant panache de cils, superposées, juxtaposées, emboîtées et représentant, chacune, la loge d'un minuscule Bryozoaire. Vous verrez aussi que ces Flustres, colonies nombreuses, forment des expansions lamelleuses autour des larges Varechs, ou bien des tubes droits autour des tiges ou des thalles arrondis. On a calculé que les Varechs, qui forment en majeure partie ces immenses prairies marines flottantes dont la mer des Sargasses est la plus connue, portent jusqu'à cent trente-cinq billions de ces Flustres, et chacune de celles-ci est composée de centaines de milliers d'individus!

Or, chacun de ces individus, simple point à l'œil nu, est un être qui se nourrit, sent et se multiplie pour son compte. Enfermé dans sa logette, il a une organisation fort simple, mais la présence d'un tube digestif à deux ouvertures l'élève au-dessus des Polypes et le range plutôt à côté des Mollusques. Il se reproduit par des œufs et se multiplie par des bourgeons.

A un endroit déterminé de la cavité interne du corps se développent des groupes de cellules qui vont former les œufs proprement dits. Ils sont pourvus d'un vitellus et d'une enveloppe. L'œuf fécondé arrive ensuite au dehors par un mécanisme encore fort peu connu, et donne naissance à une larve ciliée. Celle-ci nage librement et se développe successivement en une ou deux formes évolutives très bizarres que nous ne pouvons décrire ici. Ensuite elle se fixe contre une plante ou un rocher et, par une dernière métamorphose, devient Bryozoaire parfait. Celui-ci, à son tour, est l'individu souche duquel, par bourgeonnement, naîtront des individus fils. Mais, au lieu de se séparer de leur souche, ceux-ci restent unis en association de plus en plus nombreuse et s'étendent de plus en plus autour de leur point d'appui. Ainsi naissent les expansions foliacées de la plupart des Bryozoaires, et entre autres des Flustres que nous avons récoltées avec nos Floridées et nos Varechs.

II. Tuniciers.

Les Ascidies sont des animaux marins, informes, de consistance coriace, qui atteignent parfois la grosseur du poing. Ils ressemblent alors à un tubercule de pomme de terre recouvert de boue. Le manteau brun qui entoure les adultes est souvent le siège d'innombrables colonies épisites, tandis que les jeunes sont transparents comme du verre. Quelques espèces sont comestibles, sur les bords de la Méditerranée, mais demandent beaucoup d'indulgence de la part du consommateur.

Elles se reproduisent toutes par des œufs et souvent se multiplient par bourgeonnement. Les œufs se forment dans la cavité interne; après la fécondation, les embryons éclosent sous forme de larve libre qui nage dans le milieu ambiant, à la façon d'un têtard de Grenouille. Elle est pourvue en effet d'un renflement céphalique ovoïde et terminé par une longue queue, le tout microscopique. L'appendice caudal a une structure anatomique des plus intéressantes qui rappelle celle de l'*Amphioxus*, le plus dégradé des Vertébrés. Aussi a-t-on bâti une hypothèse très hardie sur cette ressemblance en vertu de laquelle le point de ramification des Vertébrés sur l'arbre généalogique du règne animal devrait être reporté aux Ascidies.

Après avoir nagé en liberté pendant quelque temps, la jeune larve se fixe et perd sa queue. Dès lors la partie céphalique se perfectionne par le développement définitif des organes de la vie de nutrition, de relation et de reproduction sexuelle, et devient Ascidie adulte.

Si telle est l'habitude de son espèce, cette Ascidie reste solitaire et isolée et se perche quelquefois sur une longue tige : elle est dite *simple*. Si, au contraire, les tendances innées, héréditaires, de son groupe le poussent à vivre en société, il bourgeonne, se multiplie par gemmiparité; ou bien les bourgeons se développent sur la tige ou la partie basilaire de l'Ascidie souche et vont, rampant par terre comme des stolons du Fraisier, reconstituer une nouvelle Ascidie au bout des ramifications; ou bien encore, sans se porter au loin, restent enveloppés dans le manteau commun, et se développent en individus nouveaux

au contact même de l'Ascidie souche et sous la protection
commune de son enveloppe (fig. 123). Dans le premier
cas, les Ascidies sont dites *sociales*, dans le deuxième,
elles sont *composées*. Le mode de constitution de ces
associations rappelle encore une fois la genèse, soit des

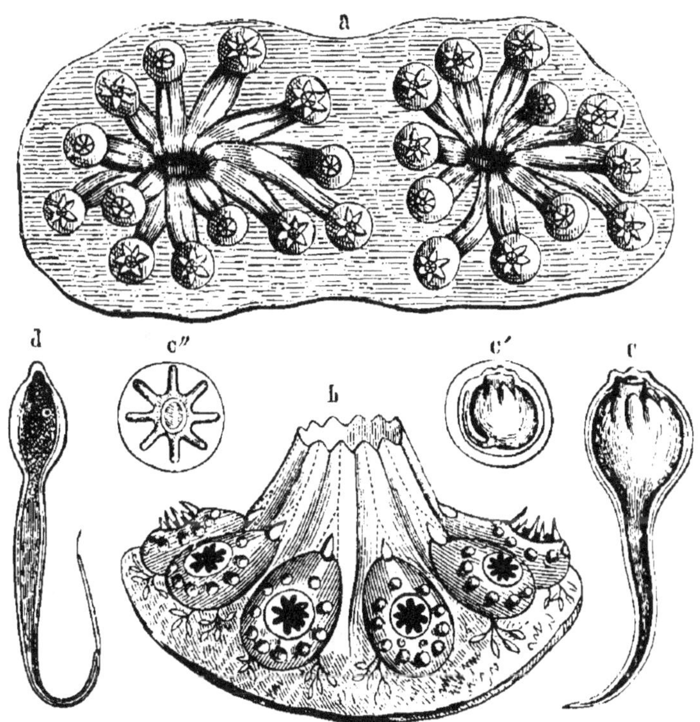

Fig. 123. — Ascidie composée et son développement.

d et *c*. Embryon larvaire du têtard.

compagnies de Polypes coralliaires, soit des colonies de
Campanulaires que nous avons étudiées plus haut.

Les Pyrosomes empruntent leurs noms aux vives lueurs
phosphorescentes qui se dégagent de leur corps. On sait
que ces animaux produisent avec les Noctiluques, les
Pélagies, Actinies, Méduses, etc., un des phénomènes les

plus merveilleux qu'on puisse contempler en mer : la phosphorescence. Chaque Pyrosome est une colonie flottante où les colons sont issus d'un animal souche par bourgeonnement superficiel comme chez les Ascidies sociales et composées. L'individu souche, lui, est d'origine sexuée et fils unique d'un parent privilégié par la nature.

Cette alternance de génération des Tuniciers nous mène à parler des Salpes, animaux marins chez qui cette alternance a été reconnue pour la première fois par Chamisso en 1819. Les Salpes sont des animaux transparents, pourvus d'une cavité générale où sont relégués, à une extrémité, tous les organes importants tels que le cœur, le tube digestif, la branchie et l'ovaire (fig. 124). Elles nagent par les saccades que leur imprime le jet d'eau qu'elles expulsent de leur corps. On les trouve solitaires ou associées en chaîne (Ketten-salpen). Solitaires ou enchaînées, elles sont parentes et les premières sont filles des secondes. Voici quel est le singulier cycle de reproduction de ces colonies. Tous les individus d'une chaîne sont sexués et produisent chacun, dans une capsule, un œuf unique, arrondi, duquel naît, avant l'expulsion, une jeune Salpe. Ils sont

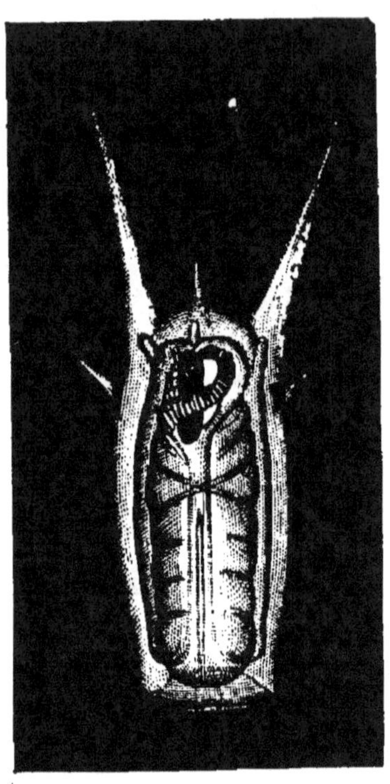

Fig. 124. — Salpe solitaire montrant le stolon gemmipare en anse d'où procéderont les Salpes en chaînes.

donc vivipares. La jeune Salpe quitte ensuite sa mère et devient solitaire. Elle ne lui ressemblera pas, car, au lieu de posséder un ovaire et de former des œufs, elle donnera naissance, par bourgeonnement, à des Salpes enchaînées. Examinons à la loupe une de ces Salpes solitaires agames. A l'extrémité postérieure de son corps diaphane se voit un cordon annelé logé dans une pochette de la paroi du corps. Ce cordon est mince en arrière, plus large en avant. Nous pouvons le comparer à un ruban de Ver solitaire, car les anneaux indiqués, de plus en plus gros, larges, se développent en autant de petites Salpes, en autant de jeunes individus. Mais là s'arrête l'analogie, car, au lieu de se séparer de la souche comme le font les cucurbitains, les jeunes Salpes restent attachées entre elles et ne sont expulsées que par longues chaînes au moment où elles ont acquis une certaine grosseur. Le cordon gemmipare, continuant ses fonctions, en développe ensuite d'autres vers l'extrémité postérieure, de sorte que ce singulier organe n'éprouve aucune diminution de longueur par le départ des chaînes successives. Les bourgeons qui naissent ainsi sans discontinuer sur le cordon multiplicateur, sont disposés tantôt en ligne simple, tantôt en ligne bisériée, quelquefois en rosace autour de l'axe commun. Cette disposition est définitive et différencie plus tard spécifiquement les diverses Salpes enchaînées que le filet du pêcheur nous ramène de la mer.

III. Lamellibranches.

Les Mollusques proprement dits sont des animaux à corps mou, renfermé toujours, pendant la toute première jeunesse, dans une coquille protectrice. Chez les uns, cette coquille persiste durant toute la vie, chez les autres elle disparaît et le corps de l'animal est nu. Il n'y a plus d'exemples de génération alternante comme chez les Molluscoïdes, et tous les Mollusques pondent des œufs qui éclosent le plus souvent au dehors, parfois au dedans de l'animal devenant ainsi vivipare. L'histoire de l'œuf des Mollusques est beaucoup plus simple que dans les classes précédentes; elle nous intéressera surtout quand nous verrons comment beaucoup de ces animaux assurent la sécurité de leur ponte par la construction d'abris ou par différentes autres dispositions qui témoignent d'un instinct maternel assez développé.

Le groupe des Lamellibranches nous fournira quelques exemples où la connaissance de l'histoire de l'œuf peut devenir d'une grande utilité pratique. Nous faisons allusion à la culture artificielle de l'Huître, de la Moule commune et de la Moule perlière.

Beaucoup de Lamellibranches possèdent une « glande hermaphrodite » pouvant produire à la fois des ovules et des éléments mâles. Telle est l'Huître par exemple.

Les œufs des Lamellibranches sont généralement sphériques; quelquefois ils gardent la forme allongée qu'ils prennent en naissant dans l'ovaire et ressemblent ainsi à des « larmes bataves », conservant jusqu'après la fécondation une ouverture ou micropyle à l'extrémité de leur prolongement. Le vitellus est jaune pâle ou rougeâtre et pourvu d'une vésicule germinative à deux taches. Autour de la sphère vitelline se dépose souvent un peu d'albumen. L'enveloppe générale ou chorion est lisse et incolore.

L'Huître, régal de gourmet, fut de tout temps un aliment recherché de l'homme. Les Kjoekkenmoeddings des côtes danoises et le souvenir des huîtrières artificielles du lac Locrino, au temps des Romains, en font foi. Seulement, ce qui chez les Romains d'antan et chez nous aujourd'hui est article de luxe, était, chez les antiques contemporains de l'époque de la pierre polie, article de consommation « populaire ». Comment expliquer autrement, en effet, ces immenses amas de coquilles d'Huîtres et de Mollusques

divers qui atteignent jusqu'à dix pieds de hauteur, deux
cents pieds de largeur et mille pieds d'étendue, et qu'on
appelle des « Kjoekkenmoeddings » ou « déchets de cui-
sine »? Ne pourrait-on pas faire ce que les Romains ont
fait autrefois, ne pourrait-on faire revivre en quelque
sorte cette époque huîtrière des anciens Danois où
l'Huitre fut un véritable article de consommation générale? Voilà la question que Coste, en 1858, à voulu résoudre en faisant ses premiers essais de culture artificielle
de l'Huitre dans la baie de Saint-Brieuc. Les premières
expériences, entreprises avec trois millions d'Huitres pondeuses, eurent un plein succès et sont devenues le point de départ des cultures artificielles
actuelles. En 1865 le bassin d'Arcachon a fourni
seize millions d'Huitres ; en 1874 déjà, les deux mille quatre cent vingt-sept parcs en exploitation ont
donné quatre-vingt-deux millions d'Huitres d'une
valeur d'environ trois millions de francs ! Pourtant

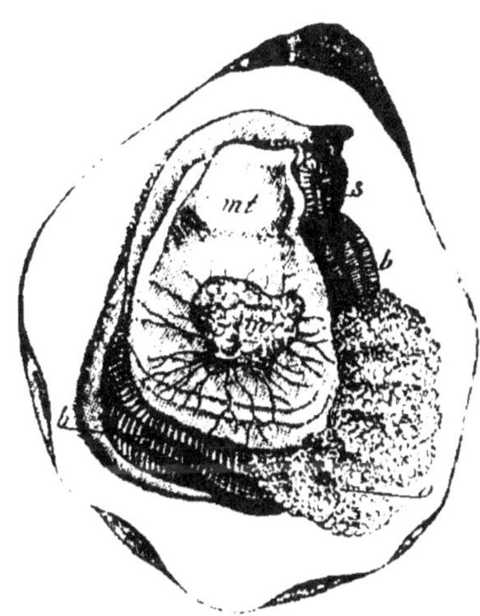

Fig. 125. — Huitre chargée
de naissain.

le prix a doublé, ce qui prouve que la consommation a considérablement augmenté ; mais le but économique général
est moins atteint que jamais : le producteur s'est enrichi.

Chaque Huitre femelle peut pondre jusqu'à deux millions d'œufs. Au sortir de l'ovaire, les œufs se rendent
dans les mailles des branchies entourées du manteau, où
ils forment une sorte de gelée blanchâtre, puis brunâtre
ou grisâtre. Ils y séjournent pendant quelque temps, bien
abrités, puis s'échappent (fig. 125) et éclosent. La jeune
Huitre est déjà pourvue de ses deux valves rudimentaires

entre lesquelles déborde le corps garni d'un revêtement ciliaire. Grâce aux cils, elle nage avec vivacité et des nuées d'innombrables petites Huîtres, à peine écloses, s'ébattent au moment du frai au-dessus des huîtrières en communiquant à l'eau une teinte blanchâtre et un léger trouble. Mais, peu à peu, le poids du corps et des valves augmente et entraine le jeune au fond de l'eau. S'il trouve un corps solide, rocher, branche ou racine d'arbre, etc., il s'y fixe par le dos d'une de ses valves et prospère ; s'il ne trouve au contraire qu'un sol fuyant, sablonneux ou vaseux, il périt. De cette connaissance des besoins du jeune animal découlent toutes les mesures à prendre pour l'établissement d'une huîtrière artificielle. Coste offrait au frai des Huîtres un point d'appui en semant au fond de l'eau quantité de vieux et gros coquillages, ou bien en disposant un grand nombre de fagots de bois. Au bout de six mois certains fagots étaient couverts de près de vingt mille Huîtres.

Tout récemment, M. Ryder est arrivé à reproduire les Huîtres artificiellement, en recueillant le frai sur des tissus à mailles serrées comme la flanelle. Des millions de jeunes Huîtres récoltées par ce procédé ont été conservées, et en 46 jours de temps elles ont atteint une taille de 15 à 18 millimètres. Le frai d'Huître, fort abondant, se perd facilement, entrainé par le flux et le reflux ; la seule difficulté est donc de le retenir pendant les quelques jours où la jeune Huître est nomade jusqu'à ce qu'elle se soit fixée. Alors elle grandit rapidement. Si ce procédé se maintient dans la pratique, la culture huîtrière aura fait un grand progrès.

La Moule comestible (*Mytilus edulis*), ce prolétaire d'entre les coquillages, vit moitié à l'air, moitié dans l'eau, attachée par son byssus aux rochers, piliers, etc., que la marée, en se retirant, met à nu.

L'époque du frai s'étend de février à la fin de mars. A ce moment, des millions de jeunes Moules, à peine écloses des œufs, au sortir du manteau maternel, nagent près des côtes, souvent entortillées par leur byssus naissant et formant au repos des sortes de galettes. Puis elles se fixent contre un support solide et achèvent leur développement.

Elles sont tellement nombreuses qu'elles se touchent et s'entre-serrent de façon à entraver leur croissance faute de place.

Au moment de se fixer, la jeune Moule a le volume d'une graine de lin, un mois plus tard, celui d'une graine de lentille et, au mois de juillet, elle a acquis les dimensions d'une graine de haricot. La culture artificielle fut inaugurée, dit-on, dès l'an 1236 dans le golfe d'Aiguillon par l'Irlandais Walton.

A la suite d'un naufrage désastreux, forcé de subvenir aux plus pressants besoins d'alimentation, Walton, inventa le « pousse-pied », sorte de bachot qui permet de « naviguer » sur le fond vaseux des moulières et qui est encore en usage aujourd'hui. Le frai de Moules préfère en effet ces bas-fonds vaseux que la mer découvre à marée descendante. C'est là qu'on a établi de nombreux « bouchots », c'est-à-dire des rangées de palissades entre-treillissées et disposées en forme de V, la pointe tournée vers la mer (fig. 126). Les jeunes Moules sont recueillies après l'éclosion et mises dans des sacs de vieux filet de pêche, puis suspendues successivement, au fur et à mesure de leur croissance, à des niveaux de plus en plus élevés contre les palissades. Retenues par les mailles, les Moules se fixent à l'aide de leur byssus contre la palissade et y demeurent librement après la destruction du filet pourri. En 1860, la production de ces bouchots fut de 37 000 000 de kilogrammes de Moules d'une valeur de 1 200 000 francs.

Les œufs des Lamellibranches, au lieu de se loger dans les mailles des branchies, se rendent quelquefois entre les branchies dans la cavité du corps et s'y développent comme dans une chambre incubatrice. Les courants d'eau qui amènent l'oxygène nécessaire à la respiration de la mère viennent entourer les branchies et en même temps alimenter de ce gaz les œufs. Chez les Mulettes, les œufs sont directement expulsés du corps.

La quantité d'œufs qui trouvent place entre les branchies est parfois tellement considérable que la forme de la coquille en est affectée. Ainsi chez l'Anodonte ou Moule d'étang, les coquilles des femelles sont bien plus grosses

Fig. 126. — Portion de bouchot d'une moulière.

et ventrues et se distinguent par là aisément et à première vue des coquilles mâles. Le développement de l'embryon dans l'œuf a été bien observé chez l'Anodonte. Le plus remarquable c'est de voir, à un moment, l'embryon arrondi couvert de cils tourner lentement sur lui-même à l'intérieur de l'œuf, puis de constater, dès ce moment, l'apparition d'un byssus fort long et transparent.

A leur sortie de l'œuf les embryons possèdent également une expansion céphalique garnie de cils vibratiles, le *velum* ou voile, à l'aide duquel ils peuvent nager, mais qui disparaît ensuite quand l'animal s'est fixé.

On sait le développement immense que les Lamellibranches ont pris à certaines époques géologiques. Nous ne prendrons comme preuve que le seul genre *Gryphœa*, sorte d'Huître qui, à la base du Jurassique, forme des bancs fossiles de plusieurs mètres d'épaisseur.

IV. Céphalophores.

Les Mollusques Céphalophores (le mot céphalophore veut dire « porteur d'une tête ») sont cosmopolites. Ils habitent les profondeurs des mers, les lacs, les mares et les ruisseaux, la terre et les plantes, et vont jusqu'à 15 000 pieds d'élévation dans la montagne. Malgré la lenteur proverbiale de leurs mouvements, les Gastéropodes occupent une aire géographique très étendue. Nous citerons à ce propos l'expérience suivante de Darwin : une patte de Canard, suspendue au fond d'une eau habitée par des Mollusques Gastéropodes, fut couverte en peu de temps d'un grand nombre d'œufs. Les jeunes Limaces, au sortir de l'œuf, se fixèrent si solidement contre la patte qu'il fut très difficile de les en détacher. Quoique destinés à vivre dans l'eau, ces animaux se conservent pourtant vivants à l'air humide pendant quinze et même vingt heures. On conçoit que, pendant cet intervalle de temps, le Canard, la Grue, la Bécasse, etc., peuvent, en franchissant des centaines de kilomètres, ensemencer toutes les rivières, toutes les mares qu'ils auront visitées. Dans la mer, la dispersion de l'espèce est plus facile à expliquer, car les jeunes, munis de leur voile ciliaire, entraînés par les vagues et les courants, franchissent rapidement des distances considérables.

Les ovules des Céphalophores à sexe double sont formés dans une glande à double effet : la glande *hermaphrodite*.

Elle peut produire à la fois des ovules et de la semence pour les féconder, mais, comme ces deux produits ne sont pas mûrs en même temps, l'autofécondation ne peut avoir lieu. Cette glande est enfouie dans la substance même du foie.

Le nombre des œufs pondus par les Céphalophores est très variable : de soixante à quatre-vingts par exemple chez l'Hélice vigneronne, il peut atteindre un demi-million dans le frai de certaines espèces marines. Le volume des œufs est en rapport avec la taille des pondeuses. Leur forme est arrondie, plus rarement ovale, parfois hémisphérique. L'enveloppe ou chorion est généralement mince, mais cette enveloppe peut devenir très épaisse, comme chez la plupart des Gastéropodes terrestres, tels que les Escargots, les Bulimes, etc. Elle s'incruste alors de carbonate de chaux sécrété par les parois glanduleuses de la dernière partie de l'oviducte. Chez l'Hélice vigneronne, par exemple, la matière calcaire est répartie très irrégulièrement, mais sur l'œuf du Limaçon des jardins, le calcaire cristallise sur le chorion, ou dans son épaisseur, en petits rhomboèdres et ressemble au spath d'Islande. L'enveloppe de l'œuf, dit Turpin, sert aux cristaux d'une sorte de géode. Cette organisation plus parfaite est en rapport avec les destinées ultérieures de l'œuf. Ces Mollusques terrestres, en effet, enfouissent leur ponte dans un trou creusé en terre de sorte qu'une enveloppe mince serait absolument insuffisante pour obtenir une protection efficace.

Il n'en est pas de même des Céphalophores marins ou aquatiques. Ceux-ci ont besoin d'assurer à leur ponte, non seulement un abri plus ou moins parfait, mais encore la faculté d'utiliser l'oxygène dissous dans l'eau et nécessaire à la respiration du jeune embryon. Une enveloppe mince, tout au plus coriace ou parcheminée, permet beaucoup mieux l'échange rapide des gaz de la respiration. Si, pour plus de sûreté, la mère veut protéger

ses œufs par un rempart plus solide, elle les enfermera
dans des coques ou capsules qu'elle fixera à un support
quelconque en permettant à l'eau de baigner le contenu
des capsules ovigères.

Il y eut une époque où l'étude des œufs des Céphalophores et de leurs capsules plus ou moins bizarres était
presque devenue une spécialité. Lund donne même une
classification systématique des différentes formes d'œufs
de Gastéropodes. D'Orbigny vient réagir contre ces tendances particularistes et désire que, tout en étudiant la
forme et la structure des œufs et de leurs accessoires,
on ne néglige pas les faits biologiques qui s'y rattachent
et qui, après tout, ont une valeur bien supérieure.

Pour donner une idée de la variété des procédés de
ponte, choisissons quelques exemples. Les Doris, Éolis,
Tritonies, etc., enveloppent leurs œufs très nombreux
dans une masse gélatineuse qui ressemble au frai de
Grenouille. Les œufs sont disposés en séries transversales
dans un long ruban attaché aux rochers, aux pierres et
fixé par un bout, tandis que l'autre est enroulé en
spirale autour de lui-même. Les Glaucus, les Actæons
attachent de même un ruban spiralé aux corps marins,
quelquefois à des animaux vivants, et l'abandonnent ainsi
aux mouvements des vagues. Les Limnées, les Chilines,
les Bulles fixent aux roches, aux coquilles, des amas
informes de matière gélatineuse au milieu desquels se
trouvent logés les œufs.

Cette enveloppe mucilagineuse générale des œufs est
sécrétée par une glande qui envoie ses produits dans
l'oviducte, où ils entourent les œufs au fur et à mesure
qu'ils se présentent. Elle porte les noms de glande mu-
cipare, albuminipare, glande de la glaire ou organe de
la glue. Mais souvent, son exsudat, au lieu de rester
gélatineux, se concrétionne, durcit et enveloppe les œufs
d'une sorte de coque capsulaire. Il se peut alors que
chaque œuf soit entouré d'une capsule spéciale ou que

plusieurs œufs réunis soient contenus dans une capsule unique. Le premier cas est celui des œufs de Néritine : entourés d'une capsule cartilagineuse, ils restent fixés au coquillage. Les Vermets, qui vivent attachés aux pierres, gardent également leur ponte sur eux en la fixant à l'orifice de la coquille dans des capsules ovigères allongées. Les Tergipes attachent des capsules analogues aux plantes marines.

Tantôt pédonculées, tantôt arrondies, les capsules se trouvent souvent en groupes nombreux attachés aux corps sous-marins. Les Buccins déposent leurs œufs dans un grand nombre de ces pochettes nidamentaires, groupées et fixées par leurs deux extrémités contre les rochers ou les coquilles. Chez les grandes espèces de *Fusus* et de *Pyrola*, les nids sont de véritables fourreaux coriaces ou cornés, globuleux, ou cylindriques comme chez la Volute anguleuse. Ils contiennent dans leur cavité un grand nombre d'œufs auxquels ils servent d'abri protecteur jusqu'à l'éclosion des jeunes. Ils s'ouvrent alors, soit par une fente ou par un opercule détaché, et donnent passage à la nichée des petits nomades, impatients d'essayer leur voile bordée de cils vibratiles.

On a été très longtemps avant de connaître la nature véritable de ces capsules nidamentaires, les prenant le plus souvent pour des œufs distincts à enveloppe dure, qui renfermeraient beaucoup d'embryons. Quelque chose d'approchant se rencontre chez les Aplysies ou « Lièvres de mer » de la Méditerranée. L'Aplysie pond un cordon très long, entortillé, qu'elle attache aux corps sous-marins. Ce cordon est un cylindre gélatineux dont la paroi s'est durcie. Il contient une infinité de capsules ovigères et dans chaque capsule on trouve jusqu'à cinquante œufs, entourés chacun d'un albumen propre et enveloppés tous ensemble de la membrane capsulaire parcheminée. L'Aplysie, qui atteint jusqu'à quinze centimètres de longueur, a encore d'autres particularités. Effrayée, elle veut effrayer à son tour et laisse suinter du bord de son manteau un liquide blanchâtre absolument inoffensif. Nous retrouvons des intentions analogues chez les Insectes.

Les Pourpres (*Murex purpura*) sécrètent également un liquide particulier, connu depuis les temps les plus reculés sous le nom de pourpre. Les anciens, comme on sait, l'employaient à la teinture de leurs étoffes les plus précieuses. Le liquide, au sortir du coquillage, est incolore ou légèrement coloré en jaune, mais sous l'influence des rayons solaires, il devient rapidement d'un rouge violet assez impur. Cette couleur est très tenace et insoluble dans l'eau et dans l'alcool, mais elle ne pourra plus, aujourd'hui, rivaliser avec les magnifiques couleurs que nous offrent les produits secondaires de la houille.

« Vers le printemps, dit Aristote, les pourpres s'assemblent en un endroit commun pour pondre ce qu'on appelle *melikèsa*, qui ressemble aux rayons de miel des abeilles, à cela près qu'il n'est pas si régulier, de manière qu'on peut plutôt le comparer à une quantité de pelures de pois qui sont tassées les unes sur les autres. » Ce *melikèsa* des Grecs est le *favago* des Romains, le « raisin de mer », les « pelures de pois », les *mammana* ou « nourrices » des pêcheurs d'Italie, dit Lund. Ce sont les œufs du Pourpre, pondus une cinquantaine à la fois, à des intervalles de quatre à cinq jours. On sait qu'on donne également le nom de « raisin de mer » aux œufs en grappes de la Seiche.

Voici un petit navigateur intrépide de la Méditerranée c'est la Janthine fragile (fig. 127). Elle laisse flotter à la surface de l'eau une sorte de bouée très allongée, rattachée à son corps, au niveau du pied, par un court pédoncule. C'est un radeau flottant qui maintient à l'une de ses extrémités le coquillage et, à sa face inférieure, un grand nombre de petites capsules ovigères contenant la ponte de la Janthine. Fabius Colonna le qualifie de « Spuma cartilaginea ». On le voit en effet composé d'une multitude de cellules, polyédriques par pression réciproque, écumeuses et remplies d'air. Qu'on coupe une partie de ce singulier ludion, et la Janthine répare l'amputation ; qu'on le détache tout à fait du coquillage, et celui-ci tombera au fond de l'eau pour y périr sans retour. M. Lacaze-Duthiers a surpris la Janthine occupée à la confection de son radeau et il a vu comment le pied mobile du Mollusque s'y prenait pour fabriquer les cellules du flotteur. La partie antérieure du pied, un peu creusée en cuiller, se recourbe dans l'air et, en se repliant dans l'eau, pince à chaque fois une bulle d'air. Cette bulle est entourée de mucosité du pied et ajoutée comme cellule nouvelle au tissu du flotteur.

Ainsi s'explique la mort de la Janthine au fond de l'eau, car elle se trouve dans l'impossibilité de construire, à défaut d'air, de nouvel-

Fig. 127. — La Janthine et son flotteur.

les cellules flottantes. A la mort du coquillage, le flotteur s'en détache et les jeunes éclosent au loin. On suppose que les petites Janthines, après leur éclosion dans les coques suspendues au-dessous du flotteur, se rendent sur son dos et s'y essayent à la construction d'une petite bouée à leur usage qui leur permettra à leur tour de voyager à la surface de l'eau.

Une autre opinion est celle qui veut que les Janthines soient vivipares, les capsules suspendues à leur flotteur seraient au contraire le produit d'un autre Gastéropode.

Si la viviparité des Janthines est problématique, elle a été par contre bien constatée chez quelques autres

Céphalophores, tels que les Clausilies, les Maillots et surtout la Paludine, à qui sa naissance a valu le nom de *Paludina vivipara*. Swammerdan, au dix-septième siècle, l'avait déjà observée. Il vit en outre que la Paludine est parthénogénétique. Elle habite les eaux douces de nos contrées. Les petites Paludines naissent à la fin du printemps avec leur coquille toute formée, après deux mois de séjour dans la chambre incubatrice. Cette chambre résulte d'une dilatation de l'oviducte et devient assez vaste pour contenir, pendant quelque temps, des œufs non éclos et des jeunes déjà éclos en nombre assez considérable.

Au sortir de l'œuf, tous les Céphalophores sont munis d'une coquille rudimentaire. Chez les Gastéropodes nus, cette coquille disparaît ensuite, tandis qu'elle se développe de plus en plus chez les Conchifères. On suppose que la forme spiralée si élégante, construite selon les règles de la géométrie, des coquilles de la plupart des Gastéropodes, est due aux mouvements flagellatoires, ondulatoires des cils dont leur corps est tapissé dans les premières périodes de leur jeune âge. En effet, grand nombre d'embryons éclos possèdent une sorte d'expansion ailée en forme de voile lobé, le *velum*, dont les bords sont garnis de longs cils vibratiles. C'est un organe de locomotion destiné à disparaître avec les progrès de l'âge, au fur et à mesure que le « pied » se développe.

A part la rétrogradation de la coquille primitive chez les Céphalophores nus et la disparition des ailerons du voile, aucune métamorphose n'arrête ni modifie la forme première du corps, à l'exception de quelques espèces de Ptéropodes tels que les Hyales, les Cléonides. Celles-ci naissent à l'état de larves, muent et se transforment. Quelquefois les larves sont entourées de ceintures de cils vibratiles qui les font ressembler aux larves de certains Annélides.

V. Céphalopodes.

Les Céphalopodes sont des Mollusques qui « marchent sur la tête ». Soit qu'ils rampent sur le sol, soit qu'ils nagent au milieu de l'océan, car tous sont marins, ils ont toujours la partie céphalique tournée en bas et la partie abdominale dirigée en haut. Ceux qui habitent nos côtes, tels que les Poulpes, Seiches, Sépioles, etc., n'ont pas une taille considérable et les bras ne dépassent guère un mètre de longueur; mais certaines espèces qui habitent l'océan Pacifique deviennent gigantesques, et les membres de la mission scientifique aux îles Campbell et Amsterdam nous ont rapporté la photographie d'un Poulpe géant de plusieurs mètres de longueur.

L'imagination superstitieuse des pêcheurs a longtemps enveloppé l'histoire de ces animaux d'une brume mystérieuse qui s'est répandue jusque dans les récits des naturalistes. Montfort cite les exploits d'un Poulpe gigantesque qui, près de Sainte-Hélène, vint saisir plusieurs matelots perchés dans les cordages d'un navire, mais le monstre y laissa un de ses bras auquel on trouva une longueur de 25 pieds et plusieurs rangées de ventouses! Un autre géant de la même famille se serait cramponné une fois à la mâture d'un navire près des côtes d'Afrique et, sans la présence d'esprit des matelots, aurait certainement fait couler le bâtiment! Toutes ces histoires sont allées rejoindre aujourd'hui leurs pareilles dans le royaume des fables. De nos jours, nous reléguons de plus en plus le merveilleux du géant, du volumineux et de l'immense dans les espaces célestes où s'entre-choquent et se croisent les terres et les soleils; armés du microscope, nous découvrons tous les jours des merveilles nouvelles dans le microcosme, dans le monde des petits,

La même harmonie, le même équilibre qui président aux destinées des astres, président aussi à celles des molécules. Les lois naturelles ne sont que les tendances au rétablissement de cet équilibre qui ne saurait être parfait un seul instant sous peine d'arrêt dans le fonctionnement des organes de l'univers.

Au lieu d'admirer les exploits imaginaires d'un Poulpe géant, n'est-il pas plus juste de s'émerveiller à la vue d'une Sépia, occupée à se soustraire à la vue de son ennemi derrière un nuage d'encre, plus épais que ceux de l'antique Jupiter; ou bien de surprendre un Poulpe au moment où il se sépare d'un de ses bras, l'*hectocotyle*, fécondant une nouvelle génération !

La Seiche ou Sépia possède en effet, ainsi que beaucoup d'autres Céphalopodes, une poche remplie d'un liquide épais, noir ou bleuâtre, ressemblant à de l'encre. Ce produit est utilisé en peinture sous le nom de Sépia. Au moment du danger, l'animal, tout en nageant à reculons, lance dans l'eau un jet de ce liquide, la trouble complètement et, profitant des ténèbres, se soustrait rapidement aux atteintes de son ennemi. Il est très curieux de voir le contenu de cette poche à encre se conserver dans les nombreuses espèces fossiles au point de pouvoir servir dans la peinture comme de la sépia fraîche.

Depuis les recherches de MM. Vogt et Vérany, on sait qu'un des bras des Céphalopodes mâles se transforme en organe de reproduction et peut souvent se détacher du corps de l'animal. Cuvier avait déjà observé ce fait, mais croyant avoir affaire à un parasite, il lui donna le nom d'Hectocotyle. Ce nom est resté depuis à cet organe singulier. L'hectocotyle se développe dans une sorte de capsule, puis se déroule et se charge d'une certaine quantité de semence. Soit que le bras se détache spontanément ou qu'il reste attaché au corps, il met sa semence en contact avec les œufs de la femelle et les féconde.

Tous les Céphalopodes sont ovipares. Les ovules prennent naissance dans des capsules ovariennes pédonculées, toutes attachées au même niveau d'où résulte une apparence fasciculaire. Les conduits par où les œufs passent ensuite pour aller au dehors, sont tapissés souvent de glandes diverses très puissantes. Ces glandes entourent les œufs de leurs enveloppes caractéristiques parfois très solides, souvent gélatineuses. A côté de ces glandes de l'oviducte s'en trouvent deux autres, très volumineuses, appelées *glandes nidamentaires*, parce qu'elles sécrètent aussi une matière destinée à entourer les œufs et à les fixer contre les corps où se fait la ponte.

Les œufs, avant la ponte, sont ovales et de couleur rouge et rosée. La membrane vitelline est remarquable entre toutes parce qu'elle se plisse transversalement ou longitudinalement de façon à former des rides qui s'enfoncent dans le vitellus et recouvrent la surface d'un élégant réseau. L'œuf de la Seiche, par exemple, est recouvert ainsi d'un treillage complet, sauf en un point libre où il existe un micropyle afin de permettre le contact de la semence et la fécondation subséquente. Une fois fécondé, l'œuf redevient lisse.

Les œufs des Céphalopodes sont pondus tantôt isolément et séparés, tantôt réunis en masses plus ou moins volumineuses dans une enveloppe commune. Les œufs de Seiche sont entourés chacun d'une capsule coriace et brune, munie d'un appendice fendu au moyen duquel ils sont fixés contre les corps sous-marins (fig. 128). Les groupes parfois nombreux de ces œufs, disposés en grappe, sont connus des pêcheurs sous le nom de « raisin de mer ». De même chez l'Argonaute où les œufs, munis d'une capsule solide et homogène, entrelacent leurs pédoncules et s'attachent par grappes à la coquille même du Mollusque. Les *Tremoctopus* fixent leur ponte aux ventouses d'un de leurs bras. A cet effet, ils entortillent les appendices des œufs de façon à en faire une sorte de bâton dur et coriace, résultant de la superposition de plusieurs couches de matière visqueuse coagulée.

Les Poulpes enveloppent leurs œufs dans un ruban gélatineux. Les *Loligos* en font des chapelets gélatineux très longs qui flottent librement au milieu de la mer.

Fig. 128. — Œufs de Seiche dits « raisin de mer ».

Le développement du jeune embryon après son éclosion n'est plus compliqué de métamorphoses comme dans les ordres précédents.

Le mode de formation de l'embryon dans l'œuf est aussi tout à fait particulier et sans précédent jusque-là.

Ce mode se rapproche de plus en plus de celui qui caractérise les animaux vertébrés. Ainsi le vitellus ne se segmente que sur une certaine étendue, délimitant une tache embryonnaire qui se sépare peu à peu du reste du vitellus. Quand l'embryon a pris forme par le développement successif de ses organes, la poche vitelline devient appendiculaire, mais se trouve placée au-dessus de la tête, de sorte que, dès le plus jeune âge, ces animaux méritent bien leur nom de Céphalopodes (fig. 129). L'embryon se garnit aussi partiellement d'un revêtement ciliaire qui disparaît ensuite après l'éclosion. Le sac vitellin contient la nourriture du jeune embryon pendant quelque temps, mais il ne tarde pas à être résorbé quand l'animal sait faire usage de ses organes digestifs et de préhension.

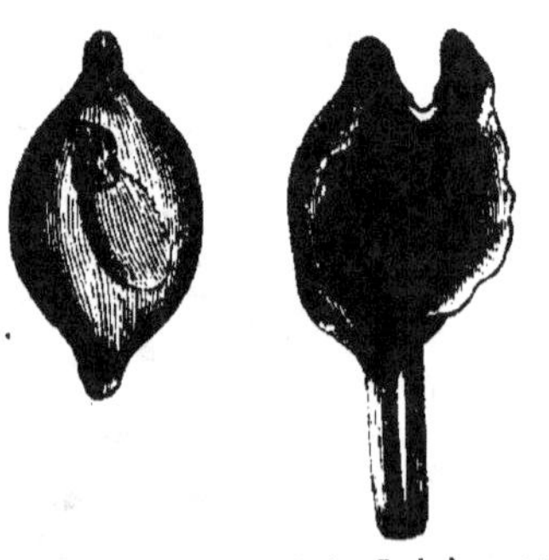

Fig. 129. — Œuf de Seiche renfermant un jeune embryon. — Le même après l'éclosion.

Les Céphalopodes ont peuplé surtout les lointaines périodes des terrains secondaires. Ammonites et Bélemnites du Jurassique et du Crétacé nous ont laissé les traces de leur séjour en espèces innombrables et souvent monstrueuses. On sait que les Bélemnites fossiles ne sont autres que les analogues des « os de Seiches », organes de support interne qui seuls, à cause de leur nature calcaire, ont pu échapper à la destruction.

Les Céphalopodes se multiplient encore abondamment dans les mers actuelles, mais le nombre de leurs espèces est loin d'être aussi grand que pendant ces périodes géologiques antérieures. Quoique certaines espèces actuelles soient considérées comme aliment, par exemple sur les côtes de la Méditerranée, aucune ne mérite des soins de culture ou de protection spéciaux.

VIII

L'ŒUF DES POISSONS

Dès l'aurore de la vie animale sur le globe terrestre, les Vertébrés sont représentés par leur classe la moins perfectionnée, les Poissons, qui peuplaient déjà la mer silurienne aux derniers temps de la période. Depuis lors, se reproduisant par des œufs sexués qui admettent seuls les variations latentes, ils ont peuplé toutes les mers géologiques de leurs espèces variées et, de nos jours, leur nombre incalculable pullule dans cette immense tache liquide que les océans ont répandue sur les trois quarts de la surface du globe.

Chez les Poissons qui constituent, comme nous le savons (p. 115), avec les Batraciens le groupe des Vertébrés dépourvus d'allantoïde, ou Anallantoïdiens, les œufs se forment à l'état d'ovule d'après le plan qui préside également à leur développement chez les animaux inférieurs ; mais les phénomènes consécutifs à la fécondation de l'ovule inaugurent une direction organogénique toute nouvelle et qui devient celle de tout l'embranchement des Vertébrés. Cette direction évolutive apparaît pour la première fois dans le Vertébré le moins perfectionné, l'*Amphioxus*. Ce Poisson (fig. 130), sans renflement cérébral, sans muscle cardiaque, sans organe de l'ouïe, à peine pourvu des organes de relation les plus rudimentaires, vit dans les grèves sablonneuses de la mer du Nord et de la Méditerranée. Ses œufs, très simples, après s'être détachés des parois de la chambre viscérale, tombent dans le courant d'eau qui vient des branchies et sont expulsés par le pore abdominal. L'embryon, de

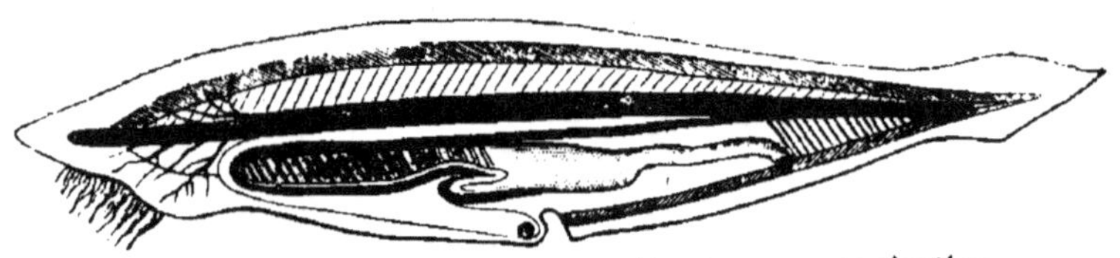

Fig. 130. — L'Amphioxus lancéolé et son organisation.

bonne heure, se développe en larve, puis en Amphioxus parfait. Il y a ainsi une réminiscence de métamorphose que nous retrouvons parmi les Vertébrés, chez quelques Poissons, mais surtout chez les Batraciens.

Ajoutons que les plus graves discussions de philosophie naturelle s'agitent autour de cet être singulier que l'on croit représenter le trait d'union le moins obscur entre les Vertébrés au sommet, et les Invertébrés à la base du grand arbre généalogique.

Les Poissons sont presque tous ovipares, quelques-uns, surtout les Poissons cartilagineux, sont ovovivipares et les petits naissent vivants. Les œufs sont fécondés par la laite ou laitance, et le mode de fécondation constitue souvent un des traits de mœurs les plus caractéristiques du Poisson

Au moment de la fécondation, l'œuf est composé d'une sphère vitelline plus fluide que chez les autres Vertébrés. Elle est formée de trois substances; l'une d'elle se coagule par l'action directe de l'eau si l'ovule n'est pas fécondé, tandis que la coagulation ne se produit pas après la fécondation. On peut reconnaître de la sorte si les œufs de Saumon sont fécondés ou non. Si, au contact de l'eau avec le vitellus, les œufs restent clairs et colorés normalement, la fécondation a eu lieu; autrement, ils ne tarderaient pas à se troubler.

Quoique la coloration de l'ovule soit ordinairemen peu intense, on peut pourtant reconnaître dans la sphère vitelline des amas de gouttelettes huileuses, les corpuscules vitellins, et quelques globules de matières colorantes, verdâtres chez la Perche, jaunâtres chez le Brochet.

Chez les Poissons cartilagineux, le vitellus ressemble comme composition plutôt au jaune de l'œuf des Oiseaux, mais les cellules vitellines contiennent des corpuscules quadrangulaires d'aspect cristallin.

La vésicule germinative des Poissons osseux ne s'étend pas au delà du tiers ou de la moitié du vitellus; elle est particulièrement élastique chez les Poissons cartilagineux, mais se brise facilement sous la pression.

Voilà les parties fondamentales de l'œuf, celles qui, plus tard, vont constituer et nourrir le jeune embryon. Mais tous les œufs de Poissons sont entourés et protégés par une membrane ou une coque plus ou moins dure, coriace et résistante.

Chez les Poissons osseux, la coque se forme autour de la sphère vitelline dans l'ovaire même. Le *chorion*, c'est ainsi qu'on nomme cette coque protectrice, se constitue dans la capsule ovarique à la fin du séjour de l'ovule dans l'ovaire. Souvent elle est doublée d'une deuxième couche analogue à la fine membrane qu'on trouve sous la coque de l'œuf des Oiseaux.

La membrane du chorion a généralement une structure poreuse, canaliculaire. Les canalicules extrêmement fins qui, par leur juxtaposition, forment le chorion, sont perpendiculaires à la surface comme chez les Saumons, ou un peu spiralés comme chez la Perche fluviatile. On démontre que ce sont de fins canaux ouverts par la possibilité de faire passer à travers, sous une légère pression, un peu de matière colorée du vitellus.

Chez la Perche, le Saumon, le Brochet, etc., les minuscules tubes marquent à la surface externe une multitude de petites facettes hexagonales, percées au milieu d'une ouverture. Ces ponctuations très élégantes et fines sont parfois groupées diversement et réfractent, comme chez le *Gobius fluviatilis*, fortement la lumière. Les œufs de la Palée sont revêtus d'un chorion élastique à surface granuleuse qui montre à la loupe une infinité de figures annulaires des plus délicates. D'autres fois, les œufs en paraissent tout veloutés comme s'ils étaient hérissés de fines aiguilles.

Le chorion des œufs de Perche est recouvert de villosités qui contribuent à les relier à la façon des œufs de Batraciens, mais à un moindre degré. Chez l'Épinoche, ces appendices villeux sont limités en grand nombre sur un point du chorion. Ils sont allongés en forme de poire et servent comme organes de fixation.

Le chorion présente une autre particularité de la plus grande importance, car elle rend possible la fécondation de l'œuf par la laitance. En un point de la surface, et cette découverte a été faite pour la première fois sur un œuf d'Épinoche, la coque est perforée d'une ouverture de faible diamètre appelée *micropyle*. Le micropyle se trouve au fond d'une dépression conique qui réfléchit un peu la membrane du chorion vers la sphère vitelline en face de la vésicule germinative. Chez les Saumonidés la dépression est assez grande pour devenir visible à l'œil nu ou armé d'un faible grossissement.

Un œuf tout à fait remarquable est celui du *Belone*, Poisson de la famille des Scombrésocidés à laquelle appartiennent les Poissons volants. Dans cet œuf, la sphère vitelline s'entoure d'une sorte de tégument supplémentaire résultant de l'enchevêtrement d'un grand nombre de fibres longues, un peu spiraléesi qui contournent la sphère vitelline en en faisant plusieurs fois le tour.

On voit dans quelques œufs une sorte d'albumen homogène entourer, sous une faible épaisseur, la sphère vitelline comme d'une enveloppe hyaline.

L'œuf des Poissons osseux, ayant acquis de la sorte toutes ses parties constitutives dans le tissu même de l'ovaire, s'en sépare et tombe dans la cavité ovarienne pour être expulsé ensuite. Il ne l'est quelquefois qu'après s'être enduit d'une sorte de glaire qui l'entoure complètement dans l'oviducte et réunit la masse des œufs en réseau ou en chaîne continue. Les œufs sont alors déposés en paquet ou en chapelet.

Les Poissons cartilagineux, s'ils sont ovipares au contraire, n'entourent leurs œufs d'une capsule solide ou membraneuse que dans l'oviducte qui leur sécrète, au moyen de glandes, une coque résistante, cornée, souvent fort originale. Ainsi chez la Raie, cette capsule acquiert une structure fibreuse, une forme allongée en quadrilatère, une surface bombée, et se termine à chaque extrémité par deux cornes assez longues. Ouvert à une extrémité, cet étui bizarre permet à l'eau de baigner son contenu qui est, après la fécondation, le jeune embryon et de lui amener l'oxygène nécessaire à la respiration. L'œuf du Squale grande Roussette (*Squalus catulus*) est pourvu également de quatre appendices très longs, enroulés en spirale ainsi que de deux orifices respiratoires (fig. 151). Les Allemands appellent ces œufs vulgairement « Seemaeuse » ou « souris de mer », à cause de leur forme étrange. Dans le *Myxine glutinosa* la coque, ovale, un

peu allongée, est ornée aux pôles d'une houpette de vingt-
cinq à trente prolongements tubuleux, évasés en trom-
pette. Les œufs de la Chimère arctique ont la surface ridée
et velue.

Ces coques diversement ornées, tout en étant protec-

Fig. 131. — Œufs de Squale.

trices, servent encore à accrocher les œufs aux objets
contre lesquels la ponte s'est effectuée.

Étant close de toute part, dure et épaisse, la coque
des Poissons osseux, comme celle des Poissons cartilagineux, s'opposerait à toute imprégnation de la laitance et
par conséquent à la fécondation, si, chez les premiers,
elle n'était perforée du micropyle, et si, chez les seconds,
la laitance, prévenant la formation de la coque, n'avait

17

déjà atteint l'ovule nu avant son passage dans la portion glandulaire de l'oviducte.

D'une façon ou d'une autre les corpuscules mâles de la laitance s'unissent à l'ovule, soit après la ponte, soit avant, et dans ce dernier cas les Poissons sont ovovivipares comme la Raie, les Zoarces, la Torpille, quelques Squales, etc.

Dans les Poissons ovipares, où l'œuf est entouré d'une coque solide perforée d'un micropyle, les corpuscules, amenés par le hasard propice, grâce à leur nombre considérable, passent par le micropyle pour aller féconder le contenu de la coque. Leur entrée est suivie de près par la formation, entre la coque et la sphère vitelline, d'un espace clair appelé chambre respiratoire ; bientôt tout le vitellus se sépare de la coque par suite de l'introduction d'une certaine quantité d'eau et peut dès lors se mouvoir librement dans l'œuf. La vésicule germinative s'est effacée, mais, aussitôt, les corpuscules vitellins viennent se rassembler en un point de la surface et constituer la première ébauche du jeune embryon. Celui-ci a d'abord une forme hémisphérique, puis il s'allonge en se séparant de plus en plus de la sphère vitelline qui finit par devenir une sorte d'appendice en sac. Les différentes régions du corps commencent à se dessiner : sillon dorsal, tête, extrémités.

Quand le jeune Poisson est arrivé à terme dans sa coque, il naît, il éclôt ; souvent alors ses mouvements, qu'on dirait des efforts impatients de naître à la vie, aident à briser les frêles enveloppes de l'œuf.

En quittant son petit habitacle, le jeune Poisson emporte pour quelque temps une provision de nourriture contenue dans une poche arrondie, la vésicule vitelline, remplie de la substance vitelline, du « jaune », et de gouttelettes huileuses parfois assez grosses. Cette poche, appendue au ventre comme chez la Truite ou le Saumon, ou bien cachée dans l'abdomen comme chez la Carpe, est sillonnée d'élégantes ramifications sanguines (fig. 132).

La plante donne, elle aussi, à ses enfants, aux graines,
une provision viagère, l'albumen.

Le jeune Poisson absorbe donc peu à peu le contenu
de la poche vitelline et grandit à ses dépens tout en
s'exerçant à la chasse d'une proie facile. A ce moment
l'alevin présente un des spectacles les plus intéressants :

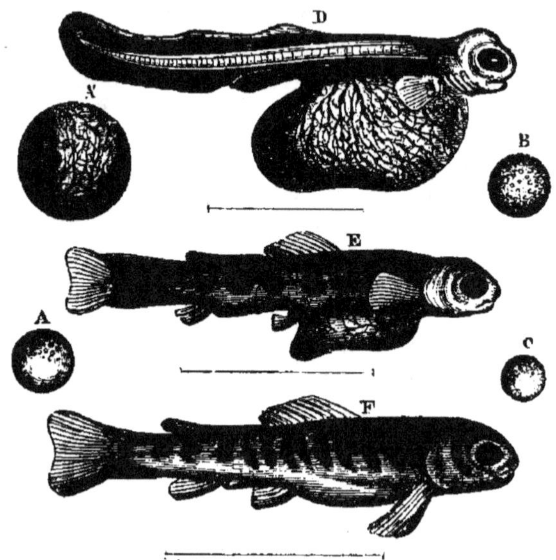

Fig. 132. — Développement des Truites et des Saumons.

A. Œuf de Saumon. A′. Œuf montrant l'embryon ébauché. C. Œuf de
Truite. D. Saumon au moment de l'éclosion, muni de sa vésicule vitelline. E. Le même, un peu plus âgé. F. Le même, plus âgé; la vésicule
est entièrement résorbée.

on « voit » vivre le jeune Poisson, on assiste au fonctionnement de tous ses appareils. La transparence des tissus
qui composent son corps nous fait voir jusqu'aux battements de son cœur, ainsi chez la jeune Perche qui est
alors d'une transparence de verre. Mais, insensiblement
la vésicule se rapetisse, et finalement elle disparaît, au
bout d'un temps très variable suivant les espèces.

La Carpe l'a absorbée après quinze à vingt jours, la

Truite après trente-cinq à cinquante jours; le jeune Saumon, alourdi par une vésicule relativement énorme, n'épuise sa provision qu'au bout de cinq semaines.

Désormais réduit à ses propres ressources, soit ruses ou forces, le jeune Poisson doit combattre pour son existence et se suffire à lui-même. C'est là le moment critique de sa vie, *to be or not to be*, car les ennemis sont nombreux, plus nombreux encore que ceux qui chassent le frai, une des nourritures favorites de beaucoup d'animaux.

Ainsi se passe la première jeunesse du petit alevin éclos d'œufs fécondés après la ponte.

Chez les Poissons ovovivipares, où l'œuf est vivifié avant la ponte, dans l'organisme même de la femelle, l'embryon se développe à l'intérieur et les petits naissent vivants.

Les œufs de Squale dont nous avons décrit plus haut la singulière forme en oreiller, s'attachent par leurs appendices aux plantes marines à l'instar des vrilles d'une plante jusqu'à ce que le jeune Squale ait quitté la coque. Très souvent on trouve de ces poches quadrilatères vides, arrachées par la tempête avec leur support et rejetées sur la côte. Mais au moment de la ponte, le jeune embryon a déjà commencé son développement et on peut le voir parfaitement, replié en S sur lui-même et pourvu de sa vésicule vitelline, si l'on a réussi à enlever délicatement une paroi de l'œuf. Au moment d'éclore, le Squale porte en dessous une assez grosse vésicule piriforme qui disparaît peu à peu, mais qui paraît le gêner beaucoup moins que les autres Poissons, car, dès sa mise en liberté, il accuse une étonnante vivacité de mouvements.

La Blennie vivipare, Poisson qui vit sur les côtes de l'Atlantique et qui atteint environ 30 centimètres de longueur, emprunte son nom à cette particularité de la femelle de mettre bas, en hiver, jusqu'à trois cents petits qui naissent vivants. Le développement de l'embryon s'est fait dans l'ovaire même. Telles sont encore les Pœcilies des eaux douces de l'Amérique méridionale. Chez la Raie, le Squale, la Torpille, etc., Poissons ovovivipares, l'incubation a lieu dans un véritable réservoir incubateur interne, mais les œufs restent libres et l'embryon se nourrit aux dépens de sa sphère vitelline. Les œufs de la Raie sont pondus au moment même de l'éclosion du jeune qui entraîne les débris des enveloppes. On évalue à trente jours la durée de l'incubation jusqu'à la ponte, qui se renouvelle successivement pendant toute la belle saison, et peut-être durant toute l'année.

La famille des Lophobranches, composée de Poissons osseux qui ont les branchies en houppes, présente un phénomène des plus curieux et imparfaitement connu. On sait depuis longtemps que les Poissons tels que les Syngnathes, Scyphies et surtout les Hippocampes ou « Chevaux de mer » portent leurs œufs sur eux, à la partie inférieure et postérieure du corps. On fut fort étonné de trouver qu'au lieu de la femelle, c'est le Poisson mâle qui se charge ainsi des soins du ménage, et l'on ne sait exactement jusqu'à présent comment s'opère cette translation des œufs de la femelle au mâle.

Chez les Hippocampes ce réceptacle atteint son plus haut degré de développement. La chambre incubatrice y est située, chez le mâle, un peu en avant de la queue, où elle est parfaitement visible sous forme d'une grosse ampoule. L'orifice qui mène dans ce sac est étroit et circulaire. L'intérieur, très spacieux, a ses parois creusées de logettes pour les œufs et disposées régulièrement en quinconce. La femelle en est complètement dépourvue.

Protégés de la sorte par leur père contre les dangers multiples de leur jeune âge, les petits Lophobranches ont bien plus de chances de conserver l'espèce que les autres Poissons abandonnés, le plus souvent dès la ponte, à tous les hasards d'une existence pleine de périls. En effet, le

nombre seul des animaux qui chassent et dévorent le frai
de Poisson est immense ; et si l'on pense qu'à ces dangers
s'ajoutent ceux que créent les changements du milieu
physique, on ne s'étonnera plus des hécatombes de jeunes
Poissons qui périssent annuellement avant d'avoir atteint
l'âge de la reproduction. Et pourtant des bandes innombrables de jeunes viennent remplacer chaque année les
disparus, et l'esprit reste confondu devant la masse des
individus qui se présentent au regard de l'observateur à
certaines époques de l'année sur les côtes de l'océan ou
dans les grands fleuves. Rappelons-nous, à ce propos,
comment nous avons vu lutter les Bactéries pour la conservation de l'espèce, par une facilité étonnante de reproduction. C'est ainsi que luttent les Poissons les plus
décimés, par le nombre incalculable des œufs qu'ils pondent. Ceux d'entre eux qui, comme les Lophobranches et
d'autres comme les Épinoches que nous allons voir prendre soin « intelligemment » de leurs petits, entourent la
jeunesse de leur progéniture de garanties temporaires
contre les dangers, ne produisent qu'un nombre de jeunes
relativement restreint ; les autres, au contraire, pondent
jusqu'à des millions d'œufs par année et réagissent ainsi
par le nombre contre les chances d'une destruction complète de leur espèce.

La fécondité de certaines femelles de Poisson est devenue proverbiale. Ajoutons cependant que cette fécondité
n'atteint pas encore à celle de certains Insectes, comme
les Termites, ou de certains Vers, tels que les *Gordius*, qui
pondent plus de huit millions d'œufs en vingt-quatre
heures, et la ponte se répète bien des fois ! Néanmoins la
fécondité des Poissons reste encore étonnante.

Le Syngnathe, pour espérer la conservation de son
espèce, se contente de deux cents à trois cents œufs,
l'épinochette femelle porte seulement de cent à cent
vingt œufs mûrs.

Une Carpe, une Perche de bonne taille donnent souvent

plus de six cent mille œufs pondus et la Morue en produit au delà de deux millions et demi.

De la Blanchère trouva en février un beau spécimen de Baudroie dont l'abdomen, rempli aux trois quarts d'une substance rouge granulée, laissait échapper un long ruban composé d'une infinité d'œufs : le frai de l'animal. Ce frai rubané avait, déployé, 7 mètres de long sur 17 centimètres de large. Les œufs y étaient serrés comme les grains dans un gâteau de riz. Seule, cette mère pouvait mettre au monde des millions et des billions de petites Baudroies.

Bucklandt donne le tableau comparatif suivant de la fécondité de certains Poissons :

Nom	Poids du poisson en grammes	Nombre d'œufs pondus
Truite.	500.	1 008
Brochet.	2 250.	42 840
Perche.	250.	20 592
Gardon.	675.	480 480
Eperlan	60.	36 652
Lump.	1 000.	116 640
Barbue.	2 000.	239 775
Sole.	500.	134 466
Hareng	225.	19 840
Maquereau.	450.	36 120
Turbot.	4 000.	385 200
Morue.	10 000.	2 872 000
Chevesne	Le frai pèse 15 grammes.	
Esturgeon.	Un individu de forte taille donne 100 kil. de frai.	
Féra.	»	1 500
Lotte.	»	198 000
Tanche	»	297 000
Saumon.	5 000.	10 000

(De la Blanchère.)

Le nombre d'œufs pondus par la femelle est en rapport avec sa taille. Ainsi une femelle de Brochet de forte taille donne jusqu'à cent huit mille œufs ; celle du Hareng peut en produire soixante-dix mille ; une Perche de rivière, de trois cent mille à près d'un million et une Carpe de bonne taille, jusqu'à six cent mille. Enfin, l'ovaire de l'*Hippoglossus* contiendrait jusqu'à trois millions et demi, et celui d'une Morue développée jusqu'à neuf millions d'œufs !

Cependant tous les œufs ne sont pas pondus en une seule fois, car, à un moment donné, le nombre immense d'ovules qui naissent dans l'ovaire ne sont pas arrivés au même degré de développement. La ponte est ordinairement répétée plusieurs fois, au fur et à mesure que les séries sont prêtes à être évacuées. Le Goujon fluviatile met un mois pour se débarrasser de sa portée.

L'énorme quantité d'œufs qui remplit l'abdomen de la femelle le distend quelquefois démesurément et alourdit considérablement les mouvements du Poisson, comme par exemple chez le Chabot, où l'on dirait une véritable difformité. Ainsi chargée, la femelle doit à tout prix se débarrasser de sa ponte, autrement les œufs se décomposeraient et entraîneraient sa mort. On a cependant vu des femelles mortes et déjà quelque peu altérées, contenir des œufs mûrs encore susceptibles d'être fécondés. Pour pouvoir héberger à la fois un nombre aussi considérable d'œufs, il faut que le volume des œufs soit restreint. Les œufs les plus volumineux sont ceux des Squales, des Requins, Raies, Torpilles, etc., en général, des Poissons ovovivipares. La forme et le volume des œufs de Squale leur a même valu le nom de « poches de matelot ».

Mais les œufs de Truite n'ont que 6 millimètres de diamètre, ceux du Barbeau ont la grosseur d'un grain de millet, ceux de la Chevesne, de la Perche, celle d'un grain de pavot. Plus petits encore sont ceux de l'Eperlan, de l'Ablette, du Goujon fluviatile, et presque microscopiques, les œufs de la Lotte.

L'exiguïté de la plupart de ces œufs fait qu'il est difficile de juger de leur couleur autrement qu'en masse. La coloration est d'ailleurs très peu intense, mais offre souvent de fort jolies teintes mates, dans beaucoup de nuances. Voici quelques exemples : œufs blancs et translucides (Ablette, Cyprin doré); blancs (Lotte, Epinoche, Apron, Féra, etc.); jaunes ou jaunâtres (Chevesne, Cyprin aspe, Truite, Ombre Chevalier etc.); jaune orange (Barbeau); verdâtres (Brochet, Gardon, Tanche); bleuâtres (Goujon fluviatile); rouges pâles (Égrefin, Plétan, Saumon); rouges (Turbot).

Les œufs de certains Poissons possèdent des propriétés toxiques et peuvent produire sur l'homme des empoisonnements dont les effets semblent analogues à ceux que produit la Belladone. Tel serait le frai du Barbeau fluviatile qui, pour le moins, serait très purgatif; tel encore le frai de la Lotte commune.

Tout autre est le frai de l'Esturgeon, connu partout, sauf en Russie, son pays d'origine, sous le nom de *caviar*.

Les Russes lui donnent le nom d'*igrá*, en consomment et en expédient des quantités considérables. Des milliers de kilogrammes d'igrá sont pêchés annuellement dans les fleuves qui se déversent dans la Caspienne, dans la mer Noire et dans le lac d'Aral après que les Esturgeons, par bandes, ont remonté les fleuves à la recherche d'une bonne frayère.

Le frai des Poissons ovipares est composé, chez les uns, d'œufs libres, non agglutinés : ceux-là surtout appartiennent aux espèces qui pondent en hiver, et les œufs, plus denses que l'eau, tombent au fond pour y mûrir les jeunes sous une température convenable. Chez les autres, et ce sont surtout les espèces qui pondent durant la belle saison, les œufs sont réunis diversement et attachés à des corps immergés ou flottant à une assez faible profondeur, parfois à la surface des eaux, afin que les rayons bienfaisants du soleil puissent hâter le développement du jeune embryon.

Les lieux de dépôt des œufs sont ausssi variés que les stations de ces nomades aquatiques. Cependant, chaque espèce a sa façon spéciale de déposer son frai soit en mer, soit dans les fleuves ou dans les rivières.

En mer, le Congre dépose son frai sur les rochers; l'Égrefin cache ses œufs dans les Algues; le Capelan, dans les plantes marines ou entre les cailloux du fond; la Vieille de mer, dans les Varechs ou sur les rochers; le Hareng se rapproche des côtes et dépose son frai près du rivage; le Bar préfère les plages sablonneuses, où son frai, peu ou point protégé, sert de pâture à un grand nombre de Poissons qui habitent les côtes.

Dans les eaux douces courantes ou stagnantes, les plantes aquatiques, les rochers, le gravier du lit, les anfractuosités des berges, les objets flottant à la surface, sont chargés tour à tour du frai des habitants.

Le Brochet, le Gardon attachent leurs œufs aux plantes aquatiques à l'écart du bruit et du mouvement; le Cyprin doré les suspend aux végétaux, aux branches d'arbres, aux herbes immergées; la Tanche, aux plantes aquatiques des eaux tranquilles d'un étang ou d'une rivière paresseuse; l'Ablette, aux plantes flottant au soleil à la surface des eaux; la Brême, aux herbes des rivages dans les ruisseaux bruyants mais peu rapides. La Perche, ainsi que l'avait déjà observé Aristote, la Grémille, etc., choisissent, pour frayer, un endroit peu profond où la température de l'eau soit douce; elles pondent des œufs agglutinés par une matière gélatineuse en chapelets ou en cordons qui atteignent, chez la Perche, jusqu'à 2 et 5 mètres de longueur, et les attachent aux pierres ou aux plantes aquatiques environnantes parfois flottant à la surface des eaux.

La Lotte préfère les cailloux et le gravier des bords plats; l'Ablette biponctuée, les fonds caillouteux; le Barbeau de rivière, les graviers des courants profonds et rapides; le Silure, le fond mou et vaseux des étangs; le Goujon, les fonds sablonneux. Quelques Poissons de rivière recherchent des endroits plus tourmentés, les courants les plus

rapides. Tels sont : le Meunier Ide, la Truite des lacs,
et l'Ombre Chevalier, qui se plaisent souvent dans les
eaux limpides et torrentueuses des sources. La Truite
creuse, à l'aide de sa queue, des cavités destinées à recevoir sa ponte.

A l'époque du frai, la plupart des Poissons accusent,
comme la majorité des animaux, des changements très remarquables dans leurs habitudes, leur « caractère » et
jusqu'à leur livrée. Poussés par un instinct des plus
étonnants, beaucoup d'entre eux quittent leur séjour habi-
tuel et vont choisir bien au loin, à des milliers de kilomètres parfois, une frayère à leur convenance : ce sont
de véritables migrations. D'autre part, un certain nombre
de Poissons se parent à l'époque du frai d'une robe des
plus brillantes, ils revêtent leur « parure de noce ».

Le Saumon est un des Poissons dont les habitudes et
les voyages, grâce à la qualité de sa chair, sont le mieux
connus des pêcheurs. En automne, on les voit se rassembler à l'embouchure des grands fleuves dans la mer — car
le Saumon est à vrai dire un Poisson marin, quoique né
dans l'eau douce — et remonter en quantité le courant du
fleuve pour aller à la recherche d'une partie de la rivière
où l'eau soit rapide, mais tout à fait douce. Ils remontent
ainsi jusqu'à des rivières de quatrième et de cinquième
ordre.

En guides expérimentés, les vieux Saumons mâles
tiennent la tête de la colonne, les plus jeunes suivent.

Les mâles ont mis leur parure de noce. Leur corps
s'est illuminé de taches rouges, le ventre et les nageoires
se sont vivement colorés en rouge carmin. Aucun obstacle ne les arrête dans leur marche en avant et, avec
une agilité et une hardiesse surprenantes, ils franchissent digues, sauts, rapides et cataractes, incurvant leur
corps de façon à rapprocher la tête de la queue, puis se
débandant subitement comme un ressort afin de fran-
chir l'obstacle d'un bond hors de l'eau, pour retomber à

quelques mètres de distance en amont. Tous les ans, des milliers de touristes, surtout dans le nord de l'Écosse, vont contempler le curieux spectacle de la « montée » du Saumon.

Arrivé au but de son voyage, l'instinct sociable, qui l'attachait à ses camarades se perd dans le Saumon mâle et se reporte exclusivement sur une femelle qu'il s'associe et entraine à la recherche d'une bonne frayère. La venue d'un compétiteur devient alors la cause d'un duel qui ne finit que par la mise hors de combat du plus faible. Le vainqueur, aidé de la femelle, creuse ensuite dans le gravier du fond un trou de quinze à vingt-cinq centimètres de profondeur, où celle-ci dépose une grande quantité d'œufs. Sans tarder, le mâle s'approche et les arrose de sa laitance. Dès lors fécondés, les œufs sont recouverts d'une couche de gravier et le ménage temporaire se sépare, laissant au temps et à la chaleur le soin de faire éclore les jeunes Saumoneaux. L'incubation des œufs, dépendant de la température, est parfois fort longue. Après quatre-vingt-dix jours, parfois seulement au bout de cent quarante jours, les jeunes éclosent munis de leur grosse vésicule vitelline. Enfants d'eau douce, les Saumoneaux, tout en changeant de forme et de couleur, se rapprochent peu à peu de l'eau saumâtre des embouchures, ensuite de la mer. Si ce changement de milieu était trop brusque, ils périraient. Finalement ils plongent dans les profondeurs de l'océan et reviennent à l'âge de quatre ou de cinq ans, complètement changés, retrouver leur berceau pour frayer à leur tour.

Les Gardons, à l'époque du frai, remontent les rivières en bandes séparées : la première ou l'avant-garde, composée de mâles, la deuxième, des femelles, l'arrière-garde fournie par un autre troupeau de mâles.

Les Truites, qui se tiennent ordinairement dans les lacs, remontent les petites rivières à la recherche du courant le plus rapide. Elles s'habillent pour leur voyage d'une jolie parure.

A l'encontre du Saumon, l'Anguille fraye en mer et vit dans l'eau douce. Elle pond un nombre d'œufs énorme. A peine écloses, les petites Anguilles, délicates et ténues, commencent la montée des fleuves. Elles se rassemblent en colonnes serrées, pareilles à des masses gélatineuses, à l'embouchure des fleuves, qu'elles remontent pour se disperser dans toutes les rivières tributaires. En automne, l'Anguille à long bec regagne l'eau saumâtre ou la mer.

D'autres Poissons, tels que l'Alose vraie, l'Égrefin, le Hareng, le Goujon, frayent en troupes sans entreprendre des voyages de recherche aussi lointains. Les Égrefins se partagent alors en deux bandes : la première est celle des mâles, la seconde celle des femelles. Chez le Hareng, le nombre des femelles l'emporte de plus du double sur celui des mâles.

Le Saumon nous a déjà fourni un exemple d'un Poisson changeant de robe à l'époque du frai. La Truite revêt également une belle parure en parsemant son corps d'un joli pointillé rouge ; le Cyprien aspe, le Meunier rotengle ornent leurs écailles d'excroissances en forme de verrues. Mais ces changements sont loin d'égaler ceux qui transforment la Perche, l'Ombre-Chevalier, l'Épinoche, etc., à tel point qu'on les prendrait pour une espèce différente à livrée brillante. Pareils aux fleurs qui étalent au soleil et devant leurs visiteurs ailés, les Insectes, leurs plus éclatantes nuances, pareils encore aux Oiseaux qui se parent de leurs plus beaux atours pour leur noce, ces Poissons revêtent leurs couleurs de fête et deviennent dès lors admirables. Chez la Perche, le corps se recouvre de reflets dorés et les nageoires s'illuminent d'un rouge vif. Chez l'Épinoche, le dos s'irise de teintes bleuâtres, éclatantes et les nageoires deviennent empourprées. L'Ombre-Chevalier se colore entièrement

d'une belle couleur jaune-orange, chatoyante et luisante.
Cette coloration se communique même aux intestins et à
la cavité abdominale.

Telle est la loi de la nature, qui nous paraît plus admirable que beaucoup d'autres parce que nous y participons et qu'elle semble partager nos goûts d'esthétique.

La plupart des Poissons, une fois la ponte et la fécondation terminées, ne s'occupent plus de leurs œufs et la mère ne connaîtra jamais ses rejetons. La Perche, la Sandre d'Europe et quelques autres sont même sauvages au point de dévorer leur propre frai ou le petit alevin qui en provient. Mais d'après ces exemples peu faits pour donner une bonne idée de l'amour maternel et paternel des Poissons, on ne devra pas juger la totalité des représentants de la classe.

On est généralement enclin à considérer tous les Poissons comme des êtres absolument dépourvus de tout instinct supérieur, dégradés, incapables de toute manifestation autre que celles qui tendent à la satisfaction de leurs besoins. Telle est, en effet, la règle. Cependant quelques exceptions, aujourd'hui bien connues, sont tellement extraordinaires, les Poissons qui les présentent font preuve de sentiments altruistes si affectueux, qu'on ne peut se refuser de leur accorder le même intérêt bienveillant que nous accordons à l'Oiseau qui, usant de toute son ingéniosité, construit son nid pour les jeunes, et, ceux-ci éclos, les entoure d'une tendre sollicitude jusqu'à leur adolescence. Nous sommes habitués à trouver ces sentiments chez les animaux supérieurs seulement, et c'est très souvent au degré de leur développement que nous mesurons celui de notre compassion ou de notre intérêt.

Voici le Chabot de rivière (*Cottus gobio*), un Poisson à formes peu élégantes mais qui accuse, sous une livrée modeste, un caractère très élevé. « *Nidum in fundo format, ovis incubat, prius vitam deserturus, quam nidum* », dit Linné dès 1766. C'est le mâle qui fait ainsi preuve de la plus grande sollicitude. Au mois de mars ou d'avril, il creuse dans le sable, à l'aide de sa queue, un trou, parfois en repoussant une pierre par les mouvements de son corps. Il va chercher ensuite les femelles et les amène pondre dans cette sorte de nid. Puis, ayant fécondé les œufs, il les garde avec une extrême jalousie, sans s'éloigner de son précieux trésor autrement que pour rechercher la nourriture indispensable. Doué, à cette époque, d'une grande souplesse et d'une rare agilité, il guette les manœuvres de ses voisins et s'élance comme une flèche au moindre mouvement offensif dirigé contre son nid. Il n'abandonne son poste qu'après quatre ou cinq semaines, après que les jeunes, éclos et suffisamment robustes, se sont dispersés.

Certains Gobies, tels que le *Gobius niger* et le *Gobius constructor* des torrents d'Abasie, ont des mœurs analogues.

Nous avons déjà vu que la Truite et le Saumon creusent également des cavités dans le gravier pour y déposer leurs œufs.

Les plus intéressants des Poissons nidifiants sont les Épinoches et les Epinochettes (Gastérostéridés), qui habitent les eaux douces et la mer en quantités tellement immenses qu'en Angleterre on les employa comme engrais et que, sur les côtes de la Baltique, on les donne comme nourriture aux pourceaux. Ce sont les plus petits Poissons de nos eaux douces ; ils sont d'une grande vivacité de mouvements, hérissant à tout moment leur armature d'arêtes dorsales, ce qui leur a valu précisément le nom d'Épinoche ou d'Épinarde.

Vers le mois de mai ou de juin le mâle de l'Épinoche à queue lisse revêt sa parure de noce. Il commence alors la construction du nid qu'il destine aux œufs et à ses jeunes (fig. 133). Après avoir cherché au fond de l'eau un endroit où le terrain vaseux ou argileux ne lui oppose pas trop de

résistance, il creuse un trou par où il enfonce complètement dans la vase. Ensuite, tournant vivement autour
de lui-même, il produit une excavation circulaire en rejetant de droite et de gauche la vase. La cavité suffisamment grande, l'Épinoche s'en va chercher aux environs
des brindilles d'herbes, des chevelus de racine, etc., et

Fig. 133. — L'Épinoche et son nid.

les fixe au moyen de grains de sable ou les entortille
adroitement au fond de l'excavation. Bientôt celle-ci se
trouve tapissée intérieurement d'une couche de revêtement. Au fur et à mesure que le travail avance, le petit
architecte s'assure de la solidité de son édifice en impri-
mant à l'eau d'assez forts courants, rejetant les matériaux

superflus, consolidant les autres. Le plancher établi, il
s'agit de faire la voûte du plafond. Brindille s'ajoute à
brindille et dextrement, à l'aide de son museau, le Poisson
les entrelace et les enduit de glue. Le nid s'arrondit en
boule, mais afin de bien lisser la cavité et de lui garder
les dimensions voulues, l'Épinoche se faufile souvent en
dedans, se retourne dans tous les sens, puis continue son

Fig. 134. — L'Épinochette et son nid.

travail en ménageant une entrée, quelquefois deux ouvertures opposées. Elle est tout à son travail et malheur aux
petits insouciants qui l'approcheraient de trop près: elle
les attaquerait avec un courage féroce. Le nid est terminé :
il a une dizaine de centimètres de diamètre ; vous pouvez
les voir, nombreux, au fond du ruisseau limpide, garnir
le fond d'une série de petits mamelons.

L'Épinochette a des instincts tout à fait pareils, mais

18

elle simplifie son travail et arrive au même résultat. Au
lieu de creuser la vase, puis de revêtir la cavité, elle établit son nid, comme les Oiseaux, sur les plantes, contre
une branche, une tige, sous une feuille (fig. 134). Elle
le fait de matériaux tendres et flexibles tels que con-
ferves, feuilles minces, etc., qu'elle entasse en boule compacte en les fixant solidement par une substance gluante
contre leur support.

Puis, entamant la boule à l'aide de son museau, elle
s'y enfonce complètement, et, en se retournant sur elle-
même en tout sens, produit une cavité dont elle égalise
parfaitement les parois et les enduit de glue. En sortant
du côté opposé à l'entrée, elle troue son nid d'une
deuxième ouverture.

Toute cette architecture est l'œuvre exclusive du mâle,
les femelles n'en ont eu aucun souci et ne connaissent seulement pas leur nid futur. En effet, à peine leur travail
fini, Épinoches et Épinochettes mâles, brillant d'éclatantes
couleurs, vont chercher dans le troupeau une femelle qu'ils
mènent au nid. Celle-ci s'engage par l'une des ouvertures
dans la cavité du nid, y pond un certain nombre d'œufs,
puis sort par l'ouverture opposée et s'éloigne. Le mâle s'y
introduit à son tour et féconde ce premier dépôt d'œufs. Il
recommence ensuite le même manège avec d'autres femelles qui viennent pondre successivement jusqu'à ce
que les œufs, fécondés chaque fois par le mâle après le
départ de la femelle, remplissent suffisamment la cavité
du nid.

Mais, tandis que les femelles restent absolument indif-
férentes à l'avenir de leurs œufs, le père n'a fini sa besogne qu'à moitié. Il ferme d'abord une des ouvertures du
nid. Il veillera ensuite avec un soin étonnant à la sécurité
de ses protégés et à la réussite de leur éclosion. Car, non
seulement il en chasse tous les ennemis affamés, mais de
temps en temps, se portant devant l'unique ouverture,
il produit à l'aide de son corps des mouvements d'eau

qu'il dirige adroitement sur le frai afin de lui renouveler l'oxygène et l'empêcher de se détériorer.

Dix ou douze jours après, les soins de la petite sentinelle sont récompensés par la naissance de quelques centaines de petites Épinoches, chacune avec sa vésicule vitelline, tout un petit monde grouillant, se débattant, mais toujours sous l'œil vigilant du père qui ne livre son troupeau à la débandade que quand les petits ont acquis assez de taille et de force pour se défendre eux-mêmes des attaques de leurs ennemis.

Plusieurs autres Poissons nidifient d'une façon analogue, mais leur industrieuse activité est moins connue dans ses détails que celle des Épinoches et des Épinochettes, qui sont des Poissons de nos eaux douces et qui nous offrent ce spectacle curieux même dans les aquariums.

On cite, comme nidifiants, les Pomotis, quelques Poissons qui habitent les bancs de Terre-Neuve, les Labres (Labre mêlé et Vieille de mer), qui construiraient sur les rochers des nids d'herbes marines semblables à ceux des Épinoches, mais beaucoup plus vastes.

On rapporte également des Silures un trait de mœurs qui prouverait leur attachement à leur famille. En cas de danger, les vieux entoureraient les jeunes pour les protéger, les laissant même se réfugier parfois dans leur cavité buccale.

Les petits alevins des Poissons éclosent au bout d'un temps plus ou moins long, plus long chez les Poissons qui frayent en hiver et à une basse température : car la chaleur avance et le froid retarde l'éclosion.

Les jeunes Poissons se développent rapidement après l'éclosion, rarement en passant par des métamorphoses. Les petits Esturgeons du Rhône ont acquis au bout de quinze jours, au mois de mai, une longueur de 20 centimètres, 60 centimètres au mois de septembre et 80 centimètres en novembre.

Les métamorphoses du jeune âge, que nous allons voir
caractériser tout un groupe de Batraciens, existent
chez les Lamproies. La petite Lamproie de rivière ou
Lamproie de Planer, qui habite exclusivement les eaux
douces, où elle est connue sous le nom de « Sucet », naît
à l'état de larve. La forme larvaire est tellement différente
de la forme adulte qu'on l'avait considérée comme un
animal tout à fait différent sous le nom d'Ammocète
branchiale. Le corps de l'Ammocète est moins cylindrique
que celui de la Lamproie adulte, la bouche est plus allongée, en forme de fer à cheval, et dépourvue de dents
L'œil est comme voilé et peu distinct. L'appareil respiratoire est modifié. Au bout de deux ou trois ans, l'Ammocète se métamorphose en Lamproie adulte et ce n'est
qu'alors que les femelles commencent à frayer.

Pas n'est besoin de faire remarquer combien la population des cours d'eau contribue à la richesse d'un pays.
Or, depuis bon nombre d'années cette population va
en diminuant, et si l'État, grâce aux connaissances plus
parfaites accumulées par les observateurs sur les mœurs,
le temps et les conditions du frai des Poissons, n'avait pris
des dispositions éclairées, le dépeuplement des cours
d'eau, en Europe, n'aurait été qu'une question de temps.

Malgré l'extrême fécondité des Poissons, les causes
destructrices du frai : empoisonnement de l'eau par les
usines, navigation à vapeur, braconnage et intérêt mal
compris du pêcheur, déprédations des animaux de basse-
cour, etc., se sont déjà aggravées au point de commander
le repeuplement des cours d'eau par des voies artificielles. La pisciculture moderne est arrivée à une certaine perfection, car on peut, au moyen d'appareils
ingénieux, féconder artificiellement le frai de Poisson,
favoriser et aider l'incubation, l'éclosion et l'alimentation de l'alevin et transporter au loin les œufs fécondés,
« embryonnés », sans crainte d'avaries.

Les Chinois connaissent depuis longtemps la fécondation artificielle, et les habitants de la vallée du Kiang-si n'en retirent pas un mince profit. Mais nous les avons dépassés et nous possédons aujourd'hui en Europe quelques établissements, surtout celui de Huningue dans l'arrondissement de Mulhouse, véritables maisons d'éducation du Poisson, où des milliers d'œufs, principalement de Salmonidés, sont fécondés artificiellement (fig. 135) et envoyés sur demande dans tous les pays d'Europe. Le trans-

Fig. 135. — Fécondation artificielle des œufs de Poisson par la laitance.

port des œufs embryonnés se fait assez facilement : on les expédie dans des boîtes, où des couches de sable ou des linges mouillés les tiennent dans un état d'humidité suffisante. Arrivés à bon port, les jeunes alevins éclosent dans des appareils à éclosion, et sont « semés » ensuite dans les cours d'eau qu'on veut repeupler. Ces appareils sont formés ordinairement d'une série de boîtes ou auges en porcelaine ou en faïence, disposées en gradins d'amphithéâtre (fig. 136). Un filet d'eau, à la tempéra-

ture convenable de 6 à 10 degrés, alimente l'auge supé-
tieure, puis se déverse successivement dans les auges
plus basses. Cette eau doit naturellement être suffisamment oxygénée pour répondre aux besoins de la respiration du jeune alevin. Rien de plus intéressant que de
voir de l'alevin de Saumon reposant au fond de cette eau
limpide, laissant voir à travers l'enveloppe transparente
de l'œuf le développement des organes du jeune Poisson
qu'on voit naître.

Ce plaisir, on peut se le procurer à peu de frais dans

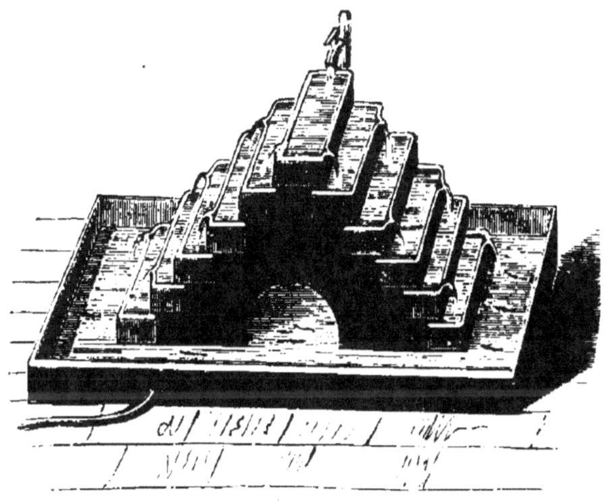

Fig. 156. — Appareil à incubation de l'alevin de Poisson.

un aquarium et avec un grand nombre d'espèces d'œufs
fécondés. Pour réussir à cultiver le jeune alevin, on n'a
qu'à lui assurer une bonne hygiène et une bonne alimentation après son éclosion. Le défaut d'hygiène amène
ordinairement sur les œufs le développement d'hyphes
de Champignons, appelés *Byssus*, qui les tuent rapidement.
Rappelons-nous aussi que les plantes aquatiques vertes
développent, sous l'influence de la lumière, de l'oxygène
dont la présence est absolument indispensable dans une
eau qui prétend faire éclore de l'alevin de Poisson.

IX

I. Batraciens.

C'est dans la classe des Batraciens que les phénomènes de la fécondation de l'œuf ont été constatés expérimentalement pour la première fois avec une grande force de démonstration. L'Italien Spallanzani, dans la première moitié du siècle dernier, démontra l'action fécondante de la semence sur l'œuf. Étudiant la reproduction des Grenouilles et des Crapauds, Spallanzani, dans une série d'expériences admirables, réussit à féconder artificiellement des œufs pondus par une femelle de Grenouille. Il mit dans un vase des œufs fraîchement pondus, sans aucun mélange, dans un autre, des œufs identiques mais arrosés de liqueur prolifique. Après un certain temps, les œufs du second vase montrèrent tous les indices manifestes d'une activité évolutive, tandis que dans le premier, ils ne tardèrent pas à se gâter. Cette expérience fut décisive et permit d'abandonner toutes les anciennes hypothèses plus ou moins fantastiques sur la nature et le développement des œufs.

Chez les Batraciens, les œufs tombent de l'ovaire dans la cavité abdominale, pour, de là, être expulsés par un oviducte. On en rencontre souvent un très grand nombre et Swammerdam en a compté plus de mille dans un ovaire de Grenouille, Spallanzani jusqu'à douze cents dans un ovaire de Crapaud.

Le vitellus des œufs de Grenouille est remarquable parce qu'il contient à un moment donné des corpuscules opaques qui semblent animés d'un mouvement constant (mouvement brownien) et qui, plus tard, vont former de petites plaques irrégulières. Il se couvre chez la plupart des Batraciens, d'un côté, d'un pigment noirâtre, ce qui donne aux œufs l'apparence d'une sphère avec un noyau central opaque (fig. 157). Chez le Triton ou Salamandre à crête, les œufs, d'abord incolores, se teintent en jaune clair par suite du développement de corpuscules vitellins jaunâtres.

Au moment où les œufs résident dans l'oviducte, ils s'entourent d'une couche de matière albuminoïde, glaireuse, qui les enveloppe séparément ou les réunit dans un mucilage commun. Dans le dernier cas, les œufs se rendent en masse dans l'oviducte transformé en réservoir et y séjournent pendant quelque temps pour être ensuite évacués ensemble.

Les œufs sont fécondés généralement dès la ponte, quelquefois avant, et alors le Batracien devient ovovivipare comme la Salamandre terrestre et le *Rhinoderma Darwini* du Chili.

La Salamandre terrestre, animal inoffensif, mais qui, par une exagération légendaire, jouit d'une réputation d'animal venimeux, passe la plus grande partie de sa vie cachée dans quelque fente de mur, de tronc d'arbre ou dans un amas de feuilles humides. Au printemps, la femelle, devenue mère, quitte sa cachette et se rend péniblement jusqu'à la mare voisine où elle dépose ses petits qui naissent vivants. Ceux-ci vont passer les premiers temps de leur jeunesse dans l'eau bourbeuse de la mare jusqu'à ce que, quelques mois plus tard, leurs métamorphoses accomplies leur permettent de changer de résidence et de reprendre le genre de vie de leur mère.

Fig. 137. — Frai de Grenouille.

Les autres Batraciens sont ovipares. Les œufs sont disposés dans l'eau, quelquefois attachés aux plantes aquatiques. La Grenouille verte commune, les Rainettes répandent leurs œufs réunis en paquets informes dans les mares. Le Bombinator évacue, au mois de juin, de petites pelotes d'œufs qui sont plus grands que ceux des autres espèces. Les Crapauds ont leurs œufs réunis en cordons ou en chapelets par une masse gélatineuse, glaireuse, transparente, qui se gonfle considérablement dans l'eau après la ponte. Cette glaire albuminoïde sert à réunir la ponte et offre aux petits Têtards éclos leur première nourriture. Le Crapaud commun pond ainsi deux cordons souvent longs de 20 à 30 pieds. Le Triton, ou Salamandre aquatique, pond ses œufs isolément et les fixe à la face inférieure des feuilles des plantes aquatiques au moyen de la glaire qui les enveloppe. La femelle apprète même une sorte de petit nid en repliant en deux la feuille qui doit porter sa nichée.

Les Batraciens anoures passent la plus grande partie de leur vie à terre et n'habitent véritablement l'eau qu'à l'époque de la reproduction. Dans l'Amérique méridionale certaines Rainettes qui vivent sur les arbres, suspendues souvent aux feuilles, ne quittent même pas leur résidence aérienne ordinaire, mais se contentent de déposer leur frai dans une de ces poches remplies d'eau que quelques plantes se ménagent à la base de leurs feuilles ou dans le voisinage des fleurs. C'est dans ces réservoirs fort curieux, dont notre Chardon des Cardeurs peut nous donner une faible idée, que les petites Rainettes éclosent et attendent la fin de leurs métamorphoses pour commencer leurs excursions sur les arbres, à la chasse aux Insectes.

Une fois pondus, les œufs sont abandonnés presque toujours par la femelle et le mâle. Deux espèces de Crapauds cependant, le Crapaud accoucheur (*Alytes obstetricans*) et le Crapaud de Surinam (*Pipa surinamensis*), ont des mœurs singulièrement bizarres qui rappellent jusqu'à un certain point ce que nous avons vu chez les Poissons Lophobranches, où le mâle se charge du précieux fardeau de la ponte.

Le Crapaud accoucheur habite certains pays d'Europe tels que la Suisse, l'Italie, la France, etc. On le rencontre dans les endroits pierreux aux environs de Paris. Au moment de la ponte, les œufs agglutinés et formant un cordon glaireux sont recueillis par le mâle qui enroule le cordon autour de ses cuisses de derrière en le disposant en forme de 8 couché (∞). Ainsi chargé de la ponte, le mâle va au sec où l'enveloppe des œufs durcit par la dessiccation. Il s'enfouit ensuite dans la terre, attendant le moment de l'éclosion. Au bout de onze jours ou de deux semaines, l'incubation est suffisamment avancée pour que les petits puissent éclore. On voit même à ce moment, à travers l'enveloppe transparente, les yeux du petit Têtard. Le mâle regagne l'eau dormante et, sous l'action du liquide, la coque des œufs se fend circulairement. Pendant que le Crapaud nage avec vivacité dans tous les sens, les petits sortent à l'état de larve et se mettent à nager de suite. Après s'être débarrassé des débris des œufs, le mâle regagne la terre en abandonnant les petits Têtards qui vont se métamorphoser.

Le Crapaud de Surinam ou *Pipa* est encore plus étonnant. Il se tient ordinairement, à Cayenne et à Surinam, dans les endroits obscurs des maisons. Au moment de la ponte, le mâle recueille les œufs et, au fur et à mesure qu'ils se présentent, les place sur le dos de la femelle. Celle-ci se rend ensuite à l'eau avec une charge d'une cinquantaine d'œufs. Au contact des œufs, la peau du dos se boursoufle, s'hypertrophie autour de chaque grain en lui formant une sorte de petite niche ou alvéole, véritable chambre incubatrice dans laquelle le Têtard éclôt et demeure jusqu'à ce qu'il ait accompli ses métamorphoses (fig. 138). Il n'en sort qu'à l'état de Batracien anoure complet, c'est-à-dire après avoir perdu sa queue et développé ses pattes. A ce moment, la mère quitte l'eau et l'hypertrophie de la peau s'efface peu à peu.

Le *Notodelphis ovigera*, qui vit au Mexique et au Vénézuéla, est moins connu que le *Pipa*, mais non moins intéressant, car la femelle porte sur le dos une véritable

chambre incubatrice en forme de poche qui lui a valu
son nom spécifique.

Les Batraciens se distinguent des autres classes de Vertébrés par les métamorphoses ou changements successifs
que subit le jeune avant d'arriver à l'état adulte. De

Fig. 138. — Le Pipa d'Amérique.

même que, dans son genre de vie amphibien, le Batracien
vit tantôt sous l'eau, tantôt sur terre, de même dans sa
forme et dans son organisation il se rapproche d'abord
des Poissons et, plus tard, des animaux terrestres.

Au sortir de l'œuf, le Batracien n'a donc pas terminé
l'organisation définitive de son corps : il naît à l'état de

Têtard (fig. 139). Notons cependant une curieuse exception, celle de l'Hylode de la Martinique, un animal voisin des Rainettes, qui parcourt la série de ses métamor-

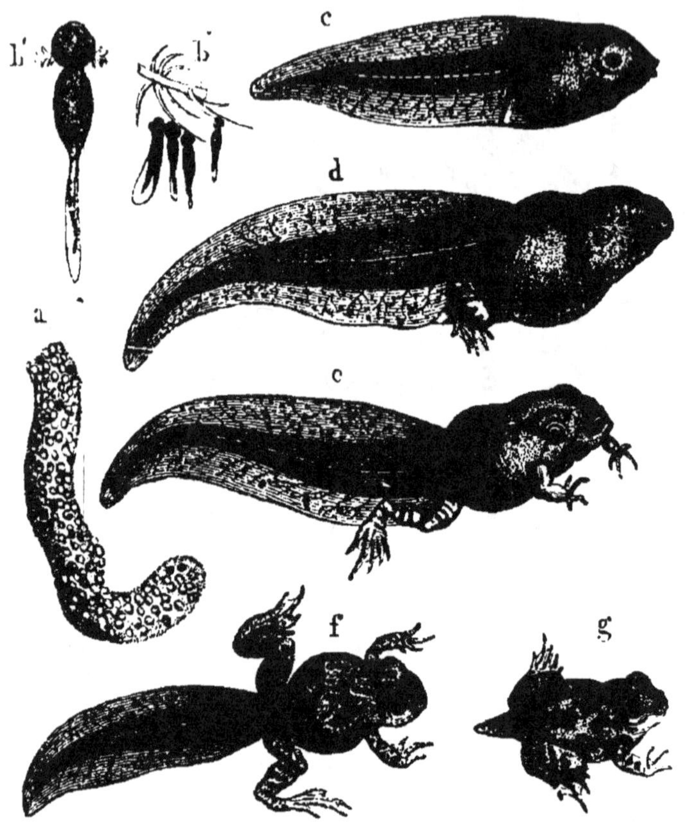

Fig. 159. — Métamorphoses du Crapaud.

a. Œufs réunis en cordon. *b*. Têtards au moment de l'éclosion. *b'*. Un Têtard grossi avec ses branchies. *c*. Têtard ayant perdu ses branchies, mais n'ayant pas encore de pattes. *d. e. f. g*. États successifs du même montrant le développement des pattes et l'atrophie de la queue.

phoses dans l'œuf; il vient au monde avec sa forme définitive.

Suivons le développement progressif d'un de ces animaux comme la Grenouille, par exemple, qui atteint le degré de différenciation le plus élevé. Le petit Têtard de Grenouille que nous avons vu éclore représente le type Poisson dont il a la forme et presque l'organisation. Le corps est ovoïde, pourvu d'une petite bouche et prolongé en arrière d'une large expansion membraneuse, la queue, qui fait office de rame et de gouvernail. Tout le corps est noirâtre, l'expansion caudale pointillée de noir. Des deux côtés du cou, deux houppettes de branchies flottent dans l'eau et officient comme organes de la respiration. Le régime du Têtard est végétal : il se nourrit d'algues et de plantes aquatiques tendres. Un peu plus tard, les branchies se ratatinent, s'atrophient, disparaissent et sont remplacées par des poumons, ce qui entraîne un changement important dans la distribution du réseau vasculaire. Ensuite la queue s'atrophie jusqu'à disparition complète, les pattes postérieures apparaissent les premières, puis les pattes antérieures; la bouche s'élargit, se garnit de pièces dentaires et le régime devient insectivore. Le Têtard n'est plus reconnaissable; il peut vivre dorénavant sur terre, mais il est loin d'avoir acquis son plus grand développement, qui peut durer jusqu'à dix et douze ans, quoique la Grenouille se reproduise dès sa cinquième année d'existence. Une fois cette dernière phase métamorphique passée, pourvus d'organes de respiration aérienne, les petits sauteurs quittent par bandes parfois considérables leur mare native et s'en vont à travers terre chasser l'insecte. Ce sont ces exodes qui ont donné lieu à la croyance populaire des pluies de Grenouilles ou de Crapauds, car les voyageurs choisissent le moment où l'humidité est la plus grande, après la pluie.

Chose curieuse et instructive! les métamorphoses dépendent du milieu et des circonstances extérieures. Placez des Têtards dans de l'eau à basse température ou examinez ceux que la raideur des pentes empêche de quitter l'eau et de venir sur la rive : ils continuent à se développer jusqu'à atteindre la taille de petites Gre-

nouilles sans se transformer. La forme transitoire devient,
sous l'influence de conditions de milieu, une forme permanente et offre ainsi un exemple frappant d'un arrêt
de développement.

Certains Batraciens revêtent comme les Poissons une
livrée de noce. C'est ainsi que les Tritons de nos pays
se parent d'une large crête membraneuse sur le dos et le
long de la queue (fig. 140) : la coloration de la peau de-

Fig. 140. — Salamandre ou Triton mâle et femelle.

vient plus vive et les mouvements de l'animal plus rapides. Chez d'autres, comme chez les mâles de certaines
Grenouilles, la voix acquiert à cette péoque un timbre
spécial, devient plus sonore et retentissante grâce à la
présence de deux poches aériennes qui fonctionnent
comme caisses à résonance.

On sait que les Batraciens possèdent une grande force
vitale et que les Salamandres, par exemple, réparent avec
une facilité étonnante toute amputation d'une partie de

leur corps. Spallanzani vit repousser à plusieurs reprises des bras, des cuisses que, de côté et d'autre, il avait enlevés à des Tritons. Cette régénération est favorisée par le chaud et retardée par le froid. Parfois, la force de restauration dépasse le but et produit des organes monstrueux de forme et de taille. Un Triton marbré, amputé des trois quarts de la tête, fut placé par Duméril au fond d'un large bocal de cristal. L'observateur eut soin de conserver de l'eau fraîche à la hauteur d'un demi-pouce en la renouvelant tous les jours : il vit l'animal continuer à vivre pendant trois mois; le Triton respirait par la peau. On sait que les Tritons peuvent être pris assez longtemps dans la glace sans périr.

Pendant longtemps, et jusque dans les derniers temps, on s'est opposé à la multiplication d'un grand nombre de Batraciens tels que Crapauds, Salamandres, Tritons, etc., les considérant comme des animaux malfaisants, sinon très venimeux. L'idée que la Salamandre est un animal extrêmement dangereux s'est maintenue depuis Pline, qui affirmait que la Salamandre escaladait les arbres et empoisonnait tous les fruits, qu'il suffisait que sa patte eût touché le bois du four à pain pour empoisonner ce dernier et que sa chute dans un puits avait le même effet sur l'eau de ce puits.

Ces fables ont fait place à une connaissance plus exacte des propriétés de ces animaux. Il est vrai que la Salamandre porte sur le corps des glandes spéciales qui sécrètent, surtout quand l'animal est irrité, un liquide laiteux contenant réellement un principe toxique. Mais ce principe, que l'on a pu obtenir isolé et cristallisé, n'agit sensiblement que sur des animaux de petite taille tels que Lézards, Grenouilles, Oiseaux, etc., pouvant produire d'ailleurs sur les muqueuses d'un animal supérieur tel que le Chien et l'Homme, une inflammation peu intense, jamais d'accident sérieux.

Les Crapauds paraissent posséder des glandes épidermiques analogues, mais de puissance encore plus faible. Cependant cette propriété est loin de pouvoir justifier l'animosité qu'on entretient vulgairement contre un de nos auxiliaires les plus utiles dans nos campagnes agricoles. Le Crapaud, en effet, comme la Taupe et les Oiseaux, nous débarrasse, surtout pendant la nuit, d'une quantité d'Insectes nuisibles qui s'attaquent à nos cultures maraîchères, à nos arbres fruitiers. Les Anglais, gens pratiques et excellents travailleurs de la terre, ont su tirer parti depuis longtemps du Batracien, qu'on s'empresse de détruire chez nous. Ils cultivent le Crapaud, lui ménagent des retraites dans leurs jardins sous des pierres, des pots de fleurs établis dans des endroits humides et ombragés. Certains fermiers font même venir des quantités de ces animaux des pays voisins pour les introduire sur leurs terres et ainsi a pu s'établir à Londres un véritable marché où l'on trafique du Crapaud comme d'un remède puissant contre les déprédations des ennemis de nos cultures.

II. Reptiles.

Les Reptiles, qui comprennent les Tortues, les Crocodiles, les Lézards et les Serpents, sont des animaux déjà plus élevés en organisation que les Batraciens et qui ont paru après eux dans les époques géologiques. Cette supériorité fort accusée dans l'animal adulte se révèle déjà dès l'époque où l'œuf fécondé développe un embryon de Reptile, car nous voyons l'embryon s'adjoindre pour la première fois deux organes importants transitoires : l'*amnios* et la *vésicule allantoïde.*

Tous les Reptiles sont ovipares, quelques-uns sont ovovivipares, c'est-à-dire que les jeunes, au lieu d'éclore quelque temps après la ponte, éclosent dans l'organisme et naissent vivants; mais ceci est une exception assez rare.

L'œuf des Reptiles se rapproche, par sa structure et son développement sensiblement de l'œuf des Oiseaux avec lequel, surtout chez les Tortues, il présente de grandes analogies. Il est enveloppé d'une coque plus ou moins résistante, souvent calcaire, parfois cornée ou membraneuse.

L'ovule prend naissance dans le tissu de l'ovaire bien avant la ponte, quelquefois des années avant, comme chez les Tortues, et alors l'organisme contient toute une série d'ovules à différents états de développement. D'abord formé d'une sphère vitelline assez grosse, l'œuf s'adjoint souvent plus tard une couche d'albumen et, toujours, une enveloppe commune. Ces parties accessoires sont ajoutées à la sphère vitelline pendant son trajet à travers l'oviducte par un grand nombre de glandes particulières qui en garnissent les parois. Chez les Reptiles ovovivipares, c'est cette partie de l'oviducte qui se transforme en chambre incubatrice. L'albumen entoure la sphère vitelline chez les Chéloniens ou Tortues et manque chez les Ophidiens ou Serpents. Mais cet albumen est différent de celui qui entoure le jaune d'un œuf d'Oiseau. Il est bien plus consistant, parfois au point de ne pas diffluer après l'enlèvement de la coque. Il est stratifié, c'est-à-dire composé de plusieurs couches superposées faciles à distinguer; mais on n'observe aucune torsion pareille à l'étranglement qu'on appelle *chalaze* chez les Oiseaux. Cet albumen ne se coagule pas par la chaleur et ses qualités nutritives ne sont pas appréciées. Il est parfois légèrement teinté de vert, généralement inodore; quelquefois, il développe, frais, une odeur caractéristique de musc comme chez plusieurs Tortues de mer, où l'animal lui-même d'ailleurs accuse cette odeur et se fait rechercher pour cela comme friandise par les indigènes.

Quand la fécondation est opérée dans l'œuf des Reptiles, la surface du vitellus accuse bientôt à un endroit déterminé une tache incolore ou plutôt blanche, car

cette tache composée d'un amas de petites cellules claires
se détache en blanc sur le fond jaune du vitellus rempli
parfois de corpuscules anguleux jaune d'or. Cette tache
vitelline est le premier vestige de l'embryon futur. On la
voit s'allonger, devenir elliptique, se creuser d'un sillon ;
puis elle forme le bourrelet dorsal et dessine, à la partie
antérieure, l'ébauche de la tête qui s'infléchit et devient
quelque peu libre. Dès lors l'embryon creuse de plus en
plus ses différents organes tout en s'infléchissant autour
du vitellus qu'il embrasse pour ainsi dire par sa face
ventrale. Il s'entoure de l'amnios et de la membrane allantoïde tout en restant en communication avec sa poche
vitelline devenue piriforme. Au moment de l'éclosion,
l'embryon déchire l'amnios et casse la coquille de l'œuf.
A cet effet, beaucoup d'espèces de Lézards et de Serpents
sont munis temporairement, pendant leur dernier état
embryonnaire, d'une dent tranchante implantée dans l'os
intermaxillaire et qui sert à entamer la coquille. Les
Tortues ne possèdent qu'un dur tubercule sur le bec à
l'aide duquel, à l'instar des jeunes Oiseaux, ils cassent
leur prison calcaire.

La fécondité des Reptiles est loin d'égaler celle des
Poissons ni même celle des Batraciens. Elle est assez
forte chez certaines espèces de Tortues fluviales telles
que les Podocnémys de l'Amérique du Sud ou chez les
Tortues de mer où le nombre des œufs pondus par une
femelle adulte peut atteindre plusieurs centaines. Mais
chez d'autres, chaque ponte ne produit que deux ou trois
œufs.

La plupart des Reptiles ont l'amour de leur progéniture
si peu développé, qu'à peine la ponte terminée, ils re-
prennent leur genre de vie ordinaire sans s'occuper de
l'avenir de leurs petits, abandonnant l'incubation et
l'éclosion aux faveurs du hasard. Nous constaterons cependant chez quelques Crocodiles et Serpents des sentiments un peu plus nobles qui leur font rendre une série

de services à leurs petits, soit pendant l'incubation, soit pendant l'éclosion et même pendant les premiers temps de leur mise en liberté.

Quant à ces soins exceptionnels que quelques Reptiles donnent à leur couvée, c'est presque toujours la femelle qui supporte toute la charge, le mâle s'en désintéresse complètement, quelquefois au point d'attenter lui-même aux jours de ses petits qu'il n'a d'ailleurs jamais connus. Si encore dans les mœurs de ces animaux, qui passent vulgairement pour inspirer l'horreur et l'antipathie à cause de leur forme et de leurs instincts, on avait découvert quelque trait d'amour filial ou de noblesse de sentiment, sans doute cette qualité aurait mitigé le jugement que nous portons sur la plupart des Reptiles. Mais ces qualités font défaut, et si les anciens Égyptiens adoraient le Crocodile du Nil, à l'égal d'un demi-dieu c'était par crainte ; ils agissaient absolument comme les Indiens des rives du Gange qui, encore aujourd'hui, apportent à la lisière des jungles leurs offrandes au Tigre, au « mangeur d'hommes », afin d'apaiser son courroux et son appétit à la fois. Les Égyptiens embaumaient des Crocodiles et des œufs de Crocodile, et les déposaient dans des sortes de catacombes.

L'intelligence des Reptiles est faible et se borne généralement à l'observation des simples précautions défensives. On y reconnaît rarement une indication de ruse instinctive comme celle qu'emploient ces Tortues qui pondent sur les côtes de Ceylan. Les femelles chercheraient, dit-on, à cacher leurs nids en égarant leurs ennemis par toute sorte de détours et de crochets qu'elles feraient sur le sol en sortant de l'eau et en y rentrant. On cite l'exemple de quelques Tortues apprivoisées qui répondaient à l'appel. On sait que quelques Lézards et Serpents peuvent être apprivoisés également, mais ce ne sont pas encore là des signes d'intelligence marquée.

Ajoutons que les Serpents amateurs des sons de flageolet et les Serpents venimeux et autres des bateleurs de l'antiquité et de leurs confrères modernes, ne sont nullement apprivoisés, et que les Guèbres, qui exhibaient autrefois leurs Trigonocéphales aussi bien que les charmeurs de Serpents du Caire et de Calcutta de nos jours, ont soin de limer ou d'arracher les dents à venin de leurs élèves ou de leur faire préalablement dégorger tout le venin et tout leur courroux avant la représentation.

De tous les Reptiles, les Tortues ou Chéloniens nous offrent les détails sur la ponte et la constitution des œufs les plus intéressants et les mieux observés. Les mœurs de quelques-uns de ces animaux nous sont aujourd'hui bien connues, grâce à l'emploi que trouvent leurs œufs, dans beaucoup de pays, comme article de consommation très apprécié et très recherché.

Les œufs de Tortue sont de couleur blanche et ressemblent, suivant le volume, aux œufs de nos Oiseaux de basse-cour : œufs de Poule, d'Oie, de Pigeon, etc. Certains œufs de Tortue de mer ont jusqu'à 3 pouces de diamètre. Ceux des Tortues des Galapagos acquièrent 18 centimètres de circonférence et sont arrondis. La Tortue grecque, la Chelydre serpentine, la Cystude d'Europe, etc., pondent des œufs de la grosseur de ceux d'un Pigeon.

La forme des œufs de Tortue varie avec les groupes : généralement elle est ovalaire, quelquefois très allongée, et le grand diamètre l'emporte sur le petit; mais toujours les deux extrémités sont de même grosseur. Ceci surtout chez les Tortues terrestres; chez les Tortues paludines et marines, au contraire, la forme est plus arrondie, parfois sphérique comme une bille de billard, comme chez la Tortue éléphantine où les œufs ont la grosseur d'un œuf de Poule.

On trouve un albumen et une coque calcareuse très résistante, mais d'épaisseur variable. Cette coque est formée d'un tissu fibreux dans lequel s'incruste du carbonate de chaux en nodules plus ou moins nombreux et compacts. Une partie de la coque existe déjà avant que l'albumen se soit complètement formé autour du vitellus. Elle est composée de couches concentriques superposées dans lesquelles les nodules de calcaire se disposent en séries variables en produisant des sortes de stries entre-croisées. Les nodules calcaires se forment par adjonction de nouvelles couches concentriques et peuvent affecter la forme de petites colonnettes juxtaposées et plus ou moins serrées les unes contre les autres. Entre ces colonnettes, l'humidité et l'air nécessaire à la respiration du jeune embryon peuvent s'introduire dans l'œuf, car il est de première nécessité pour la vie de l'embryon que la coque protectrice soit assez poreuse pour permettre l'échange des gaz.

En général, les Thalassites ou Tortues de mer pondent un nombre d'œufs plus considérable, et cette faculté est évidemment en rapport avec la destruction plus considérable et plus facile de leurs œufs de la part de leurs ennemis.

Les Tortues géantes sont très fécondes : les Thalassites de Ceylan pondent de trois cents à quatre cents œufs à des intervalles séparés, mais chaque ponte peut donner au delà de cent œufs. La Chelydre serpentine des fleuves et des marécages de l'Amérique du Nord ne donne que vingt à trente œufs, la Tortue des marais d'Europe de six à vingt, la Tortue grecque de quatre à cinq, la Tortue étoilée de l'Inde, quatre ; le *Chrysemis picta* de l'Amérique du Nord, de cinq à sept, et le *Nanemys guttata* du même pays, seulement de deux à trois. Les Tortues marines peuvent renouveler leur ponte jusqu'à trois fois dans la même saison à des intervalles, dit-on, de deux semaines environ, mais la plupart des Tortues n'effectuent qu'une seule ponte.

L'époque de la ponte ne varie pas chez les Tortues comme chez les Poissons, par exemple Elle s'effectue généralement au printemps, dès les premiers beaux jours ou plus en avant dans la belle saison. Comme cette saison est variable avec les latitudes, il s'ensuit que les Tortues des tropiques peuvent pondre quatre ou cinq mois plus tard que celles de l'Europe ou de l'Amérique du Nord. Ainsi les Tortues géantes des Galapagos pondent au mois d'octobre et les Thalassites du Brésil du mois d'avril au mòis de septembre, tandis que celles de la côte d'Or pondent du mois de septembre au mois d'avril.

En un mot, l'époque de la ponte est déterminée par les conditions climatologiques. Sur l'Orénoque, dit Schomburgk, l'éclosion des Tortues est le signe le plus certain de l'approche de la saison des grandes pluies. On a remarqué que les Tortues, tenues en captivité, pondent un mois plus tard que les Tortues de même espèce vivant en liberté. Quelques espèces attendent le coucher du soleil avant de venir confier à la terre leur charge précieuse. Ainsi fait la Cystude d'Europe. Les Thalassites pondent aussi, généralement, pendant la nuit.

Toutes les Tortues : terrestres, fluviatiles, paludines et marines, viennent déposer leurs œufs à terre. Elles choisissent de préférence un terrain meuble, sablonneux et, après avoir creusé une sorte de nid à l'aide de leurs pattes et de leur queue, y déposent leurs œufs. Généralement elles les recouvrent avec soin, laissant ensuite au soleil le soin de les chauffer et de les couver. La Tortue géante des Galapagos aime aussi le sable, mais si le sol est pierreux ou dur, elle confie souvent ses œufs à quelque fente du sol ou du rocher. La femelle seule s'occupe de la ponte, jamais le mâle ne la suit. Elle fait preuve dans cette circonstance d'un changement de caractère assez curieux. D'un tempérament timide et méfiant en temps ordinaire, elle semble, au moment de la ponte, tellement absorbée dans l'idée de se débarrasser de ses œufs, qu'elle ignore tous les dangers qui l'envi-

ronnent. Occupée qu'elle est à pondre, elle laisse approcher l'Homme sans crainte et c'est à ce moment qu'on peut
s'en saisir facilement et la retourner sur le dos pour
l'immobiliser. Pourtant ses mouvements, à l'époque des
amours, sont bien plus vifs, et les mâles, comme chez
beaucoup d'autres animaux, devenus agressifs et jaloux,
se livrent même des combats singuliers. Le prince de
Wied rapporte ainsi une observation qu'il fit d'une Tha-
lassite en train de pondre : « Notre présence ne gênait
nullement la Tortue dans l'accomplissement de son
œuvre. On pouvait la toucher et même la soulever, ce qui
exigeait les efforts de quatre hommes réunis. Tandis que
nous exprimions d'une manière bruyante notre surprise,
la bête ne manifesta son impatience qu'en soufflant, à
peu près comme le font les oies quand on s'approche de
leur nid. Elle poursuivit lentement le travail commencé
à l'aide de ses pattes postérieures conformées en nageoires et creusa ainsi dans le sable un trou cylindrique
de 25 centimètres de large environ en rejetant de part
et d'autre, à côté d'elle, la terre affouillée, avec beaucoup
d'adresse et de régularité, presque en mesure. Ensuite,
elle se mit immédiatement à pondre. Un de nos soldats
s'étendit alors par terre et, plongeant sa main au fond du
trou, il en rejeta tous les œufs au fur et à mesure qu'ils
étaient pondus. Nous recueillîmes de la sorte cent œufs
dans l'espace d'une dizaine de minutes, etc. » (Voyez
Brehm.)

Pour effectuer sa ponte, la Tortue femelle choisit un
endroit bien exposé au soleil et le creuse. La Tortue
étoilée de l'Inde met deux heures à creuser un nid de
15 centimètres de profondeur et de 10 centimètres de
diamètre, puis, après avoir déposé ses œufs, elle les
recouvre de terre, nivelle le petit monticule de façon à
effacer toutes traces de son travail et abandonne sa nichée pour toujours. La Chelydre serpentine recouvre son
nid de feuillages qu'elle dispose à l'aide de son bec. La

Cystude d'Europe a des mœurs encore plus singulières, que Brehm nous a décrites. La femelle, après avoir choisi un endroit convenable, commence par se faciliter son travail en ramollissant le terrain qu'elle arrose de son urine. Elle entame ensuite la terre à l'aide de sa queue en contractant fortement ses muscles et la fait tourner en pivotant, de façon à creuser une ouverture à peu près conique. Employant ensuite ses pattes postérieures, elle élargit la cavité en arrosant le terrain plusieurs fois et arrive à fouiller un trou de 12 centimètres de diamètre. Pendant une demi-heure, ce travail se poursuit et la Tortue ne cesse de faire aller ses pattes, transformées en véritables pelles, que quand elle sent que ses efforts pour aller plus profondément demeurent sans succès. Gardant sa position, elle se met de suite à pondre. Les œufs, dont la coque ne se solidifie complètement qu'au contact de l'air, sont reçus un à un, habilement, dans la face palmaire des pattes postérieures et glissés délicatement jusqu'au fond du nid. Au bout d'un quart d'heure, la ponte de neuf œufs est terminée. Fatiguée par son travail, la Tortue semble se reposer pour gagner de nouvelles forces, car sa besogne n'est qu'à moitié finie. On la voit en effet bientôt appliquer ses pattes de derrière, véritables mains, à répandre adroitement des poignées de terre sur les œufs et combler peu à peu la cavité du nid. Si l'une des pattes est fatiguée, elle continue avec l'autre jusqu'à ce que le niveau extérieur soit atteint. Ce travail d'enfouissement a pris une demi-heure. Alors seulement la Tortue sort sa tête pour contempler son œuvre. Enhardie par son succès, elle termine rapidement, et avec des mouvements d'une vivacité extraordinaire, la dernière partie de son travail qui consiste à piler et à niveler son tertre. Utilisant toute la terre de déblayement, elle l'accumule sur son nid et, en soulevant la partie postérieure de son corps, se laisse retomber lourdement et aplatit le petit monticule. Au bout de quelque temps de cet exercice pénible qu'elle fait en tournant, le battage est complet; toute trace de son travail est effacée et l'animal abandonne son nid pour n'y plus revenir. Telles sont les précautions prises par la Cystude, que l'observateur ne saurait reconnaître, le lendemain, l'endroit où la ponte s'est effectuée, s'il n'a eu soin de le marquer par un signe extérieur.

Mais que deviennent les œufs de Tortue et leurs habitants si la mère s'en désintéresse si rapidement?

Couvés par la chaleur solaire, les œufs abandonnés parfois à une profondeur de 8 à 10 centimètres sous terre, éclosent au bout d'un temps variable avec les espèces, le climat et les saisons. Plus la chaleur est forte et moins la durée de l'incubation est longue. Les Tortues marines éclosent ordinairement au bout de quinze à vingt jours. A Saint-Vincent, une des îles du Cap-Vert, elles mettent dix-sept jours à éclore : c'est un des endroits les plus septentrionaux où les Tortues marines pondent. Ailleurs, d'après Cuvier, l'incubation peut durer jusqu'à vingt-quatre et même quarante jours. Les Tortues terrestres de Sardaigne mettent deux mois et demi à éclore. L'éclosion de la Cystude d'Europe n'aurait lieu qu'après quinze et même vingt mois!

Au moment de la sortie de l'œuf, la jeune Tortue est toute formée; elle ne se transforme pas. La carapace est molle et recouverte d'une membrane transparente; mais elle durcit rapidement.

La petite Tortue a le volume d'une moitié de coque de noix, 2 à 3 pouces de longueur ou moins, suivant la taille de l'animal adulte. Mais la croissance est rapide. Valmont de Bomare rapporte l'anecdote d'un indigène de Saint-Domingue qui, accompagnant une jeune Tortue marine en France, fut forcé pendant la traversée, longue alors, de lui agrandir plusieurs fois sa cage, ce qui lui permit d'évaluer la croissance de sa Tortue à 1 pied par mois.

Des observations plus récentes sur la Cystude d'Europe donnent pour le jeune, au moment de l'éclosion, une taille de 15 à 18 millimètres. Au bout de trois ans, la Tortue atteint 2 centimètres de long et pèse 16 grammes. L'adulte n'a que 30 centimètres de longueur.

On dit que la Tortue peut vivre très longtemps, surtout celle de grande taille comme la Tortue éléphantine. Mais pour arriver à un âge avancé, la Tortue a bien des ennemis à éviter, bien des dangers à traverser. Dès son état embryonnaire, à l'état d'œuf, elle est avidement recherchée par l'Homme. Éclose, elle devient une proie facile aux Oiseaux de toute espèce, et si, habitant la mer, elle se hâte de quitter une terre inhospitalière, elle est happée à son entrée par quelque Poisson rapace et friand de chair tendre.

Dans l'Amérique du Nord, un des amusements favoris des enfants est la chasse aux œufs de Tortue. Les indigènes des pays chauds en retirent également un bénéfice considérable, car les œufs de Tortue sont un des aliments les plus nutritifs et les plus agréables, du moins d'après ce que nous rapporte Schomburgk : « L'époque de la ponte des Tortues, dit-il, est avidement attendue des Indiens et, en goûtant cette friandise si bien fêtée, je compris la passion de ces Indiens. Que sont, en effet, auprès de ces œufs, les œufs de Vanneau si prisés chez nous ! On laisse couler le blanc de l'œuf qui, loin de durcir à la coction, demeure à l'état tout à fait liquide, et l'on ne mange que le jaune qui est savoureux et nutritif. Mêlés avec quelques gouttes de rhum et un peu de sucre, ces jaunes d'œufs produisent une friandise exquise, qui offre avec les massepains une analogie frappante,... » etc.

Les œufs des Thalassites sont les plus estimés.

Dans l'Amérique du Nord ce sont les œufs de la Chelydre serpentine qu'on prise le plus, ailleurs ce sont ceux du Caret, de la Tortue franche ou verte, de la Tortue géante, etc. La chasse se fait généralement à l'aide d'un bâton explorateur que le chasseur enfonce dans le sol, jugeant à la résistance plus ou moins grande que le bâton rencontre, de la présence ou de l'absence d'un nid.

Dans le bassin de l'Amazone, on récolte les œufs de Tortue en grandes quantités pour la fabrication d'une huile spéciale.

Il est facile de comprendre que, l'homme faisant par ses chasses meurtrières aux œufs de Tortue une telle concurrence aux ennemis multiples de ces animaux, il arrivera un temps où la production n'équilibrera plus la consommation, et l'espèce chélonienne deviendra de plus en plus rare, puis disparaîtra. Cuvier a appelé l'attention sur la nécessité d'établir des parcs à Tortues si l'on voulait conserver à l'alimentation un produit si précieux. On avait aménagé alors des dépôts d'œufs à la Jamaïque, mais, mal tenus, ces parcs devinrent plutôt une cause de destruction que de sauvegarde des Tortues. Il est probable que si les œufs de Tortue pouvaient rivaliser sur les tables européennes avec l'huître, il y a longtemps que l'exploitation des parcs à Tortues serait réglée et devenue un objet de vigilante protection.

Les œufs de [Crocodile se distinguent des œufs de Tortue beaucoup plus par le volume que par les autres caractères. Blancs, parfois un peu jaunâtres ou gris sale, leur surface est lisse ou légèrement chagrinée, rugueuse, dure ou calcareuse. Les œufs sont ovoïdes, allongés (fig. 141); ceux du Crocodile du Nil sont deux fois gros comme un œuf d'Oie, mais ceux du Caïman ont à peine le volume d'un œuf de Dinde.

Les femelles des Crocodiles pondent deux ou trois fois par an et chaque ponte se compose au moins de vingt œufs. Le nombre total pour une femelle peut dépasser cent dans une saison, comme c'est le cas pour le Caïman à museau de Brochet de l'Amérique du Nord.

Le Crocodile, animal abhorré entre tous à cause de la

laideur de ses formes et de ses instincts carnassiers, est
digne de quelque sympathie, car le Crocodile femelle, en

Fig. 141. — Œuf de Caïman.

bonne mère, prend soin de ses petits, protège ses œufs
et défend sa nichée éclose. Mais ces éloges ne s'adressent
qu'au Crocodile femelle, car, comme cela arrive souvent

dans un ménage de Crocodiles de Saint-Domingue, la mère, tout en élevant et nourrissant ses petits, en leur dégorgeant elle-même la nourriture, doit défendre sa famille des fureurs oppressives et ogres du père pendant les trois mois que durent l'incubation et l'éclosion. De même le Caïman de Cayenne et de la Guyane défend ses petits avec un remarquable courage. Les habitants du Soudan affirment que les Crocodiles du Nil femelles facilitent à leurs petits la sortie de l'œuf au moment de l'éclosion, puis les surveillent et leur prêtent aide et assistance en cas de besoin.

Les Crocodiles pondent leurs œufs par terre, non loin de leur résidence aquatique habituelle. Les femelles creusent des fossettes dans le sol, espèces de nids qu'elles cachent ensuite aussi bien que le font les Tortues. La femelle du Crocodile du Nil tapisse son nid d'un lit de feuilles qu'elle recouvre ensuite de sable de façon à en effacer toute trace de présence ; mais les matières organiques en putréfaction attirent des essaims de mouches qui, voltigeant au-dessus du nid, en indiquent le plus souvent sans faute l'établissement. Le Crocodile des grandes Antilles dépose ses œufs dans des trous creusés dans le sable et les cache ensuite pour les découvrir au moment de l'éclosion.

La femelle appelle ses petits, qui lui répondent et qu'elle aide ensuite à sortir du nid. Le Crocodile à lunettes du Brésil pond dans le sable et recouvre ses œufs de paille ou de branchages. Plus compliqué déjà est le nid du Crocodile à museau de Brochet de l'Amérique du Nord. La femelle choisit soigneusement un endroit caché dans le fourré épais, creuse un nid et pond successivement jusqu'à cent œufs et davantage qu'elle dispose en couches superposées, intercalant entre chaque couche un lit de feuillages, qu'elle rapporte dans ses mâchoires et qu'elle mélange de terre, sans perdre sa ponte de vue. Elle devient très dangereuse à approcher, à cause de l'ardeur

qu'elle met à défendre son nid. La chaleur solaire, aidée
de la chaleur que dégagent les matières organiques en
fermentation, fait éclore la nichée. Les petits Crocodiles
se débarrassent fort adroitement des débris de leur nid,
et, sans tarder, regagnent, sous la conduite de la mère, le
fleuve ou le marais voisin.

A peine éclos, les jeunes Crocodiles deviennent souvent
la proie d'une foule d'ennemis parmi lesquels quelques-
uns sont propres pour ainsi dire à leur espèce. Ainsi
l'Ichneumon, un Mammifère carnivore voisin des Civettes,
était considéré par les anciens Égyptiens comme un animal sacré à l'égal de sa victime, le Crocodile, auquel il
soustrait une quantité considérable d'œufs. Les anciens
attribuaient même à leur bienfaiteur des facultés merveilleuses, disant qu'il peut s'introduire dans le ventre
du Crocodile et, après lui avoir rongé les intestins,
s'échapper sans danger. La Tortue molle du Nil, ou Tyrsé,
se fait également une spécialité de la chasse aux petits
Crocodiles, qu'elle dévore en grand nombre au moment
où ils sortent de l'œuf, rendant ainsi de grands services
à l'Égypte.

Le Monitor ou Varan du Nil, Lézard de grande taille,
dévore aussi, dit-on, les œufs de Crocodile et jouissait
d'une bonne réputation chez les anciens Egyptiens, qui
ont gravé son image sur leurs monuments.

Enfin, dans certaines contrées du globe, comme en
Égypte, dans l'Inde, dans la Floride, l'homme fait la
chasse aux œufs de Crocodile, recherchés comme aliment malgré un goût de musc quelquefois très pro-
noncé.

Chez les Sauriens ou Lézards et chez les Ophidiens ou
Serpents, les œufs ont une coque molle, comme parcheminée. Quelques Lézards et beaucoup de Serpents sont
ovovivipares, les autres pondent des œufs qui éclosent
quelque temps après la ponte.

L'Orvet et le Lézard vivipare de la Suisse pondent des

œufs qui contiennent des petits déjà tout formés et dont la ponte coïncide avec l'éclosion. Les Phrynosomes du Mexique semblent également être ovovivipares parce que les petits, dit-on, se mettent à courir avec une grande agilité dès la ponte, ce qui fait supposer un développement embryonnaire complet à ce moment. On cite comme tels encore les Tétradactyles et les Tridactyles de l'île Decrès ainsi que la Cicigna d'Italie (*Lacerta chalcides*).

Les œufs des Sauriens sont généralement dépourvus d'albumen et ne durcissent pas à la cuisson. Leur forme est très variable : sphériques chez les Geckos, les Lézards communs des murs, etc., les œufs sont arrondis chez les Caméléons ; un peu allongés chez les Iguanes et arrondis aux deux bouts ; longs de 5 centimètres et cylindriques chez les Varans, fusiformes chez certains Agames. La coque est parfois calcareuse, mais reste très mince et très poreuse.

Leur taille est généralement celle d'un œuf de Pigeon. La couleur est ordinairement blanche, parfois gris, terne (Caméléon) ou jaune paille (Iguanes). Le nombre des œufs pondus pendant la saison peut aller jusqu'à quatre-vingts. La ponte a lieu au commencement des beaux jours.

Les mœurs de ces animaux, à l'époque de la ponte, rappellent celles de leurs grands frères, les Crocodiles. Le Lézard le plus connu chez nous, où on le voit courir au printemps sur les rochers, les ruines et prendre son « bain de soleil », ou montrer sa jolie tête par une fente enlierrée, le Lézard agile, est un des animaux les plus inoffensifs et des plus dignes d'intérêt sympathique. Bon père, le mâle s'attache à sa compagne et pendant plusieurs années ils vivent en bonne intelligence, offrant un réjouissant tableau de bonheur conjugal. Ils font éclore leurs petits des œufs nombreux, calcareux, que la femelle dépose en lieu sûr, les portent au soleil et les garantissent soigneusement du froid et de l'humidité.

L'Iguane des parties chaudes de l'Amérique dépose ses

œufs dans des trous pratiqués dans le sable et les recouvre ; parfois plusieurs femelles profitent du même nid
qu'elles remplissent de plusieurs douzaines d'œufs, laissant au soleil le soin de les couver. Ainsi abandonnée, la
ponte est souvent détruite par les Fourmis et les Rats
musqués qui en sont très friands. Les Varans pondent
également dans la terre et, pour plus de commodité,
choisissent souvent à cet effet les cavités toutes faites des
nids de Fourmis blanches.

Le Caméléon se donne un peu plus de peine, car, à
l'aide de ses pattes antérieures, il creuse une fossette et
y dépose une trentaine d'œufs. Il recouvre le tout d'un
petit monticule de terre, adroitement, avec la patte antérieure comme le font les chats, que l'on sait avoir des
habitudes de propreté innées.

Les œufs de Lézard, comme ceux de l'Iguane d'Amérique, du *Monitor Crocodilinus* de la Guyane, sont très
appréciés pour leur saveur et leur goût à Surinam et à
Cayenne. Les Indiens du Mexique seraient même tellement friands des œufs d'une espèce d'Iguane, qu'ils
chasseraient les femelles vivantes afin de satisfaire leur
gourmandise.

Parmi les Serpents, l'ovoviviparité est plus fréquente.
Ainsi les Serpents de mer des Indes et beaucoup d'espèces venimeuses, telles que les Najas et les Vipères,
mettent au monde des petits vivants.

La Vipère doit même son nom à cette particularité, car
ce nom dérive d'une contraction de « vivipara ».

Le vitellus des œufs de Serpents est de couleur orangée
et contient beaucoup de gouttelettes huileuses. Le blanc,
s'il existe, est verdâtre et à peine coagulable par la chaleur. La coque n'est jamais dure, mais parcheminée, rarement incrustée d'un peu de calcaire. Les œufs sont parfois agglutinés par une matière gélatineuse, mucilagineuse qui durcit à l'air. Ils ont une forme arrondie. La
ponte peut aller jusqu'à quarante œufs comme chez la

Couleuvre à collier. Souvent le Serpent couve ses œufs
dans les anneaux de son corps. Enroulé sur lui-même,
ayant sa nichée au milieu, il élève de quelques degrés
la température de l'atmosphère intérieure et active l'incubation.

Les petites Vipères, au nombre de douze à vingt-cinq,
naissent quatre mois après la fécondation. Quittant leur
mère, elles emportent avec elles les débris de l'œuf qui
les renfermait, sous forme de lanières membraneuses, et
dès lors deviennent indépendantes. On croyait longtemps
qu'elles se réfugiaient, en cas de danger, dans la bouche
de leur mère, mais cette fable est restée telle, tandis
que la fable d'antan des Serpents de mer est devenue à
peu près une réalité.

On raconte également que les petits Trigonocéphales de
la Martinique viennent chercher refuge auprès de leur
mère en s'enroulant autour de son corps. Le Pithon femelle jeûne pendant tout le temps que dure l'incubation
de ses œufs.

Constatons en terminant que certains Reptiles ont conservé la singulière propriété que nous avons vue si accusée chez les Batraciens, de restaurer des organes entiers
qu'un accident leur a fait perdre. Les anciens déjà savaient
que le Lézard, l'Orvet, ne restaient pas longtemps privés
de queue, mais qu'elle repoussait même assez rapidement.
Pline le Naturaliste, ayant extirpé les yeux à un Lézard
vert, le plaça dans un vase entouré de terre humide : au
bout de peu de temps, les yeux étaient refaits et l'animal
rétabli. On a répété ces expériences bien souvent depuis,
et trouvé que la rapidité de restauration des organes était
avancée par une élévation de température et retardée par
le froid. Rappelons-nous combien ces phénomènes de restauration complète sont fréquents chez les animaux inférieurs et chez les plantes. L'Hydre d'eau douce nous a
offert un des exemples les plus typiques et les plus
curieux. Ne dirait-on pas qu'un mode de reproduction, la

scissiparité, s'est éteint peu à peu dans l'échelle animale ascendante et que, de temps en temps, jusque dans les Batraciens et les Reptiles, des réminiscences d'un état antérieur imparfait reparaissent chez certaines espèces pour les aider à lutter victorieusement contre les chances de destruction!

X

L'ŒUF DES OISEAUX

Différences de taille parmi les œufs. — L'œuf de l'Épiornis. — Forme; état de la surface. — Épaisseur de la coquille. — Influence du régime. — Coloration et dessins. — Caractères adaptationnels de la coloration. — Nombre des œufs pondus. — Création des races pondeuses. — Influence de la saison et du régime. — Moyenne spécifique. — Incubation et mœurs des Oiseaux à cette époque. — Température incubatoire. — Durée de l'incubation. — Loi des sexes. — Prédominance des mâles. — Précocité. — Durée de la faculté ovipare. — Époque de la ponte dépendante de la saison. — Livrée de noce. — Combats et tournois pacifiques. — Nidification. — Le Coucou. — La Salangane. — Nids des oiseaux sociaux. — L'éclosion et l'amour maternel. — Allaitement des Pigeons, etc. — Incubations artificielles. — Couveuses. — Œufs doubles. — « Œufs de coq ». — Préjugés. — Œufs à coquille double. — Œufs hardés. — Corps étrangers inclus dans l'œuf. — Putréfaction de l'œuf et ses causes. — Les Poulets monstres et leur production. — Usage des œufs. — Œufs de Pâques. — Étymologie du mot *œuf*.

Le chapitre III nous a appris à connaître la nature de l'œuf typique, normal, dans ses différentes parties constitutives essentielles et avec leur signification dans l'économie du jeune être qui s'en développe, s'en nourrit ou s'en protège.

Après avoir pris dans ce chapitre comme modèle d'un œuf parfait celui de la Poule, nous consacrerons le présent à l'examen des variations que les Oiseaux apportent à la formation de leurs œufs, aux différences de nombre, de volume, de coloration, aux instincts souvent merveilleux appliqués à la protection de la ponte, à la durée de l'incubation, aux accidents qui déterminent les monstruosités ou la mort de l'œuf, etc.

Dans aucune classe d'animaux les œufs n'offrent des
extrêmes de taille aussi éloignés que chez les Oiseaux
(fig. 142). Il y a une trentaine d'années, on a découvert
dans l'île de Madagascar des ossements et des débris
d'œufs d'un Oiseau aujourd'hui disparu, auquel on donna
le nom d'*Épiornis*. A en juger d'après les débris, cet

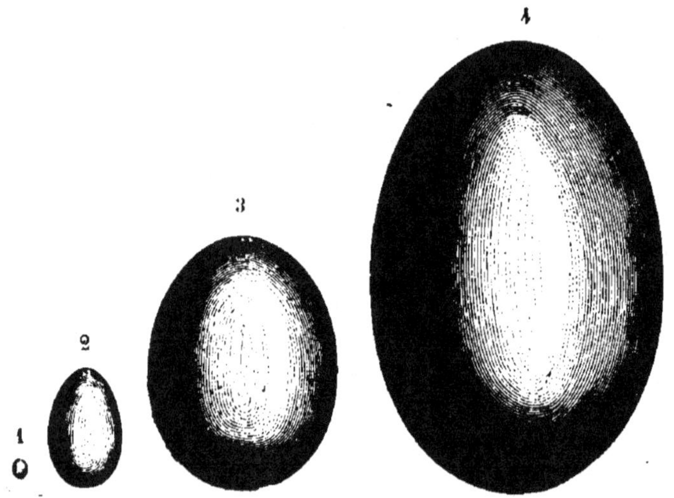

Fig. 142. — Dimensions comparées de différents œufs d'Oiseau.
1. Œuf d'Oiseau-Mouche. 2. Œuf de Poule. 3. Œuf d'Autruche.
4. Œuf d'Épiornis.

Oiseau devait être gigantesque, et égaler au moins cet
autre géant fossile des Mascareignes qu'on appelle Dronte
ou Dodo et qui vivait encore au dix-septième siècle. L'œuf
d'*Épiornis* a 34 centimètres de grand diamètre sur
22 centimètres de petit diamètre et 85 centimètres de
grande circonférence. Il contiendrait huit litres trois
quarts et son volume représente celui de cinquante
mille œufs d'Oiseau-Mouche, celui de six œufs d'Autruche, de seize et demi de Casoar et de cent quarante-huit

œufs de Poule! L'épaisseur de la coquille calcaire atteint jusqu'à 3 millimètres. Les Malgaches ont conservé la tradition de l'existence antérieure d'un Oiseau gigantesque qui se serait attaqué avec succès jusqu'à des Bœufs; mais l'anatomie comparée, en prouvant l'absence d'instincts carnassiers, désavoue la légende.

Les œufs les plus petits sont ceux des Oiseaux-Mouches : pris comme unité, on voit qu'il y a une amplitude de cinquante mille entre les extrêmes de grosseur. Cependant, il ne faudrait pas conclure de la taille de l'œuf à celle de l'animal qui l'a produit, car il y a bon nombre d'exemples où des œufs de volume équivalent sont pondus par des Oiseaux de grandeur très différente. Ainsi l'œuf de la Poule n'est pas plus gros que celui du Pluvier et l'Alouette pond des œufs de la grosseur d'un œuf de Coucou. L'œuf d'Autruche est deux fois plus gros que celui du Casoar et pourtant la taille de ces deux Oiseaux est loin de différer dans les mêmes proportions. On a plutôt des raisons d'admettre qu'il y a une certaine relation entre la grosseur de l'œuf et la taille de l'Oiseau prise au moment où il en sort. On constate en effet le plus souvent que, plus les œufs sont petits et plus leur contenu vivant est faible et chétif au moment de l'éclosion.

Dans ce dernier cas, nous voyons intervenir aussi d'une manière efficace le rôle protecteur que les parents remplissent vis-à-vis de leur nichée en garantissant par un surcroît de soins la vie de leur progéniture, née trop tôt pour ainsi dire. L'Autruche pond des œufs très gros d'où sortent des petits déjà bien conditionnés, mais aussi abandonnés à eux-mêmes, car la mère confie sa ponte au sable et l'incubation en partie à autrui et à la chaleur solaire.

Il y a cependant, dans une même espèce, des différences dans la taille des œufs en rapport avec la taille des individus, différente selon l'âge ou la race. C'est ainsi que les Poules naines pondent des œufs qui pèsent 30 à

40 grammes, tandis que les œufs de nos Poules indigènes pèsent en moyenne 60 grammes. Les fermiers savent aussi que les Poules jeunes donnent des œufs plus petits que les adultes et que la maladie peut avoir pour effet de diminuer considérablement la grosseur des œufs, qui sont appelés alors « œufs nains ».

La forme des œufs d'Oiseau est toujours arrondie, soit ovale, soit plus ou moins ellipsoïdale. Le pôle aminci est presque pointu dans l'œuf des Pingouins et une espèce, le grand Pingouin, aujourd'hui fort rare à cause des chasses sans trêve qu'on lui a faites, possède des œufs légèrement étranglés vers le petit bout, d'où une apparence de poire qui, jointe à la rareté, en fait un objet de haute valeur pour les collectionneurs d'œufs d'Oiseaux.

Dans une même espèce, la forme des œufs peut varier assez souvent. Ainsi les œufs de Poule sont fréquemment plus ou moins allongés, épointés ou ramassés et ovales. Parfois une sorte d'étranglement annulaire est manifeste : ces variations sont dues à des causes mécaniques qui agissent sur l'œuf pendant son séjour dans l'oviducte et au moment où la coquille se dépose autour de l'albumen.

La surface de la coquille est ordinairement lisse, parfois, comme chez l'Autruche, le Casoar, etc., rugueuse. Dans l'œuf de Poule, on remarque souvent à une des extrémités un bourrelet d'aspérités. Elles résultent des plis de la paroi de l'oviducte et des mouvements tournants que l'œuf y effectue. Toujours le pôle pointu est dirigé en bas dans l'oviducte.

L'épaisseur de la coquille est en rapport avec les mœurs de l'Oiseau, et ses variations, observées chez les Oiseaux qui déposent leurs œufs sur la terre ou dans le sable et ceux qui les confient à un nid bien moelleux, sont un des nombreux exemples d'adaptation par sélection naturelle. Les Perdrix, les Pintades, etc., ont des œufs bien plus durs que les Outardes, Faucons, etc., quoique le genre de vie soit quelquefois le même, mais les unes pondent sur le sol nu, tandis que les autres construisent des nids bien capitonnés de corps mous.

On sait que la coquille doit sa dureté au dépôt des corpuscules calcaires en grande abondance, sécrétés par les parois de l'oviducte.

Il faut par conséquent que l'alimentation comprenne des substances contenant du calcaire, afin que l'économie générale mette à la disposition de ces glandes calcipares les éléments de leurs produits. C'est pour cela qu'on a souvent l'habitude de mélanger parfois aux aliments des Oiseaux de basse-cour et de volière les débris mêmes des coquilles d'œuf, qu'ils introduisent avidement dès que le défaut de cette matière première se fait trop sentir dans leur régime.

On a vu également, dans les pays tels que les Ardennes belges, où le sol ne renferme pas suffisamment de calcaire, la coquille des œufs diminuer sensiblement d'épaisseur; mais indépendamment de cette règle générale, on observe également des différences individuelles résultant de l'état de santé de l'Oiseau ou du régime trop excitant auquel on le soumet. Ajoutons que beaucoup d'Oiseaux granivores ingèrent une quantité de petits cailloux qui doivent aider à la trituration des aliments dans le gésier et que le carbonate de chaux est soluble dans l'eau chargée d'acide carbonique.

Chez beaucoup d'Oiseaux aquatiques la coquille est enduite d'une humeur grasse destinée à empêcher le contact trop intime de l'eau sans empêcher les échanges des gaz respiratoires.

La coloration des œufs est produite par une matière pigmentaire spéciale qui se dépose dans la couche externe de la coquille. Qu'on laisse un œuf de Perdrix pendant quelque temps au contact d'un acide faible, le calcaire se dissoudra complètement laissant intact le tissu cellulaire de la coquille avec la matière colorante. On voit alors que les couches profondes sont incolores et que la couche externe seule est teinte.

La coloration des différents œufs d'Oiseau présente une variété infinie de teintes, de nuances, de taches ou de dessins. M. Milne-Edwards[1] cite comme typiques les variétés suivantes : chez le Casoar, les œufs sont couleur vert intense; chez le Faisan doré, couleur de chair; chez le Roitelet, Grèbe, Butor, etc., couleur d'ocre; chez l'Étourneau, vert glauque; chez le Grand Tinamou, bleu intense; chez le Tinamou varié, couleur lilas; chez la Poule cochinchinoise, jaunâtre. Mais souvent aussi la matière colorante fait défaut et les œufs sont d'un blanc éclatant comme chez l'œuf de la Poule, de la Chouette, du Pigeon, etc.

Ailleurs, la teinte uniforme est interrompue par des taches ou des dessins divers. Ainsi les œufs de Cigogne, de Spatule, de Cormoran, portent des teintes rosées, grises, verdâtres, sur fond blanc; chez le Bec-fin Orphée, le Bec-croisé des Pins et la Pie-grièche à poitrine rose, les taches forment des zones ou des guirlandes presque régulières. Les Oiseaux de proie ont généralement des œufs marbrés. A citer encore les œufs des Pinsons, où de petites bandes brunâtres se détachent sur un fond azuré. Enfin la coloration et la disposition des taches varient souvent d'un œuf à l'autre chez la même espèce, par exemple chez les Mouettes et les Pingouins.

Aucun caractère extérieur n'est plus facile à donner prise aux tendances d'adaptation que la coloration. Il n'est donc pas étonnant qu'on soit tenté de considérer la teinte particulière de certains œufs comme un effet de la sélection naturelle. Gloger a remarqué que certains œufs, surtout ceux des Oiseaux coureurs qui ne peuvent

---

1. Les admirables *Leçons de Physiologie et d'Anatomie comparées, etc.*, pourront être consultées avec le plus grand fruit par ceux qui désirent avoir les éléments d'une étude détaillée de l'œuf des Oiseaux.

eux-mêmes s'occuper efficacement de la protection de
leur ponte, ont la coloration du sol ou, s'ils sont à découvert dans les nids celle des objets qui les entourent,
soient troncs d'arbres, ou verdure, ou roseaux, etc., de
façon à échapper plus facilement à la vue de leurs nombreux ennemis. Ainsi chez l'Alouette, le Pipi, la couleur
de l'œuf est celle du sol. Les Choucas, qui se cantonnent
au haut des tours et dans les clochers, ont des œufs verts
comme les lierres. La Grande Chevêche a des œufs rougeâtres comme les maçonneries qu'elle habite (de Chateaubriand). Nous avons constaté des effets de mimétisme
pareils chez les graines des plantes supérieures.

Le nombre d'œufs pondus varie considérablement
d'une espèce à l'autre, et souvent dans la même espèce,
suivant les conditions extérieures, soit de climat, d'alimentation, de traitement ou de genre de vie.

Une règle générale, qui comporte cependant beaucoup
d'exceptions, veut que les Oiseaux pondent un nombre
d'œufs d'autant plus grand que leur taille est plus petite.
Ainsi, le Roitelet et la Mésange pondent de quinze à
vingt œufs à chaque ponte, tandis que la plupart des
Passereaux n'en pondent que six à sept et les grands
Carnassiers seulement de deux à trois. Cependant les
Oiseaux-Mouches, les plus petits de tous, n'en donnent
que deux ou trois, tandis que le Cygne en pond généralement de cinq à huit, et le Dindon sauvage de quatorze à
quinze. L'Autruche, le plus grand Oiseau vivant aujour-
d'hui, en pond même une quinzaine et quelquefois vingt.
Cette règle, par conséquent, est plutôt apparente que
réelle. Il est bien plus probable que la cause de l'aug-
mentation du nombre des œufs réside dans une tendance
à la conservation de l'espèce, qui est plus ou moins difficile, selon les mœurs de l'Oiseau et le milieu plus ou
moins hostile dans lequel il se meut, que dans un simple
rapport de nombre et de taille sans liaison ni effet
général.

Nous avons déjà invoqué ce principe pour expliquer les différences parfois énormes dans le nombre d'œufs pondus par les animaux inférieurs et les plantes.

Une autre cause d'équilibre, contre-balançant le nombre restreint d'œufs, est apparemment la longévité de certaines espèces. Les Faucons, Pétrels, Corbeaux, etc., vivent fort longtemps et pondent des œufs en petit nombre. En 1793 fut pris, au Cap, un Faucon orné d'un collier portant la date de 1610. Il avait appartenu au roi Jacques Ier d'Angleterre, et avait par conséquent atteint l'âge respectable de cent quatre-vingts ans. Les Corbeaux qui deviennent souvent centenaires, dit-on, sont répandus sous toutes les latitudes. Les femelles ne font qu'une ponte de trois à six œufs par an.

Les Gallinacés sont d'une fécondité extraordinaire, mais très souvent l'homme intervient activement pour augmenter, par tous les moyens, cette fécondité qui doit tourner à son avantage. Certaines races de Poules, telles que les Poules campines, pondent ainsi jusqu'à deux cents œufs dans une année et jusqu'à deux œufs par jour. Mais nous avons opéré là une sélection artificielle, comme nous sommes arrivés aussi à « créer » des races de Porcs et de Bœufs où la charpente osseuse est réduite à un minimum et des races de Chevaux où la finesse des formes le dispute à l'agilité des mouvements.

Les Cailles pondent une douzaine d'œufs, et les Perdrix de dix-neuf à vingt; la femelle du Coq de Bruyère en pond une quinzaine. Ce sont là des Oiseaux sauvages et qui ne font qu'une seule ponte dans les conditions normales; cependant, poussés par un instinct des plus curieux et des plus prévoyants, ils renouvellent leur ponte quand la première a été supprimée par un accident quelconque.

En liberté et à l'état sauvage, la plupart des Oiseaux ne font qu'une seule ponte; mais, en captivité, ils la renouvellent plusieurs fois. Les Pigeons, par exemple, pondent trois ou quatre fois par an quand ils sont en liberté, et huit à dix fois quand ils sont en volière.

Deux causes influent spécialement sur le nombre des œufs pondus par nos habitants des basses-cours : la saison et le régime. Pendant la saison froide, ce nombre diminue et la ponte s'arrête généralement en hiver. Un régime stimulant (graines de Chènevis, d'Avoine, de Millet, etc.) peut amener la Pintade à pondre jusqu'à cent œufs par an, et le Canard jusqu'à cinq œufs par semaine à partir de mars jusqu'à la fin de mai.

Les Oiseaux cessent de pondre dès que le nombre de leurs œufs a atteint la moyenne spécifique. Cependant, tout le monde sait qu'on peut tromper l'instinct conservateur de nos Oiseaux de basse-cour en leur soustrayant peu à peu la majeure partie de leur ponte en ayant soin toutefois de ne pas rendre le vol trop manifeste. A cet effet, on substitue souvent aux œufs de Poule un ou deux œufs postiches qui aident pour ainsi dire l'animal volé à se souvenir que sa ponte est incomplète. Cet instinct est une manifestation de la tendance à la conservation de l'espèce dont il est un des exemples les plus remarquables. Il se retrouve, nous venons de le dire, chez certains Oiseaux sauvages renouvelant leur première ponte dès qu'elle a été détruite par un accident. Les Oies cessent de pondre quand le nombre de leurs œufs est d'une douzaine environ, mais, en les leur soustrayant successivement, on peut les amener à en pondre, durant la saison, au delà de quarante. La ponte est arrêtée dès que l'Oiseau commence à couver : car il ne travaille pas pour nous, avec le propos délibéré ou l'instinct philanthropique de nous nourrir, mais bien dans un but absolument personnel, afin d'assurer la survivance de son espèce.

Dès que l'Oiseau a réuni le nombre spécifique d'œufs, il commence la couvaison ou incubation, c'est-à-dire, qu'au moyen de son corps, il maintient autour de ses

œufs une température constante, ordinairement de
40 degrés centigrades. Souvent alors la partie du corps
qui doit être en contact avec les œufs, est parcourue par
un réseau de nombreux petits vaisseaux sanguins dont le
contenu doit céder sa chaleur aux œufs. La femelle se
charge ordinairement des soins de la couvaison et s'en
acquitte avec un soin, une vigilance, un amour des plus
remarquables, affrontant les plus grands dangers jusqu'à
se laisser capturer afin de protéger, par un suprême sacri-
fice, la vie de ses enfants. Mais le mâle n'est pas toujours
désintéressé dans la réussite de l'incubation; chez les
Oiseaux monogames surtout, mâle et femelle se relayent
sur les œufs, parfois à des intervalles déterminés, comme
chez l'Autruche d'Afrique, le mâle couvant pendant la
nuit et les femelles pendant le jour. Dans les régions
tropicales cependant, les œufs d'Autruche sont abandonnés à la chaleur du sable réchauffé par les rayons
solaires, et le rôle des parents, disent les indigènes,
consiste à les couver « des yeux ». Le Pigeon et la Cigogne mâles prennent aussi part à la couvaison de leur
nichée.

Le succès de l'incubation est dû à une certaine somme
de chaleur, qui peut être répartie sur plusieurs périodes
sans que la température cependant doive descendre au-
dessous d'un minimum et sans que les intervalles entre
ces périodes deviennent trop considérables. M. Dareste a
montré qu'une température de 30 degrés centigrades
suffit pour continuer l'incubation pendant quelques jours,
sans toutefois pouvoir la mener à bonne fin. D'un autre
côté, un œuf de Poule fécondé n'est pas encore mort
après huit jours de manque d'incubation.

La durée de l'incubation n'est pas en rapport avec le
nombre des œufs pondus, quoique, pour les différentes
espèces d'Oiseaux, elle soit très variable. Elle paraît augmenter avec la taille de l'espèce comme semble le prouver le tableau suivant, où sont consignées, dans un ordre

ascendant de taille et de nombre correspondant, l'espèce et la durée de l'incubation :

	Nombre de jours.			Nombre de jours.
Oiseaux-Mouches	12		Dinde	27
Poule	21		Oie	29
Canard	25		Paon	51
Cormoran	25		Cygne	42
Pintade	25		Casoar	65

(MILNE-EDWARDS.)

Quoique les œufs d'une ponte nombreuse soient pondus à des intervalles parfois éloignés, tous arrivent cependant à éclore presque en même temps. La mère ou les deux parents ont ainsi à nourrir, à soigner et à protéger toute leur famille dans les meilleures conditions de saison. Leurs tendres sollicitudes ne sont pas forcées de se multiplier à la fois à des travaux de nature fort diverse, tels que couvaison, préparation de la nourriture, soins divers suivant l'âge des jeunes, vigilance, etc.

Tout dans la nature, dit Flourens, et très particulièrement tout ce qui se rapporte à la fécondité, est soumis à des lois. Ces lois nous échappent souvent mais elles existent. Telle est la loi que Flourens appelle la « loi des sexes ».

Aristote déjà avait observé que, des deux œufs de la ponte d'un Pigeon, l'un était mâle, l'autre femelle, et que le mâle était toujours le premier à éclore. Flourens répéta cette jolie expérience. Il observa les pontes d'un même couple de Pigeons jusqu'à onze fois de suite : dix fois consécutives, l'œuf mâle sortit le premier. Chez d'autres Oiseaux, la prédominance du mâle n'est pas moins manifeste. Dans les nichées de Chardonnerets, Pinsons, Rossignols, etc., sur cinq œufs éclos, il y aura toujours une femelle, rarement deux. « Le philosophe, ou plutôt celui qui se croit philosophe, dédaigne ces faits qu'il regarde comme petits, comme puérils. Savoir quel est celui des

deux sexes qui naît le premier. Eh! qu'importe? Les plai=
sants de l'antiquité se moquaient d'Aristote et de son
école. Lucien nous représente un péripatéticien qui
s'applique à rechercher quelle peut être la durée de la
vie d'un cousin ou la nature de l'âme d'une huître. Le
naturaliste peut répondre au satirique comme au philosophe que, dans l'observation scientifique, rien n'est petit,
rien n'est inutile. Un des plus beaux privilèges de la
pensée est de s'élever, par l'étude comparée des faits,
même des plus petits, à la connaissance de quelque loi
de la nature, chose toujours très grande. » (Flourens,
Ontologie, p. 65.)

Parmi tous les Oiseaux, les Poules sont les plus pré-
coces, car certaines races pondent déjà dès le sixième
mois de leur existence. La plupart des Oiseaux ne se reproduisent qu'au bout de deux ou de trois ans ; les
grands Rapaces, tels que Vautours, Aigles, etc., ne pondent que pendant la troisième ou la quatrième année,
le Cygne noir d'Australie pendant sa troisième année
d'existence. Parmi les Poules, on cite des cas où certaines
bonnes pondeuses n'ont cessé de pondre qu'à leur quin-
zième année.

L'époque des amours revient, pour les Oiseaux sauvages,
chaque année avec la belle saison, mais elle est très variable suivant les espèces. La meilleure preuve de l'influence de la saison, c'est-à-dire de la température et de
l'état de l'atmosphère, est le fait observé en Australie sur
divers Passereaux, Alouettes et Grives : importés d'Angleterre, ces Européens se sont mis à nidifier et à pondre au
mois d'octobre au lieu du mois de mai, qui est le temps
de leurs amours sous nos latitudes boréales.

Au temps des amours, la plupart des Oiseaux changent
de livrée, d'habitation et souvent de caractère. Le Paon
mâle répare alors les pertes de son plumage et étale fière-
ment la brillante roue de son éventail diapré ; le Coq et
le Dindon font reluire leurs caroncules et leur crête

cramoisies; le Gypaète laisse croître sa barbe et les Gallinacés s'arment d'ergots puissants et acérés. Le Combattant
ou Paon de mer met une collerette de poils et s'arme
pour le combat contre un rival aussi belliqueux que
lui.

Jusqu'aux tyrans des airs, les Rapaces, jusqu'aux
lourds Manchots, Plongeons et Pélicans, tous font fête à
la nature et mettent leur « parure de noce ». Alors les
couleurs s'illuminent, la gaieté et l'exubérance de vie
se traduisent par une loquacité extraordinaire, l'amour-
propre, et peut-être la fatuité, se reflètent dans une dé-
marche assurée et hautaine. L'envie et la jalousie pro-
voquent des combats sanglants et acharnés. Des concours
plus pacifiques de danses, de parades, s'organisent sous
les yeux d'une belle choisissant celui de ses prétendants
qui a su la charmer par sa grâce, la beauté de sa livrée
ou la virtuosité de son chant. Souvent, en effet, il y a un
vrai tournoi musical, dit M. Haeckel; les mâles se réunissent en nombre devant la femelle. En sa présence ils en-
tonnent leurs chansons et la femelle choisit pour époux
celui qui lui a plu davantage. D'autres chantent seuls
dans la solitude des bois pour attirer une compagne et
celle-ci va trouver le chanteur qui la séduit davantage.

Écoutons le Rossignol, non, Chateaubriand qui chante :

« Lorsque les premiers silences de la nuit et les derniers murmures du jour luttent sur les coteaux, au bord
des fleuves, dans les bois et dans les vallées; lorsque les
forêts se taisent par degrés, que pas une feuille, pas une
mousse ne soupire, que la lune est dans le ciel, que
l'oreille de l'homme est attentive, le premier chantre de
la création entonne ses hymnes à l'Éternel. D'abord il
frappe l'écho des brillants éclats du plaisir; le désordre
est dans ses chants : il saute du grave à l'aigu, du doux
au fort; il fait des pauses; il est lent, il est vif : c'est un
cœur que la joie enivre, un cœur qui palpite sous le
poids de l'amour. Mais tout à coup la voix tombe, l'oi-

seau se tait. Il recommence ! que ses accents sont changés !
quelle tendre mélodie ! Tantôt ce sont des modulations
languissantes, quoique variées ; tantôt c'est un air un
peu monotone comme celui de ces vieilles romances
françaises, chef-d'œuvre de simplicité et de mélancolie.
Le chant est aussi souvent la marque de la tristesse que
de la joie ; l'oiseau qui a perdu ses petits chante encore ;
c'est encore l'air du temps du bonheur qu'il redit, car il
n'en sait qu'un ; mais, par un coup de son art, le musi-
cien n'a fait que changer la clef, et la cantate du plaisir est devenue la complainte de la douleur. » (*Génie du
Christianisme.*)

Quand l'heureux vainqueur d'un de ces tournois pacifiques ou d'un de ces combats sanglants a conquis, par
sa bravoure, les suffrages de sa future compagne, alors
l'instinct souvent admirable des Oiseaux se manifeste et
s'exerce à la construction de leur nid, pour eux et pour la
petite famille dont bientôt leur retraite va être peuplée.

Mais tous les Oiseaux ne déploient pas un art égal dans
leurs travaux. Chacun fait son nid selon ses besoins et à
sa manière. Les Oiseaux monogames sont généralement
les architectes les plus habiles et les plus intelligents. Ils
bâtissent de véritables palais, tandis que d'autres ne font
que des chaumières mal construites, et quelques-uns ne
confient leur progéniture à aucun abri. Le plus effronté
de tous est le Coucou, un aventurier et un insolent qui,
dans tous les pays qu'il habite, se dispense de construire
un nid, mais, après avoir pondu un œuf par terre, le reprend et le cache dans son gosier. Il s'envole ensuite
porter son œuf dans quelque nid bien chaud de Fauvette
et l'intercale entre les œufs déjà pondus de son hôte ab-
sent. Ignorante du cadeau néfaste apporté par l'intrus, la
Fauvette continue l'incubation de ce qu'elle croit être sa
famille et, après l'éclosion, nourrit l'étranger comme ses
propres enfants. Rapace comme un ingrat, celui-ci absorbe
par son appétit de Coucou la majeure partie de la nourri-

ture préparée par les parents, et se développe rapidement. Quand le malheureux ménage s'aperçoit de la présence d'un petit monstre, il est déjà trop tard : d'un coup de ses ailes naissantes, le Coucou adolescent a expulsé ses petits frères de lait de leur berceau et s'installe plus commodément à leur place.

L'Engoulevent, la petite Hirondelle de mer déposent simplement leurs œufs par terre, entre les galets, sans même faire un trou.

Beaucoup de Palmipèdes, les Perroquets, le Casoar, l'Autruche, les Gallinacés font de même, en ayant soin toutefois de creuser une petite cavité ou bien d'amasser, pour y déposer leurs œufs, quelques brins de paille ou des amas de feuilles. Les Casoars, Émous, etc., recouvrent leur ponte de quelques feuilles sèches, et les Perroquets ainsi que les Canes s'arrachent des plumes de leur plumage pour en recouvrir leurs œufs.

Les Mégapodes, Gallinacés australiens, rappellent le mode d'incubation des Crocodiliens. Ils enfouissent leur ponte dans un mélange de feuilles, de terre et d'humus de façon à provoquer une fermentation au courant de laquelle la chaleur développée fait éclore les œufs.

Les Pingouins, Manchots, etc., creusent des sortes de terriers tandis que les Cormorans, Mouettes, etc., déposent leurs œufs dans des rochers ou bien sur des tertres.

Parmi les Échassiers, nous citerons les Cigognes qui bâtissent leur nid sur les toits et les cheminées des maisons, ce qui partout est considéré de bon augure ; les Hérons qui construisent dans les hautes forêts ; les Flamants et les Râles, ceux-ci très curieux parce qu'ils ont des nids qui flottent sur l'eau, les premiers non moins intéressants parce que, empêchés de s'accroupir sur leur ponte pour la couver, à cause de la longueur de leurs jambes, ils déposent leurs œufs sur une petite élévation, ce qui rend la couvaison possible.

Faut-il citer tous ces petits architectes bâtissant avec

un art intelligent et délicat, capitonnant leur nid des corps les plus soyeux, les plus douillets : le Bouvreuil garantissant son nid du vent, la Grèbe suspendant le sien dans les joncs au-dessus de l'eau hors de la portée de ses ennemis, les Pies, Roitelets, Huppes bâtissant dans le creux des arbres, l'Hirondelle maçonnant artistement son berceau dans l'angle d'une fenêtre! La Salangane de l'extrême Orient, parente de l'Hirondelle, après un travail laborieux, se voit frustrée de son nid par la gourmandise des Chinois, des Javanais, etc. Les nids de Salangane, en effet, faits de Varech gélatineux et agglutiné en pâte par une substance sécrétée dans le gosier de l'Oiseau, sont récoltés péniblement dans les creux des falaises et des cavernes, et vendus à un prix très élevé. Cependant les Chinois n'en font usage que comme accessoire ou friandise à peu près dans la proportion où nous employons la Truffe.

Voici le Remiz, sorte de petite Mésange, une gracieuse filandière qui se tisse un nid du duvet de différentes graines ou des aigrettes du Pissenlit. Elle lui donne la forme d'une poire, le capitonne mollement, ménage une porte pouvant se fermer et le suspend au-dessus d'un ruisseau contre une faible branche. Balancés doucement par la brise, les petits sont à l'abri de leurs plus dangereux ennemis.

Dans les régions tropicales, le voyageur admire des constructions bien plus bizarres. Ainsi le Couturier, une sorte de Fauvette africaine, doit son nom à l'habileté qu'il a de coudre ensemble deux feuilles d'un arbre au moyen d'un brin d'herbe passé à travers des trous que son bec a percés dans les bords. Il en résulte une hotte minuscule qui lui sert de nid. Le Fournier de Cayenne mérite son nom parce qu'il se maçonne une sorte de four au moyen de terre humide.

Le Bec-croisé appelé Baglafecht donne à son nid une forme spiralée et le suspend aux extrémités des branches. Les Caciques, Carouges (Oriolus, Phoceus), Anis, Baltimores,

Yapous, etc., sont sociables et vivent en colonies nombreuses. Leurs nids sont tantôt séparés et distincts, mais
rapprochés, ou bien réunis côte à côte et parfois abrités
sous un même toit. Tels sont les nids des Républicains.
Pendus en grand nombre aux branches ou aux feuilles
des grands arbres, ces nids ressemblent à des guirlandes
de lampions, restes d'une fête que viennent de célébrer
les génies de ces magnifiques palais.

Mais voici arrivé le moment de l'éclosion. Les travaux
et les soins assidus de la couvaison vont être couronnés
de succès; les jeûnes, les alertes et les angoisses de la
mère ou du petit ménage, loin de cesser, vont redoubler,
mais le prix en est bien doux : les cris joyeux de la
couvée, les battements des petites ailes, la première
excursion. « Le nourrisson prend des plumes, sa mère lui
apprend à se soulever sur sa couche. Bientôt il va jusqu'à
se pencher sur les bords de son berceau, d'où il jette un
premier coup d'œil sur la nature. Effrayé et ravi, il se
précipite parmi ses frères, qui n'ont point encore vu ce
spectacle; mais, rappelé par la voix de ses parents, il sort
une seconde fois de sa couche, et ce jeune roi des airs,
qui porte encore la couronne de l'enfance autour de sa
tête, ose déjà contempler le vaste ciel, la cime ondoyante
des pins et les abîmes de verdure au-dessous du chêne
paternel. » (Chateaubriand, *Génie*.)

L'amour maternel, cet admirable instinct de protection
et de conservation de l'espèce, où la nature puise ses plus
riches trésors de vitalité, s'est enfin épanoui dans toute sa
splendeur. Nous l'avons suivi à son réveil à travers les
peuples d'animaux, à travers les pays qu'ils habitent;
nous l'avons deviné dans son enfance chez l'Étoile de mer,
puis chez quelques Crustacés; les Insectes nous ont
étonnés par l'ingéniosité ou la froideur presque cruelle
de leurs passions et de leurs calculs de mathématiciens;
nous avons salué l'amour maternel chez les Épinoches,
les Pipas, les Caïmans, et nous l'admirons chez le Pigeon,

l'Aigle, l'Hirondelle, la Caille, la Poule et toute cette gent ailée, au « caractère » nerveux, aux passions ardentes, que les mêmes instincts rapprochent si souvent de nous.

Mais quelle différence de développement chez les jeunes Oiseaux au moment de l'éclosion ! Tandis que le Passereau, l'Aiglon, le Fauconneau naissent misérables et chétifs, aveugles, ayant à peine le corps couvert de quelque mince duvet, le Poulet, le Cailleteau, le Perdreau, etc., se revêtent préalablement d'un chaud plumage, leurs yeux s'ouvrent et savent regarder au sortir de leur prison calcaire, leurs mouvements sont vifs, leurs membres développés. Que de fois le faucheur ne voit-il pas s'échapper sous sa faucille une nichée de Cailles dont quelques nouveau-nés s'embarrassent encore dans les débris de leur coquille ou se sauvent avec des fragments sur le dos ! Pouvant marcher à peine, le Caneton sait déjà nager. Le jeune Grèbe ou Plongeon s'attache au dos de sa mère et s'apprend ainsi à chasser sous l'eau et à se soustraire aussi à la vue et aux atteintes des Rapaces. Un mois après sa naissance, le jeune Pingouin tente l'épreuve d'un premier plongeon. Encouragé par ses parents, il se précipite pour la première fois du haut de la falaise, suivi de près par eux. Si le saut périlleux ne lui est pas devenu fatal, s'il ne s'est fracassé contre un bas-fond, il remonte, exprime ses angoisses par des cris plaintifs et se serre contre ses protecteurs. Ceux-ci lui apprennent ensuite à chasser le Poisson, le mènent sur la haute mer et le protègent contre les vents et les ennemis jusqu'à sa majorité.

Quelques Oiseaux, entre autres le Pigeon, « allaitent » leurs petits pendant les premiers temps de leur jeunesse. Trois ou quatre jours avant l'éclosion de la ponte, les parois du jabot se gonflent et se gorgent de sucs. Elles sécrètent un liquide jaunâtre, épais, ressemblant à du lait caillé, composé de caséine, de matière grasse, de sels et d'eau. Père et mère dégorgent ce lait dans le bec largement ouvert de leurs petits et les en nourrissent pendant plus d'une semaine. Ainsi font les Perroquets et l'Ibis religieux d'Égypte, mais, chez celui-ci, le père seul remplit le rôle de nourrice, tandis que la mère se désintéresse complètement de l'éducation de sa famille.

Dans les derniers temps, une industrie particulière s'est développée considérablement, celle des incubations artificielles. Au moyen d'appareils bien aménagés appelés « couveuses », on maintient les œufs de nos Oiseaux de basse-cour, pendant vingt et un jours au moins, à une température de 40 degrés centigrades, aussi constante que possible. On a bien soin de renouveler l'atmosphère ambiante afin de ne pas entraver la respiration des œufs qui sont, comme on sait, des êtres vivants. Toutes les expositions agricoles nous mettent sous les yeux un grand nombre de couveuses de systèmes différents où le principe est toujours le même. Les petits orphelins, picorant gaiement leur pâtée, se passent sans inconvénient des soins protecteurs d'une mère que la couveuse est destinée à remplacer avantageusement. En Afrique, on fait quelque chose d'analogue pour l'élève des Autruches dans les grands parcs où ces Oiseaux coureurs sont éduqués pour leurs plumes.

Certaines anomalies dans la forme et dans la composition de l'œuf ont de tout temps intrigué les observateurs et ont même donné lieu à toute sorte de croyances superstitieuses. Il faut citer d'abord les *œufs doubles*. Au lieu d'un seul jaune ou vitellus, ces œufs en possèdent deux qui peuvent être accolés l'un à l'autre, ou être pourvus chacun d'un albumen propre ; le tout inclus dans une coquille simple, plus volumineuse que d'ordinaire. On cite même des exemples d'œufs triples. La cause en est fort simple : les deux vitellus ayant parcouru l'oviducte en même temps, se sont trouvés enveloppés d'une même coquille.

Il est assez fréquent de trouver chez les Poules très

jeunes, ou très vieilles, des œufs sans vitellus, composés uniquement de blanc et d'une coquille. On appelle ces œufs, *œufs de coq*, *cocatris* ou *œufs blancs*. Il est inutile de faire remarquer que les œufs de Coq sont appelés ainsi fort improprement. Ils sont dus à ce que, l'ovaire des jeunes Poules ne fonctionnant pas encore comme tel ou, chez les Poules vieilles, commençant à s'atrophier, les glandes de l'albumen et de la coquille fonctionnent seules et évacuent leur produit tout comme si le vitellus leur avait servi de noyau. La Poule malade signale aussi son état par la ponte d'œufs blancs. Le même fait a été constaté chez d'autres Oiseaux. Un préjugé très ancien et très répandu veut que les œufs de Coq, couvés dans le fumier, fassent éclore un Basilic ou un petit Serpent ; ou bien que cet œuf soit le produit d'un Serpent et d'une Poule, d'un vieux Coq et d'une Couleuvre !

Le paysan du Bocage, à la découverte d'un œuf de Coq, se signe et l'écrase afin de le soustraire à la vue d'un chat, ce qui en ferait éclore le Basilic. Cette superstition est fort répandue, et en 1881, lorsque je voyageai dans le Turkestan, un pèlerin avait apporté de la Mecque la nouvelle récente de la fin prochaine du monde. Un Coq, était-il dit, pondrait un œuf d'où sortirait un Serpent ayant pour mission de dévorer le monde. Les Sartes s'empressèrent de mettre à mort les infortunés habitants de leurs basses-cours afin de prévenir la naissance de l'œuf néfaste. Le prix du Poulet était subitement tombé à plusieurs kopecks, même qu'un jour on vint apprendre au chef de district russe la découverte du Serpent dans le corps d'une Poule. Prié d'apporter le Reptile en question, le Sarte étala triomphalement... l'intestin grêle de la Poule !

La terreur paralyse le jugement et la raison : les journaux ne nous ont-ils pas apporté d'Italie, pendant la dernière épidémie, la nouvelle de l'enterrement solennel d'un « œuf du choléra » par les habitants d'un village affolé !

Une anomalie curieuse, chez la Poule, a produit parfois

un œuf à coquille renfermé dans une deuxième coquille.
Ceci résulte d'un séjour trop prolongé du premier œuf
dans l'oviducte. Après avoir passé au niveau des glandes, et
prêt à être expulsé, il est, par une cause ou une autre,
remonté de nouveau et s'est entouré d'une nouvelle enveloppe calcaire. Le séjour trop prolongé de l'œuf dans
l'oviducte peut devenir fatal à la Poule. Un de ces œufs
prisonniers atteignit un poids de 12 onces. Le blanc était
durci et composé de trente-six couches distinctes.

On appelle *œuf hardé* un œuf pondu sans coquille, enveloppé simplement d'une membrane molle. La Poule
privée de sels calcaires, ou très féconde, pond fréquemment
des œufs hardés, mais on l'a constaté également pour le
Serin et le Moineau domestique. On conserve dans les collection du Muséum un œuf hardé double de forme bizarre :
c'est un sac allongé avec un étranglement médian, indi-
quant la séparation des deux jaunes.

Parfois on trouve à l'intérieur de la coquille, empâtés
dans l'albumen, dans le jaune, ou pris dans la coquille,
des corps étrangers tels que cailloux, crins de cheval,
fragments d'Insectes, graines, spores de Champignons, etc.
Une patte de hanneton fut découverte une année où ces
Insectes étaient très abondants ; une autre fois un Ver,
un Ascaris, encore vivant et mobile, était logé sous la
coquille. Le mécanisme de cette pénétration est encore
assez mal connu, mais il est très probable que ces corps
étrangers remontent l'oviducte et, rencontrant le jaune et
le blanc avant le dépôt de la coquille, ou au moment où
ce dépôt s'effectue, se trouvent pris en dedans de l'œuf ou
dans la paroi même de l'enveloppe.

Les œufs pondus peuvent ne pas être fécondés (fig. 143).
Dans ce cas l'incubation reste naturellement sans autre
effet que celui de hâter la putréfaction, mais ces œufs
« clairs », fraîchement pondus, sont tout aussi bons et
nutritifs que les autres, quoique une opinion répandue
admette le contraire.

La putréfaction des œufs fécondés, intacts, se produisant sans cause apparente et, semble-t-il, au hasard, est longtemps restée un problème. Réaumur avait déjà observé que, même pendant les fortes chaleurs, certains œufs succombent à la putréfaction tandis que d'autres, non moins frais, se conservent intacts. L'agitation violente du contenu a pour effet de hâter la décomposition ou de la provoquer.

Un œuf frais et sain, abandonné à lui-même, perd constamment de l'eau par évaporation à travers la coquille et de l'acide carbonique, par suite de la respiration interne de l'embryon, ce qui se traduit par un agrandissement de la chambre à air et une dessiccation de l'albumen. Dans un œuf en décomposition, les gaz qui se développent en abondance s'accumulent sous la coquille parfois jusqu'à produire une sorte d'explosion. On sait maintenant que la putréfaction est due à des êtres vivants : Bactéries, Vibrions et Champignons divers, qui, après s'être insinués dans l'oviducte, se trouvent pris sous la coquille comme les corps étrangers cités plus haut et se multiplient en entamant successivement le blanc et le jaune. Ces germes sont ordinairement microscopiques et échappent à l'inspection superficielle ; quelquefois l'altération des œufs est due à l'envahissement, du dehors, de Moisissures qui, après s'être étendues sur la coquille, la traversent et vont se ramifier dans le blanc, puis fructifier dans la chambre à air. Il n'y a là rien de mystérieux, et l'altération de l'œuf est due aux mêmes causes que celles qui agissent dans la décomposition des fruits par exemple.

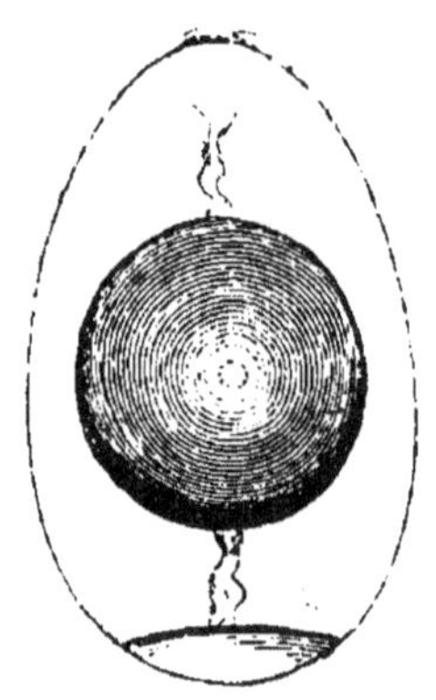

Fig. 143. — Œuf pondu non fécondé ou *œuf clair*.

M. Dareste, disposant des œufs dans une couveuse artificielle, les uns à l'air sec, les autres à l'air saturé d'humidité, a vu les embryons de ces derniers périr par l'envahissement d'un *Aspergillus*. Cette Moisissure, se développant dans l'albumine, venait donner une sorte de fructification verte dans la chambre à air, puis sur les parois de la coquille. L'altération de l'air des couveuses, et ceci est un point important pour la pratique, n'agit qu'en favorisant le développement d'organismes parasites qui finissent par tuer l'embryon ; dans les œufs où ces organismes ne sont pas développés, l'embryon arrive au terme de son développement.

M. Dareste a fait un grand nombre d'expériences bien intéressantes sur la production artificielle des monstres de Poulet. Dans des couveuses artificielles perfectionnées, l'expérimentateur soumet à l'incubation des œufs de Poule maintenus dans une position verticale de façon que les deux pôles soient dirigés l'un en bas, l'autre en haut. Ou bien les œufs furent recouverts partiellement, et dans un rayon déterminé, d'une couche de vernis empêchant la transpiration et l'échange des gaz respiratoires ; ou bien encore, la température du milieu d'incubation fut abaissée au-dessous de la température normale ; d'autres fois, en chauffant davantage un point qu'un autre de la surface de l'œuf, la température fut répartie inégalement sur les parties de l'embryon en voie de développement.

Il résulte de ces nombreuses expériences qu'une température de 30 degrés centigrades suffit pour engager l'incubation, mais celle-ci est toujours lente et irrégulière pendant quelques jours, puis s'arrête tout à fait.

Une élévation anormale de la température pendant l'incubation active le travail embryogénique, mais elle tend à rapetisser la taille de l'Oiseau, elle produit des nains.

Les monstres, résultant d'une position anormale de l'œuf ou d'une température inégalement répartie, sont le plus souvent *exencéphales* ou *proencéphales*. Dans l'exencéphalie, la masse cérébrale ou encéphale fait complè-

tement hernie au dehors et couronne en quelque sorte
l'extrémité céphalique non recourbée. Le cœur, le foie,
le gésier, les intestins font saillie à travers l'ouverture
ombilicale. Dans la proencéphalie, les hémisphères céré-
braux font saillie sur le front sous forme de tumeur, anormale chez les embryons de race ordinaire, normale chez
la race dite de Padoue, qui se distingue précisément à l'état
adulte par ce caractère de race devenu héréditaire.

Parmi les dix mille œufs mis en expérience, la plupart
des monstruosités accusaient un déplacement des principaux organes tels que cerveau, cœur, intestin, etc. Souvent la tête sort de l'ouverture ombilicale, le cœur remonte en dehors et vient se placer sur la tête, parfois sur
le dos, comme une hotte. On sait, qu'en principe, le cœur
de tous les Vertébrés supérieurs, Oiseaux et Mammifères,
est double : cœur veineux et cœur artériel, mais que
leur activité est simultanée et leurs parois réunies. Or,
des embryons monstrueux de Poulet ont montré au début
les deux cœurs non seulement séparés, mais battant
chacun séparément comme des organes indépendants.

Supposons que, dans une coquille, nous ayons un œuf
double, c'est-à-dire deux vitellus pourvus chacun de sa
cicatricule. Fécondés ensemble, ces deux œufs vont se
développer chacun en embryon sous une même coquille.
Trouvant suffisamment de place pour se caser sans trop
se gêner, les deux embryons resteront distincts et séparés
puis, à l'éclosion, donneront des Poulets jumeaux. Tel est
le principe dans tout le règne. Mais qu'ils soient par
trop à l'étroit, leurs parois en contact se souderont entre
elles, soit en haut, soit au milieu, soit vers les extrémités, et les jumeaux écloront sous le nom de monstres,
de prodiges, avec une très faible chance de vitalité.

Il peut arriver aussi, et M. Dareste nous en figure de
nombreux exemples, qu'une cicatricule unique développe deux ou trois embryons ou qu'il y ait deux cica-
tricules. L'un des embryons présente alors un développe-

ment prédominant, mais tous deviennent monstrueux.

Ainsi naissent ces aberrations de la nature dans tous les œufs, animaux et végétaux, montrant comment le moindre écart dans la grande voie évolutive tracée par les ancêtres, devient une cause de profonde perturbation et, le plus souvent, de complète stérilité. Mais, tandis que le jeune être au début de son existence est d'une sensibilité extrême à l'égard des agents perturbateurs, il devient, dans la mesure de son développement, de plus en plus réfractaire et finit souvent même par acquérir une sorte de plasticité qui le met à l'abri des mêmes accidents dont les suites lui seraient devenues funestes avant son entrée dans la vie active.

Nous n'entreprendrons pas ici de décrire les usages et applications de l'œuf dans l'alimentation, la vinification, la mégisserie, la peinture, la pharmacie, etc. Constatons seulement que l'œuf est un aliment *complet* au même titre que le lait, c'est-à-dire que sa constitution chimique comprend à la fois les substances alimentaires les plus indispensables au développement et au soutien de notre organisme et, surtout, de celui du jeune Oiseau qui doit en faire sa première nourriture.

Faut-il rappeler que le nom *d'œuf* est vulgairement donné à un grand nombre de corps qui n'en ont que la forme? On appelle souvent *œufs* des espèces de Champignons à chapeau ovoïde, l'*œuf marin* est l'Oursin, et les *œufs fossiles* ou *œufs de Molesme* ne sont que des concrétions, des géodes calcaires ou quartzeuses, parfois des espèces fossiles de Coralliaires ou d'Échinodermes.

Les calcaires miocènes de l'Auvergne conservent cependant de véritables coquilles d'œufs fossiles et le Muséum en possède plusieurs échantillons.

On lit dans la *Vie privée des Français :* « Lorsqu'on s'avisa de défendre de manger des œufs dans le Carême, le peuple se trouva fort dépourvu; il souffrit avec peine d'être privé pendant quarante jours d'un aliment si délicieux, quoique très commun. Il vit arriver avec la plus grande joie le jour où il pourrait en reprendre l'usage; mais comme il était dévot, il crut devoir faire bénir les œufs avant de se régaler. En conséquence, l'usage s'introduisit d'aller le vendredi saint et le jour de Pàques pour les présenter à l'église. Lorsqu'ils étaient apportés à la maison, on en envoyait à ses parents et à ses amis; on leur donnait les « œufs de Pàques »; bientôt, pour enjoliver le présent, on les teignit en rouge, en bleu; on les moucheta, on les bariola. Le roi d'alors lui-même recevait et distribuait des œufs peints et dorés. »

L'usage des œufs de Pàques s'est conservé à travers les temps jusqu'à nos jours dans beaucoup de contrées. Dans le midi de la France les paroissiens offrent à leur curé des œufs de Pàques le jour où il va bénir les maisons. Cette coutume doit être fort vieille et voici, à ce propos, une observation personnelle qui n'est peut-être pas sans intérêt pour les ethnographes : Le 25 août 1881 nous arrivàmes au village de Pskème, situé dans les contreforts occidentaux des monts Thiàn-Schàn et habité par des Khirghizes et des Sartes (Aryens). C'était la veille du jour de fête ou Maïram qui suit le mois de jeûne, le Ramadan. L'hôte qui nous avait cédé une chambre dans sa masure nous apporta des œufs durs, colorés en rouge, des « œufs de Maïram ».

Le mot *œuf*, dit Littré, vient du sanscrit *avyam*, où la racine est *avi*, oiseau, racine qui s'est ramifiée à travers toutes les langues « indo-européennes », filles du sanscrit; ce qui nous ramène, à la fin du volume, à l'opinion exprimée à la première page.

FIN

TABLE DES GRAVURES

TABLE DES MATIÈRES

FIN DE LA TABLE DES MATIÈRES.

18072. — IMPRIMERIE GÉNÉRALE, A. LAHURE.

9, rue de Fleurus, 9, à Paris.

CONDITIONS DE VENTE ET D'ABONNEMENT

LE JOURNAL DE LA JEUNESSE paraît le samedi de chaque semaine. Le prix du numéro, comprenant 16 pages grand in-8°, est de **40** centimes.

Les 52 numéros publiés dans une année forment deux volumes.

Prix de chaque volume, broché, **40** francs; cartonné en percaline rouge, tranches dorées, **48** francs.

PRIX DE L'ABONNEMENT

POUR PARIS ET LES DÉPARTEMENTS

UN AN (2 volumes)................ **20** FRANCS
SIX MOIS (1 volume).............. **40** —

Prix de l'abonnement pour les pays étrangers qui font partie de l'Union générale des postes : Un an, **22** fr.; six mois, **44** fr.

Les abonnements se prennent à partir du 1er décembre et du 1er juin de chaque année.

COLLECTION IN-8 A L'USAGE DE LA JEUNESSE

PRIX DE CHAQUE VOLUME. BROCHÉ. 5 FR.

CARTONNÉ EN PERCALINE A BISEAUX , TRANCHES DORÉES , 8 FR.

Assollant (A.) : *Montluc le Rouge.* 1re partie. 1 vol. illustré de 63 gravures d'après SAHIB.
— *Montluc le Rouge.* 2e partie. 1 vol. illustré de 44 gravures d'après SAHIB.
— *Pendragon.* 1 vol. illustré de 42 gravures d'après C. GILBERT.

Auerbach : *La fille aux pieds nus.* Nouvelle imitée de l'allemand par J. GOURDAULT. 1 vol. illustré de 72 gravures d'après VAUTIER.

Baker (S. W.) : *L'enfant du naufrage.* 1 vol. traduit de l'anglais par Mme FERNAND, et illustré de 10 gravures sur bois.

Cahun (L.) : *Les pilotes d'Ango.* 1 vol. illustré de 45 gravures d'après SAHIB.
— *Les Mercenaires.* 1 vol. illustré de 54 gravures d'après P. FRITEL, P. SELLIER, etc.

Colomb (Mme) : *Le violoneux de la Sapinière.* 1 vol. illustré de 85 gravures d'après A. MARIE.
— *La fille de Carilès,* 1 vol. illustré de 96 gravures d'après A. MARIE.
— *Deux mères.* 1 volume illustré de 133 gravures d'après A. MARIE.
— *Le bonheur de Françoise.* 1 vol. illustré de 112 gravures d'après A. MARIE.
— *Chloris et Jeanneton.* 1 vol. illustré de 105 gravures d'après SAHIB.
— *L'héritière de Vauclain.* 1 vol. illustré de 104 gravures d'après C. DELORT.

— *Franchise.* 1 volume illustré de 113 gravures d'après C. DELORT.
— *Feu de paille.* 1 vol. illustré de 98 gravures d'après TOFANI.
— *Les étapes de Madeleine.* 1 volume illustré de 104 gravures d'après TOFANI.
— *Denis le Tyran.* 1 volume illustré de 115 gravures d'après TOFANI.
— *Pour la muse.* 1 volume illustré de 105 gravures d'après TOFANI.
— *Pour la patrie.* 1 vol. illustré de 105 gravures d'après TOFANI.

Cortambert (E.) : *Voyage pittoresque à travers le monde.* 1 vol. illustré de 81 gravures sur bois.
— *Mœurs et caractères des peuples* (Europe, Afrique). 1 volume illustré de 60 gravures sur bois.
— *Mœurs et caractères des peuples* (Asie, Amérique, Océanie). 1 vol. illustré de 60 gravures sur bois.

Cortambert et **Deslys** : *Le pays du soleil.* 1 volume illustré de 35 gravures.

Daudet (E.) : *Robert Darnetal.* 1 vol. illustré de 81 gravures d'après SAHIB.

Demoulin (Mme G.) : *Les animaux étranges.* 1 vol. illustré de 172 gravures.
— *Les gens de bien.* 1 volume illustré de 32 gravures d'après GILBERT, etc.

Deslys (CH.) : *Courage et dévouement.* Histoire de trois jeunes filles

(La petite mère, la Monténégrine , l'Irlandaise). 1 vol. illustré de 31 gravures d'après LIX et GILBERT.

— *L'Ami François.* — *Les Noménoé.* — *La petite Reine.* 1 vol. illustré de 39 gravures.

— *Nos Alpes.* — *Le muet de Brides.* — *Les légendes d'Évian.* 1 vol. illustré de 39 gravures.

— *La mère aux chats.* — *La balle d'Iéna.* — *La fille du rebouteur.* — *Le bien d'autrui.* 1 vol. illustré de 40 gravures d'après JULES DAVID.

Énault (L.) : *Le chien du capitaine.* — *Trop curieux.* — *Les roses du docteur.* — *Le mont Saint-Michel.* 1 vol. illustré de 43 gravures d'après E. RIOU et KAUFFMANN.

Erwin (Mme E. d') : *Heur et malheur.* 1 vol. illustré de 50 gravures dessinées sur bois d'après H. CASTELLI.

Fath (G.) : *Le Paris des enfants.* 1 vol. illustré de 60 gravures d'après l'auteur.

Fleuriot (Mlle Z.) : *M. Nostradamus.* 1 vol. illustré de 36 gravures d'après A. MARIE.

— *La petite duchesse.* 1 vol. illustré de 75 gravures d'après A. MARIE.

— *Grandcœur.* 1 vol. illustré de 45 gravures d'après C. DELORT.

— *Raoul Daubry, chef de famille.* 1 vol. illustré de 32 gravures d'après C. DELORT.

— *Mandarine.* 1 vol. illustré de 95 gravures d'après C. DELORT.

— *Cadok.* 1 vol. illustré de 21 gravures d'après C. GILBERT.

— *Céline.* 1 vol. illustré de 102 gravures d'après G. FRAIPONT.

— *Feu et flamme.* 1 vol. illustré de 60 gravures d'après TOFANI.

Girardin (J.) : *Les braves gens.* 1 vol. illustré de 115 gravures d'après E. BAYARD. ,

— *Fausse route* (Souvenir d'un poltron. — La première faute. — Aveux d'un égoïste). 1 vol. illustré de 55 gravures d'après H. CASTELLI, A. MARIE et SAHIB.

— *La toute petite.* 1 vol. illustré de 128 gravures d'après E. BAYARD.

— *L'oncle Placide.* 1 vol. illustré de 139 gravures d'après A. MARIE.

— *Le neveu de l'oncle Placide.* 1re partie. A la recherche de l'héritier. 1 vol. illustré de 122 gravures d'après A. MARIE.

— *Le neveu de l'oncle Placide,* 2e partie. A la recherche de l'héritage. 1 vol. illustré de 98 gravures d'après A. MARIE.

— *Le neveu de l'oncle Placide.* 3e et dernière partie. L'héritage du vieux Cob. 1 vol. illustré de 147 gravures d'après A. MARIE.

— *Grand-Père.* 1 vol. illustré de 91 gravures d'après C. DELORT.

— *Maman.* 1 vol. illustré de 112 gravures d'après TOFANI.

— *Le roman d'un cancre.* 1 volume illustré de 119 gravures d'après TOFANI.

— *Les millions de la tante Zézé.* 1 vol. illustré de 112 gravures d'après TOFANI.

— *La famille Gaudry.* 1 vol. illustré de 112 gravures d'après TOFANI.

Gouraud (Mlle J.) : *Cousine Marie.* 1 vol. illustré de 36 gravures d'après A. MARIE.

Hayes (le docteur I.J.) : *Perdus dans les glaces.* 1 vol. traduit de l'anglais, par L. RENARD, et illustré de 58 gravures d'après CRÉPON, etc.

Henty (C.-A.) : *Les jeunes francs-tireurs.* 1 vol. traduit de l'anglais, par Mᵐᵉ L. ROUSSEAU, et illustré de 20 gravures d'après JANET-LANGE.

Kingston (W. H.) : *Une croisière autour du monde.* Ouvrage imité de l'anglais par J. BELIN DE LAUNAY 1 vol. illustré de 44 gravures d'après RIOU.

Paulian (L.) : *La hotte du chiffonnier.* 1 vol. illustré de 60 gravures d'après J. FÉRAT.

Rousselet (L.) : *Le charmeur de serpents.* 1 vol. illustré de 68 gravures d'après A. MARIE.
— *Le fils du connétable.* 1 vol. illustré de 114 gravures d'après PRANISHNIKOFF.
— *Les deux mousses.* 1 vol. illustré de 90 gravures d'après SAHIB.
— *Le tambour du Royal-Auvergne.* 1 vol. illustré de 115 gravures d'après F. POIRSON.
— *La peau du tigre.* 1 vol. illustré de 102 gravures d'après BELLECROIX.

Saintine : *La nature et ses trois règnes,* causeries et contes d'un bon papa sur l'histoire naturelle. 1 vol. illustré de 171 gravures d'après FOULQUIER et FAGUET.
— *La mythologie du Rhin et les Contes de la Mère-Grand.* 1 vol. illustré de 160 gravures d'après Gustave DORÉ.

Stanley (H.) : *La terre de servitude.* 1 vol. traduit de l'anglais par LEVOISIN et illustré de 21 gravures d'après P. PHILIPPOTEAUX.

Tissot et Améro : *Aventures de trois fugitifs en Sibérie.* 1 vol. illustré de 72 gravures d'après PRANISHNIKOFF.

Tom Brown, scènes de la vie de collège en Angleterre. Ouvrage imité de l'anglais par J. GIRARDIN. 1 vol. illustré de 69 gravures d'après GODEFROY DURAND.

Witt (Mᵐᵉ de), née GUIZOT : *Une sœur.* 1 vol. illustré de 65 gravures sur bois d'après É. BAYARD.
— *Scènes historiques.* 1ʳᵉ série. 1 vol. illustré de 18 gravures sur bois d'après E. BAYARD.
— *Scènes historiques.* 2ᵉ série. 1 vol. illustré de 28 gravures sur bois d'après A. MARIE et SAHIB.
— *Lutin et démon; A la rescousse ! De glaçons en glaçons.* Scènes historiques. 3ᵉ série. 1 vol. illustré de 36 gravures sur bois d'après PRANISHNIKOFF et E. ZIER.
— *Normands et Normandes.* Scènes historiques. 4ᵉ série. 1 vol. illustré de 70 gravures sur bois d'après E. ZIER.
— *Légendes et récits pour la jeunesse.* 1 vol. illustré de 18 gravures sur bois d'après PHILIPPOTEAUX.
— *Un nid.* 1 vol. illustré de 63 gravures sur bois d'après FERDINANDUS.
— *Un jardin suspendu. — Un village primitif. — Le tapis des quatre facardins.* 1 vol. illustré de 40 gravures d'après SEMECHINI et C. GILBERT.

BIBLIOTHÈQUE DES PETITS ENFANTS

DE 4 A 8 ANS

FORMAT IN-16

CHAQUE VOLUME, BROCHÉ, 2 FR. 25

CARTONNÉ EN PERCALINE BLEUE, TRANCHES DORÉES, 3 FR. 50

Ces volumes sont imprimés en gros caractères.

Cheron de la Bruyère (Mme) *Contes à Pépée.* 1 vol. illustré de 24 gravures d'après GRIVAZ.

Colomb (Mme) : *Les infortunes de Chouchou.* 1 vol. illustré de 48 gravures d'après RIOU.

Duporteau (Mme) : *Petits récits.* 1 vol. illustré de 28 gravures d'après TOFANI.

Erwin (Mme E. d') : *Un été à la campagne.* 1 vol. illustré de 39 gravures d'après SAHIB.

Franck (Mme E.) : *Causeries d'une grand'mère.* 1 vol. illustré de 72 gravures d'après C. DELORT.

Fresneau (Mme) née DE SÉGUR : *Une année du petit Joseph.* Ouvrage imité de l'anglais. 1 vol. illustré de 30 gravures d'après JEANNIOT.

Girardin (J.) : *Quand j'étais petit garçon.* 1 vol. illustré de 52 gravures d'après A. FERDINANDUS.

Molesworth (M^rs) . *Les aventures de M. Baby.* 1 volume traduit de l'anglais par Mme de WITT, et illustré de 12 gravures d'après WALTER CRANE.

Pape-Carpantier (Mme) : *Nouvelles histoires et leçons de choses.* 1 vol. illustré de 42 gravures d'après SEMECHINI.

Surville (A.) : *Les grandes vacances* 1 vol. illustré de 30 gravures d'après SEMECHINI.

Witt (Mme de), née GUIZOT : *Histoire de deux petits frères.* 1 vol. illustré de 45 grav. d'après TOFANI.

— *Sur la plage.* 1 vol. illustré de 55 gravures, d'après FERDINANDUS.

— *Par monts et par vaux.* 1 vol. illustré de 60 gravures d'après FERDINANDUS.

— *Vieux amis.* 1 vol. illustré de 60 gravures d'après FERDINANDUS.

— *En pleins champs.* 1 vol. illustré de 40 gravures d'après C. GILBERT

BIBLIOTHÈQUE ROSE ILLUSTRÉE

FORMAT IN-16

CHAQUE VOLUME, BROCHÉ, 2 FR. 25

CARTONNÉ EN PERCALINE ROUGE, TRANCHES DORÉES, 3 FR. 50

Iʳᵉ SÉRIE, POUR LES ENFANTS DE 4 A 8 ANS

Anonymes : *Chien et chat.* 1 vol. traduit de l'anglais et illustré de 45 gravures d'après E. BAYARD.
— *Douze histoires pour les enfants de quatre à huit ans,* par une mère de famille. 1 vol. illustré de 8 gravures d'après BERTALL.
— *Les enfants d'aujourd'hui,* par le même auteur. 1 vol. illustré de 40 gravures d'après BERTALL.

Carraud (Mᵐᵉ) : *Historiettes véritables,* pour les enfants de quatre à huit ans. 1 vol. illustré de 94 gravures d'après G. FATH.

Fath (GEORGES) : *La sagesse des enfants,* proverbes. 1 vol. illustré de 100 gravures d'après l'auteur.

Laroque (Mᵐᵉ) : *Grands et petits.* 1 vol. illustré de 61 gravures d'après BERTALL.

Marcel (Mᵐᵉ J.) : *Histoire d'un cheval de bois.* 1 vol. illustré de 20 gravures d'après E. BAYARD.

Pape-Carpantier (Mᵐᵉ) : *Histoires et leçons de choses pour les enfants.* 1 vol. illustré de 85 gravures d'après BERTALL.

Ouvrage couronné par l'Académie française.

Perrault, MMᵐᵉˢ **d'Aulnoy** et **Leprince de Beaumont** : *Contes de fées.* 1 vol. illustré de 65 gravures d'après BERTALL et FOREST.

Porchat (J.) : *Contes merveilleux.* 1 vol. illustré de 21 gravures d'après BERTALL.

Schmid (LE CHANOINE) : *190 contes pour les enfants.* 1 vol. traduit de l'allemand par ANDRÉ VAN HASSELT et illustré de 29 gravures sur bois d'après BERTALL.

Ségur (Mᵐᵉ LA COMTESSE DE) : *Nouveaux contes de fées.* 1 vol. illustré de 46 gravures d'après GUSTAVE DORÉ et H. DIDIER.

IIᵉ SÉRIE, POUR LES ENFANTS DE 8 A 14 ANS

Achard (A.) : *Histoire de mes amis.* 1 vol. illustré de 25 gravures d'après ERN. BELLECROIX, A. MESNEL, etc.

Alcott (MISS) : *Sous les lilas.* 1 vol. traduit de l'anglais par Mᵐᵉ S. LEPAGE, et illustré de 23 gravures.

Andersen : *Contes choisis,* tradui.s du danois par SOLDI. 1 vol. illustré de 40 gravures d'après BERTALL.

Anonyme : *Les fêtes d'enfants,* scènes et dialogues, avec une préface de M. l'abbé BAUTAIN. 1 vol. illus-

tré de 41 gravures d'après FOUL-
QUIER.

Assollant (A.) : *Les aventures merveilleuses mais authentiques du
capitaine Corcoran.* 2 vol. illustrés
de 50 gravures, d'après A. DE NEU-
VILLE.

Barrau (Th.) : *Amour filial.* 1 vol.
illustré de 41 gravures d'après
FEROGIO.

Bawr (Mme de) : *Nouveaux contes.*
1 vol. illustré de 40 gravures d'après
BERTALL.
Ouvrage couronné par l'Académie
française.

Belèze : *Jeux des adolescents.* 1 vol.
ill. de 140 grav. d'après COPPIN.

Berquin : *Choix de petits drames et
de contes.* 1 vol. illustré de 36 gravures d'après FOULQUIER, etc.

Berthet (E.) : *L'enfant des bois.* 1 vol.
illustré de 61 gravures.

Blanchère (De la) : *Les aventures
de la Ramée.* 1 vol. illustré de
36 gravures d'après E. FOREST.

— *Oncle Tobie le pêcheur.* 1 vol.
illustré de 80 gravures d'après
FOULQUIER et MESNEL.

Boiteau (P.) : *Légendes* recueillies ou
composées pour les enfants. 1 vol.
ill. de 42 grav. d'après BERTALL.

Carpentier (Mlle E.) : *La maison du
Bon Dieu.* 1 vol. illustré de 58 gravures d'après RIOU.

— *Sauvons-le !* 1 vol. illustré de 60
gravures d'après RIOU.

— *La maison fermée.* 1 vol. illustré
de 43 gravures d'après P. GIRARDET.

Carraud (Mme Z.) : *Les goûters de la
grand'mère.* 1 vol. ill. de 18 grav.
d'après E. BAYARD.

— *La petite Jeanne ou le devoir.*
1 vol. illustré de 21 grav. d'après
FOREST.

— *Les métamorphoses d'une goutte
d'eau.* 1 vol. illustré de 50 gravures
d'après E. BAYARD.

Castillon (A.) : *Les récréations phy-
siques.* 1 vol. illustré de 36 gravures
d'après CASTELLI.

— *Les récréations chimiques,* ouvrage
faisant suite aux *Récréations phy-
siques.* 1 vol. illustré de 34 gravures
d'après H. CASTELLI.

Cazin (Mme J.) : *Les petits monta-
gnards.* 1 vol. illustré de 51 gravures
d'après G. VUILLIER.

— *Un drame dans la montagne.* 1 vol.
illustré de 33 grav. d'après G. VUIL-
LIER.

— *Histoire d'un pauvre petit.* 1 vol.
illustré de 40 gravures d'après TO-
FANI.

Chabreul (Mme DE) : *Jeux et exer-
cices des jeunes filles.* 1 vol. illustré de 62 gravures d'après FATH, et
contenant la musique des rondes.

Colet (Mme L.) : *Enfances célèbres.*
1 vol. illustré de 50 grav. d'après
FOULQUIER.

Contes allemands, imités de
HEBEL et de KARL SIMROCK par
M. MARTIN. 1 vol. illustré de
27 gravures d'après BERTALL.

Contes anglais, traduits par Mme DE
WITT. 1 vol. illustré de 43 gravures d'après MORIN.

Deslys (Ch.) : *Grand'maman.* 1 vol.
illustré de 29 gravures d'après
ZIER.

Edgeworth (Miss) : *Contes de
l'adolescence,* traduits par A. LE
FRANÇOIS. 1 vol. illustré de 42 gravures d'après MORIN.

— *Contes de l'enfance,* traduits par
LE MÊME. 1 vol. illustré de 26 gravures d'après FOULQUIER.

— *Demain et Mourad le malheureux,* contes traduits par H. JOUS-
SELIN. 1 vol. illustré de 38 gravures d'après BERTALL.

Fénelon : *Fables.* 1 vol. illustré de 29 gravures d'après FOREST et É. BAYARD.

Fleuriot (Mlle Z.) : *Cadette.* 1 vol. illustré de 52 gravures d'après TOFANI.

— *En congé.* 1 vol. illustré de 61 gravures d'après Ad. MARIE.

— *Bigarette.* 1 vol. illustré de 48 gravures d'après Ad. MARIE.

— *Le petit chef de famille.* 1 vol. illustré de 57 gravures d'après H. CASTELLI.

— *Plus tard ou le jeune chef de famille.* 1 vol. illustré de 60 gravures d'après É. BAYARD.

— *L'enfant gâté.* 1 vol. illustré de 48 gravures d'après FERDINANDUS.

— *Tranquille et Tourbillon.* 1 vol. illustré de 45 gravures d'après C. DELORT.

— *Bouche-en-Cœur.* 1 vol. illustré de 45 gravures d'après TOFANI.

Foë (de) : *La vie et les aventures de Robinson Crusoé.* Édition abrégée. 1 vol. illustré de 40 gravures.

Fonvielle (W. de) : *Néridah.* 2 vol. illustrés de 45 gravures d'après SAHIB.

Genlis (Mme de) : *Contes moraux.* 1 vol. illustré de 40 gravures d'après FOULQUIER, etc.

Gérard (A.) : *Petite Rose. — Grande Jeanne.* 1 vol. illustré de 28 gravures d'après GILBERT.

Girardin (J.) : *La disparition du grand Krause.* 1 vol. illustré de 70 gravures d'après KAUFFMANN.

Giron (A.) : *Ces pauvres petits !* 1 vol. illustré de 22 gravures d'après B. DE MONVEL, FERDINANDUS et SANDOZ.

Gouraud (Mlle J.) : *Les petits voisins.* 1 vol. illustré de 39 gravures d'après C. GILBERT.

— *Les filles du professeur.* 1 vol. illustré de 36 gravures d'après KAUFFMANN.

— *La petite maîtresse de maison.* 1 vol. illustré de 37 gravures d'après A. MARIE.

— *Les deux enfants de Saint-Domingue.* 1 vol. illustré de 54 gravures d'après É. BAYARD.

— *Les quatre pièces d'or.* 1 vol. illustré de 54 gravures d'après É. BAYARD.

— *Le livre de maman.* 1 vol. illustré de 68 grav. d'après É. BAYARD.

— *Cécile, ou la petite sœur.* 1 vol. illustré de 26 gravures d'après DESANDRÉ.

— *Les enfants de la ferme.* 1 vol. illustré de 59 gravures d'après E. BAYARD.

— *Le petit colporteur.* 1 vol. illustré de 27 gravures d'après A. DE NEUVILLE.

— *L'enfant du guide.* 1 vol. illustré de 60 gravures d'après É. BAYARD.

— *Les mémoires d'un caniche.* 1 vol. illustré de 75 gravures d'après É. BAYARD.

— *Les mémoires d'un petit garçon.* 1 vol. illustré de 86 gravures d'après É. BAYARD.

— *Lettres de deux poupées.* 1 vol. illustré de 59 gravures d'après OLIVIER.

— *Petite et grande.* 1 vol. illustré de 48 gravures d'après É. BAYARD.

— *La famille Harel.* 1 vol. illustré de 44 gravures d'après VALNAY.

— *Aller et retour.* 1 vol. illustré de 40 gravures d'après FERDINANDUS.

— *Chez grand'mère.* 1 vol. illustré de 98 gravures d'après TOFANI

— *Le petit bonhomme.* 1 vol. illustré de 45 gravures d'après A. FERDINANDUS.

— *Le vieux château.* 1 vol. illustré de 28 gravures d'après E. ZIER.

— *Pierrot.* 1 vol. illustré de 31 gravures d'après E. ZIER.

Grimm (les frères) : *Contes choisis,* traduits par Ferd. BAUDRY. 1 vol. illus. de 44 gravures d'après BERTALL.

Hauff : *La caravane.* 1 vol. traduit par A. TALON, illustré de 46 gravures d'après BERTALL.

— *L'auberge du Spessart.* 1 vol. traduit par A. TALON, illustré de 61 gravures d'après BERTALL.

Hawthorne : *Le livre des merveilles,* traduit de l'anglais par L. RABILLON. 2 vol. illustrés de 40 gravures d'après BERTALL.

Chaque volume se vend séparément.

Johnson (R. B.) : *Dans l'extrême Far West.* Aventures d'un émigrant dans la Colombie anglaise, traduites de l'anglais par A. TALANDIER. 1 vol. illustré de 20 gravures d'après A. MARIE.

Marcel (Mme J.) : *L'école buissonnière.* 1 vol. illustré de 20 gravures d'après A. MARIE.

— *Le bon frère.* 1 vol. illustré de 21 gravures d'après É. BAYARD.

— *Les petits vagabonds.* 1 vol. illustré de 25 grav. d'après É. BAYARD.

— *Histoire d'une grand'mère et de son petit-fils.* 1 vol. illustré de 36 gravures d'après C. DELORT.

— *Daniel.* 1 vol. illustré de 45 gravures d'après RIOU.

— *Le frère et la sœur.* 1 vol. illustré de 45 gravures d'après E. ZIER.

— *Un bon gros pataud.* 1 vol. illustré de 45 gravures d'après JEANNIOT.

Maréchal (Mlle M.) : *La dette de Ben-Aïssa.* 1 vol. illustré de 20 gravures d'après BERTALL.

— *Nos petits camarades,* récits familiers. 1 vol. illustré de 18 gravures d'après H. CASTELLI, etc.

— *La maison modèle.* 1 vol. illustré de 42 gravures d'après SAHIB.

Marmier (X.) : *L'arbre de Noël.* 1 vol. illustré de 68 gravures d'après BERTALL.

Martignat (Mlle de) : *Ginette.* 1 vol. illustré de 50 gravures d'après TOFANI.

— *Les vacances d'Élisabeth.* 1 vol. illustré de 36 gravures d'après KAUFFMANN.

— *L'oncle Boni.* 1 vol. illustré de 42 gravures d'après GILBERT.

— *Le manoir d'Yolan.* 1 vol. illustré de 56 gravures d'après TOFANI.

— *Le pupille du général.* 1 vol. illustré de 40 gravures d'après TOFANI.

— *L'héritière de Maurivèze.* 1 vol. illustré de 39 gravures d'après POIRSON.

— *Une vaillante enfant.* 1 vol. illustré de 43 gravures par TOFANI.

Mayne-Reid (LE CAPITAINE) : *Les chasseurs de girafes.* 1 vol. traduit de l'anglais par H. VATTEMARE, et illustré de 10 gravures d'après A. DE NEUVILLE.

— *A fond de cale.* 1 vol. traduit de l'anglais par Mme H. LOREAU, illustré de 12 gravures.

— *A la mer !* 1 vol. traduit par Mme H. LOREAU, illustré de 12 gravures.

— *Les chasseurs de plantes.* 1 vol. traduit par Mme H. LOREAU, illustré de 29 gravures.

— *Bruin ou les chasseurs d'ours* 1 vol. traduit par A. LETELLIER illustré de 8 gravures.

— *L'habitation du désert.* 1 vol. traduit par A. LE FRANÇOIS, illustré de 24 gravures.

— *Les exilés dans la forêt.* 1 vol. traduit par Mme H. LOREAU, illustré de 12 gravures.

— *Les grimpeurs de rochers.* 1 vol. traduit par Mme H. LOREAU, illustré de 20 gravures.

— *Les peuples étranges.* 1 vol. traduit par Mme H. LOREAU, illustré de 24 gravures.

— *Les vacances des jeunes Boërs.* 1 vol. traduit par Mme H. LOREAU, illustré de 12 gravures.

— *Les veillées de chasse.* 1 vol. traduit par H.-B. RÉVOIL, illustré de 43 gravures d'après FREEMAN.

— *La chasse au Léviathan.* 1 vol. illustré de 51 gravures d'après A. FERDINANDUS et TH. WEBER.

Muller (E.) : *Robinsonnette.* 1 vol. illustré de 22 gravures d'après LIX.

Ouida : *Le petit comte.* 1 vol. illustré de 34 gravures d'après G. VULLIER, TOFANI, etc.

Peyronny (Mme DE), née d'ISLE : *Deux cœurs dévoués*, 1 vol. illustré de 53 gravures d'après J. DEVAUX.

Pitray (Mme DE) : *Les enfants des Tuileries.* 1 vol. illustré de 29 gravures d'après É. BAYARD.

— *Les débuts du gros Philéas.* 1 vol. illustré de 57 gravures d'après H. CASTELLI.

— *Le château de la Pétaudière.* 1 vol. illustré de 78 gravures d'après A. MARIE.

— *Le fils du maquignon.* 1 vol. illustré de 65 gravures d'après RIOU.

Rendu (V.) : *Mœurs pittoresques des insectes.* 1 vol. illustré de 49 gravures.

Rostoptchine (Mme LA COMTESSE) : *Belle, Sage et Bonne.* 1 vol. illustré de 39 gravures d'après FERDINANDUS.

Sandras (Mme) : *Mémoires d'un lapin blanc.* 1 vol. illustré de 20 gravures d'après E. BAYARD.

Sannois (Mlle LA COMTESSE DE) : *Les soirées à la maison.* 1 vol. illustré de 42 gravures d'après É. BAYARD.

Ségur (Mme LA COMTESSE DE) : *Après la pluie, le beau temps.* 1 vol. illustré de 128 gravures d'après É. BAYARD.

— *Comédies et proverbes.* 1 vol. illustré de 60 gravures d'après É. BAYARD.

— *Diloy le chemineau.* 1 vol. illustré de 90 grav. d'après H. CASTELLI.

— *François le Bossu.* 1 vol. illustré de 114 gravures d'après É. BAYARD.

— *Jean qui grogne et Jean qui rit* 1 vol. illustré de 70 gravures d'après CASTELLI.

— *La fortune de Gaspard.* 1 vol. illustré de 52 grav d'après GERLIER.

— *La sœur de Gribouille.* 1 vol. illustré de 72 gravures d'après H. CASTELLI.

— *Pauvre Blaise!* 1 vol. illustré de 65 gravures d'après H. CASTELLI.

— *Quel amour d'enfant !* 1 vol. illustré de 79 gravures d'après É. BAYARD.

— *Un bon petit diable.* 1 vol. illustré de 100 gravures d'après H. CASTELLI.

— *Le mauvais génie.* 1 vol. illustré de 90 gravures d'après E. BAYARD.

— *L'auberge de l'ange gardien.* 1 vol. illustré de 75 gravures d'après FOULQUIER.

— *Le général Dourakine.* 1 vol. illustré de 100 gravures d'après É. BAYARD.

— *Les bons enfants.* 1 vol. illustré de 70 gravures d'après FEROGIO.

— *Les deux nigauds.* 1 vol. illustré de 76 gravures d'après H. CASTELLI.

— *Les malheurs de Sophie.* 1 vol. illustré de 48 gravures d'après H. CASTELLI.

— *Les petites filles modèles.* 1 vol. illustré de 21 gravures d'après BERTALL.

— *Les vacances.* 1 vol. illustré de 36 gravures d'après BERTALL.

— *Mémoires d'un âne.* 1 vol. illustré de 75 grav. d'après H. CASTELLI.

Stolz (Mme de) : *Les mésaventures de Mlle Thérèse.* 1 vol. illustré de 29 gravures d'après CHARLES.
— *Quatorze jours de bonheur.* 1 vol. illustré de 45 gravures d'après BERTALL
— *Les vacances d'un grand-père.* 1 vol. illustré de 40 gravures d'après G. DELAFOSSE.
— *Les poches de mon oncle.* 1 vol. illustré de 20 gravures d'après BERTALL.
— *Par-dessus la haie.* 1 vol. illustré de 56 gravures d'après A. MARIE.
— *La maison roulante.* 1 vol. illustré de 20 gravures sur bois d'après É. BAYARD.
— *Le trésor de Nanette.* 1 vol. illustré de 24 gravures d'après É. BAYARD.
— *Blanche et noire.* 1 vol. illustré de 54 gravures d'après É. BAYARD.
— *Le vieux de la forêt.* 1 vol. illustré de 32 gravures d'après SAHIB.
— *Le secret de Laurent.* 1 vol. illustré de 32 gravures d'après SAHIB.
— *Les deux reines.* 1 vol. illustré de 32 gravures d'après DELORT.
— *Les frères de lait.* 1 vol. illustré de 42 gravures d'après ZIER.
— *Magali.* 1 vol. illustré de 36 gravures d'après TOFANI.

— *La maison blanche.* 1 vol. illustré de 35 gravures d'après TOFANI.
— *Les deux André.* 1 vol. illustré de 46 gravures d'après TOFANI.
Swift : *Voyages de Gulliver à Lilliput, à Brobdingnag et au pays des Houyhnhums,* traduits et abrégés à l'usage des enfants. 1 vol. illustré de 57 gravures d'après E. FOREST.
Taulier : *Les deux petits Robinsons de la Grande-Chartreuse.* 1 vol. illustré de 69 gravures d'après É. BAYARD et HUBERT CLERGET.
Tournier : *Les premiers chants* poésies à l'usage de la jeunesse, illustrées de 20 gravures d'après GUSTAVE ROUX.
Vimont (CH.) : *Histoire d'un navire.* 1 vol. illustré de 40 gravures d'après ALEX. VIMONT.
Witt (Mme DE), née GUIZOT : *La petite fille aux grand'mères.* 1 vol. illustré de 36 gravures d'après BEAU.
— *Enfants et parents,* petits tableaux de famille. 1 vol. illustré de 34 gravures d'après A. DE NEUVILLE.
— *En quarantaine.* 1 vol. illustré de 45 gravures d'après FERDINANDUS.

IIIe SÉRIE, POUR LES ENFANTS ADOLESCENTS

ET POUVANT FORMER UNE BIBLIOTHÈQUE POUR LES JEUNES FILLES DE 14 A 18 ANS

VOYAGES

Agassiz (M. et Mme) : *Voyage au Brésil,* abrégé sur la traduction de F. VOGELI par J. BELIN DE LAUNAY. 1 vol. contenant 16 gravures et 1 carte.

Aunet (Mme d') : *Voyage d'une femme au Spitzberg.* 1 vol. illustré de 34 gravures.
Baines : *Voyages dans le sud-ouest de l'Afrique,* traduits et abrégés par J. BELIN DE LAUNAY. 1 vol. contenant 1 carte et 22 gravures.

Baker : *Le lac Albert N'yanza.* Voyage aux sources du Nil. 1 vol. abrégé sur la traduction de GUSTAVE MASSON, par BELIN DE LAUNAY, et contenant 16 gravures sur bois et 1 carte.

Baldwin : *Du Natal au Zambèze* (1861-1865). Récits de chasses, traduits par Mᵐᵉ HENRIETTE LOREAU, et abrégés par J. BELIN DE LAUNAY. 1 vol. illustré de 24 gravures et 1 carte.

Burton (le capitaine) : *Voyages à la Mecque, aux grands lacs d'Afrique et chez les Mormons,* traduits et abrégés par J. BELIN DE LAUNAY. 1 vol. contenant 12 gravures et 3 cartes.

Catlin : *La vie chez les Indiens,* traduit de l'anglais. 1 vol. illustré de 25 gravures.

Fonvielle (W. DE) : *Le glaçon du Polaris.* 1 volume illustré de 19 gravures.

Hayes (Dʳ) : *La mer libre du pôle.* Édition abrégée par J. BELIN DE LAUNAY. 1 vol. contenant 14 gravures et 1 carte.

Hervé et DE **Lanoye** : *Voyages dans les glaces du pôle arctique.* 1 vol. illustré de 40 gravures.

Lanoye (F. DE) : *Le Nil et ses sources.* 1 vol. contenant 32 gravures et des cartes.

— *La mer polaire,* voyage de l'*Érèbe* et de *la Terreur,* et expédition à la recherche de Franklin. 1 vol. contenant 29 gravures et des cartes.

— *La Sibérie.* 1 vol. illustré de 48 gravures d'après LEBRETON, etc.

— *Les grandes scènes de la nature.* 1 vol. illustré de 40 gravures.

— *Ramsès le Grand, ou l'Égypte il y a trois mille trois cents ans.* 1 vol. illustré de 39 gravures d'après LANCELOT, E. BAYARD, etc.

Livingstone DAVID et CHARLES *Explorations dans l'Afrique australe,* abrégées par J. BELIN DE LAUNAY. 1 vol. contenant 20 gravures et 1 carte.

Livingstone (D.) : *Dernier journal.* Édition abrégée par J. BELIN DE LAUNAY. 1 vol. contenant 15 gravures et 1 carte.

Mage (L.) : *Voyages dans le Soudan occidental.* Édition abrégée par J. BELIN DE LAUNAY. 1 vol. contenant 16 gravures et 1 carte.

Milton et **Cheadle** : *Voyage de l'Atlantique au Pacifique,* traduit et abrégé par J. BELIN DE LAUNAY. 1 volume contenant 16 gravures et 2 cartes.

Mouhot (CH.) : *Voyage dans le royaume de Siam, le Cambodge et le Laos.* 1 vol. contenant 28 gravures et 1 carte.

Palgrave (W. G.) : *Une année dans l'Arabie centrale.* Edition abrégée par J. BELIN DE LAUNAY. 1 vol. contenant 12 gravures, 1 portrait et 1 carte.

Perron d'Arc : *Aventures d'un voyageur en Australie, neuf mois chez les Nagarnooks.* 1 vol. illustré de 24 gravures d'après LIX.

Pfeiffer (Mᵐᵉ) : *Voyages autour du Monde.* 1 vol. illustré de 16 gravures.

Piotrowski : *Souvenirs d'un Sibérien.* 1 vol. illustré de 10 gravures d'après A. MARIE.

Schweinfurth (Dʳ) : *Au cœur de l'Afrique* (1866-1871). Traduction de Mᵐᵉ H. LOREAU, abrégée par J. BELIN DE LAUNAY. 1 vol. contenant 16 gravures et 1 carte.

Speke : *Les sources du Nil,* édition abrégée par J. BELIN DE LAUNAY. 1 vol. contenant 24 gravures et 3 cartes.

Stanley : *Comment j'ai retrouvé Livingstone*. Traduction de Mme LOREAU, abrégée par J. BELIN DE LAUNAY. 1 vol. contenant 16 gravures et 1 carte.

Vambéry : *Voyages d'un faux derviche dans l'Asie centrale*, traduits de l'anglais par E. D. FORGUES, abrégés par J. BELIN DE LAUNAY. 1 vol. contenant 18 gravures et une carte.

HISTOIRE

Le loyal serviteur : *Histoire du gentil seigneur de Bayard*, revue et abrégée, à l'usage de la jeunesse, par ALPH. FEILLET. 1 vol. illustré de 36 gravures d'après P. SELLIER.

Monnier (M.) : *Pompéi et les Pompéiens*. Édition à l'usage de la jeunesse. 1 vol. illustré de 25 gravures d'après THÉROND.

Plutarque : *Vie des Grecs illustres*, édition abrégée sur la traduction de M. E. TALBOT, par A. FEILLET. 1 vol. illustré de 53 gravures d'après P. SELLIER.

— *Vie des Romains illustres*, édition abrégée par A. FEILLET sur la traduction de M. TALBOT. 1 vol. illustré de 69 gravures d'après P. SELLIER.

Retz (Le cardinal de) : *Mémoires* abrégés par A. FEILLET. 1 vol. illustré de 35 gravures d'après GILBERT, etc.

LITTÉRATURE

Bernardin de Saint-Pierre : *Œuvres choisies*. 1 vol. illustré de 12 gravures d'après É. BAYARD.

Cervantès : *Histoire de l'admirable don Quichotte de la Manche*. 1 vol. illustré de 64 gravures d'après BERTALL et FOREST.

Homère : *L'Iliade et l'Odyssée*, traduites par P. GIGUET, abrégées par ALPH. FEILLET. 1 vol. illustré de 33 gravures d'après OLIVIER.

Le Sage : *Aventures de Gil Blas*, édition destinée à l'adolescence. 1 vol. illustré de 50 gravures d'après LEROUX.

Mac-Intosch (MISS) : *Contes américains*, traduits par Mme DIONIS. 2 vol. illustrés de 50 gravures d'après É. BAYARD.

Maistre (X. de) : *Œuvres choisies*. 1 vol. illustré de 15 gravures d'après É. BAYARD.

Molière : *Œuvres choisies*, abrégées à l'usage de la jeunesse. 2 vol. illustrés de 22 gravures d'après HILLEMACHER.

Virgile : *Œuvres choisies*, traduites et abrégées à l'usage de la jeunesse, par Th. BARRAU. 1 vol. illustré de 20 gravures d'après P. SELLIER.

ATLAS MANUEL

DE GÉOGRAPHIE MODERNE

Contenant cinquante-quatre cartes

IMPRIMÉES EN COULEURS

Un volume in-folio, relié. . . . . **32 francs.**

LISTE DES CARTES COMPOSANT L'ATLAS MANUEL

*(Les cartes doubles sont précédées du signe *.)*

1. Système planétaire. — Lune.
*2. Terre en deux hémisphères.
3. Volcans et coraux.
4. Pôle antarctique. — Archipels de Polynésie.
*5. Pôle arctique.
6 Océan Atlantique.
7 Grand Océan.
*8. Europe politique.
9. Europe physique hypsométrique. — Massif du Mont-Blanc.
10. Côtes méditerranéennes de la France. — Bassins de Paris.
*11. France physique hypsométrique.
12. France. (Partie Nord-Ouest.)
13. France. (Partie Nord-Est.)
*14. France politique.
15. France. (Partie Sud-Ouest.)
16. France. (Partie Sud-Est.)
*17. Grande-Bretagne et Irlande.
18. Pays-Bas.
19. Belgique et Luxembourg.
*20. Allemagne politique.
21. Danemark.
22. Suède et Norvège.
*23. Suisse.
24. Italie du Nord.
25. Italie du Sud.
*26. Espagne et Portugal.
27. Méditerranée occidentale.
28. Méditerranée orientale

*29. Presqu'île des Balkans.
30. Grèce.
31. Hongrie.
*32. Monarchie Austro-Hongroise.
33. Alpes Franco-Italiennes.
34. Caucasie.
*35. Russie d'Europe.
36. Pologne.
37. Asie Mineure et Perse.
*38. Asie physique et politique.
39. Chine et Japon.
40. Indo-Chine et Malaisie.
*41. Asie centrale et Inde.
42. Palestine.
43. Région du Nil.
*44. Afrique physique et politique.
45. Algérie.
46. Sénégambie. — Côte de Guinée. — Afrique du Sud.
*47. Amérique du Nord.
48. Amérique du Sud. (Feuille septentrionale.)
49. Amérique du Sud. (Feuille méridionale.)
50. États-Unis d'Amérique.
*51. États-Unis. (Partie occidentale.)
52. États-Unis. (Partie orientale.)
53. Australie et Nouvelle-Zélande.
54. Amérique centrale et Antilles. — Isthme de Panama.

MON JOURNAL

RECUEIL MENSUEL POUR LES ENFANTS DE CINQ A DIX ANS

PUBLIÉ SOUS LA DIRECTION DE

Mme **Pauline KERGOMARD et de M. Charles DEFODON**

3me **année (1883-1884)**

PRIX DE L'ABONNEMENT PAR AN......... 1 FR. 80

PRIX DU NUMÉRO....... 15 CENTIMES.

Il paraît un numéro le 15 de chaque mois depuis le 15 octobre 1881.

Les abonnements partent du 15 de chaque mois.

L'année 1882-1883 est en vente et forme :

1 volume { Broché............. **3** fr.
{ Cartonné.......... **2** fr. **50**

L'année 1881-1882 (Première du recueil) est épuisée.

N. B. — Toute personne qui enverra à la librairie HACHETTE ET Cie six abonnements NOUVEAUX à **MON JOURNAL**, dans le délai d'un mois, aura le droit de demander *gratuitement* un septième abonnement pour l'enfant qu'elle désignera.

Imprimeries réunies, **A**, rue Mignon, 2, Paris.